中央民族大学国家“十五”“211工程”建设项目

张公瑾 丁石庆 主编

浑沌学与语言文化研究

中央民族大学出版社

图书在版编目（CIP）数据

浑沌学与语言文化研究/张公瑾，丁石庆主编．—北京：中央民族大学出版社．2005.8
ISBN 7－81056－963－5

Ⅰ．浑…　Ⅱ．①张…②丁…　Ⅲ．浑沌学—研究
Ⅳ．0415.5

中国版本图书馆 CIP 数据核字(2005)第 033313 号

浑沌学与语言文化研究

主　　编　张公瑾　丁石庆
责任编辑　戴佩丽
封面设计　马钢工作室
出 版 者　中央民族大学出版社
　　　　　北京市海淀区中关村南大街 27 号　邮编：100081
　　　　　电话：68472815（发行部）　传真：68932751（发行部）
　　　　　　　　68932218（总编室）　　　　68932447（办公室）
发 行 者　全国各地新华书店
印 刷 者　北京宏伟双华印刷有限公司
开　　本　880×1230（毫米）　1/32　印张：10.5
字　　数　260 千字
印　　数　2000 册
版　　次　2005 年 9 月第 1 版　2005 年 9 月第 1 次印刷
书　　号　ISBN 7－81056－963－5/O·3
定　　价　25.00 元

目　录

文化语言学的时代课题和浑沌学在语言学中的运用（代序）

张公瑾

文化语言学于上世纪80年代在我国产生，有自己的时代背景，其中是以承认文化多元性和语言多样性为前提的。二战之后随着殖民地民族解放运动的兴起，许多殖民地国家纷纷独立，民族语言与民族传统文化常常是他们独立的标志。而民族语言是民族文化最核心的部分，民族文化的盛衰与本民族语言的存亡直接相关，因此，把语言与文化联系起来，从文化的视角看语言，把语言看成是主要的文化现象，这是文化语言学的出发点。我国是一个多民族的国家，新中国建立后，我们党和政府实行语言平等政策，提倡各民族尊重彼此的文化，这也为文化语言学的产生创造了良好的条件。20年来，语言学界同仁为语言与文化的研究做了大量的工作，有了不少成果。现在我们已经进入21世纪，当前的形势又给文化语言学提出了新的课题。我们要抓住这样的时机，与现实紧密结合，实现语言学以人为本的时代主题；另一方面，我们要努力完善我们的理论和方法，使文化语言学有坚实的科学基础。

第一个问题是当前的时代特点给我们文化语言学提出哪些新的课题。当前有三个情况关系我们语言学的研究。

第一个情况是随着全球经济一体化，也推动了文化一体化的趋势，不仅是肯德基、麦当劳遍布全国，而且好莱坞、托福考试也日益开拓自己的市场，弱势语言的母语危机日趋严重，民族传统文化在日渐消失；不少地方为了商业经济的利益提倡弘扬民族文化，在实际行动中也常常损害传统文化的生存和发展。这给我们语言学工作者提出了两个具体任务：其一是保护"濒危语言"，其二是开展双语教学，使民族语言与民族传统文化既能保持自己原有的特色，又能适应现代化的需求。保护一种濒危语言就是保护一种民族文化，抢救一种濒危语言就是抢救一种民族文化。双语教学又是双文化教学，文化语言学应该能够为这两项任务作出贡献。

第二个情况是近年来联合国教科文组织通过了一系列的决议来保护民族语言与民族传统文化，其中包括《保护非物质文化遗产国际公约》、《保护民间创作建议案》、《保护世界文化与自然遗产公约》、《世界记忆遗产申报方案》、《世界文化多元性宣言》等，这些决议提出抢救、保护语言和口头创作，抢救非物质文化的任务，也要求我们更多地关注语言与文化的关系。因为这些非物质文化有的以语言为第一要素，如民歌、民谣、史诗、叙事诗、原始宗教的祭词等所谓"各种形式的口头表述"，有的主要依靠语言来传承和传播，如"表演艺术"及"有关自然界的知识和实践"等。这也要求我们通过语言来研究这些非物质文化形式。这些工作进一步提高了语言的文化价值，对文化语言学提出了进一步的要求。

第三个情况是1993年美国学者提出的文明冲突论，经历了十年的检验，现在越来越引起人们的关注。9·11事件后，有人问亨廷顿，这是不是文明冲突，亨廷顿说但愿不要变成文明冲突。我们当然不好说恐怖活动是文明冲突，但美国总统布什说十字军东征，说要使中东民主化、自由化，就明显的是一种文化霸权的表现，当然会造成文明冲突。这使我们更加认识到文化多元化，语言多样化在世界格局中的重要性。这是与政治多极化相一致、相配合的文化运动。文化语言学要坚持文化多元性，语言多样性的潮流，以此抵制政治上的霸权主义、文化上的西方中心主义，实现世界各民族真正的文化平等和语言平等，出色地肩负起语言学的时代使命。

以上三种情况都给文化语言学开拓出更加现实的活动天地。

第二个问题是我们如何来完善文化语言学的理论和方法。我这里说的主要是如何运用浑沌学的理论和方法来研究语言与文化问题。中国科学院前院长周光召在第二次全国科学技术大会上说："浑沌理论是从研究非线性相互作用系统而逐渐发展起来的。"从这一点来看语言，那么，语言的组织是线性的，又是非线性的。线性的特点是既可以叠加，也可以分解，非线性系统就不是这样。观察语言现象，我们可以说，语音对应规律是线性的，语言要素的聚合和组合也是线性的，但语言要素组合之后的整体意义发生变化又是非线性的。语音和语法结构在共时系统内多数情况也是线性的，而从分布和演化的角度看，多数情况是非线性的。在词汇和语义领域，更多的情况是非线性的，非线性的就存在局部相加不等于整体的现象。如"奇怪"这个词的组合是线性的，而"古怪"是非线性的，即部分之和与整体不相当。英文中 writer（作者）是线性的，而 typewriter（打字机）又是非线性的。这是对词义的分析。语法的情况也是如此，内部屈折和词尾变化基本上是线性的，汉语以词序和虚词表示语法意义基本上是非线性的。在黏着语中一个附加成分表示一种语法意义是线性的，而在屈折语中一个语法成分表示几种语法范畴，一个语法范畴由几个语法形式来表示是非线性的，内部屈折和词尾变化中的例外情况也是非线性的。

按照浑沌学的原理，一个初始条件在发展过程中由于内部的随机性或外部因素的干扰，可以影响后续过程的大范围变化，这可以以西双版纳傣语方言中的短元音为例。在壮侗语族各语言中，本来单元音是没有长短对立的，但西双版纳方言由于佛教影响从巴利语中借入许多短元音音节。这一借入之后，立刻蔓延到整个语言结构中，造成了许多傣语固有词也产生大量以短元音为构词词素的音节，其扩散而涉及许多基本词汇。如傣语中借入短元音 i，有 i^{1}saan^{1}（东北）、i^{1}duu^{1}（可怜）、i^{1}thi^{1}jo^{2}（女人）等几个词，特别是 i^{1}thi^{1}jo^{2}（女人）一词，蔓延开来，大量女性亲属称谓、大量动物名词都带上了 i^{1} 这个音，最后连女子命名也都带上了 i^{1}，i^{1} 就成了傣语名词中最为普遍的构词词素之一。再如从巴利语中借入了短元音音节 sa^{1}，如 sa^{1}mai^{1}（时代）、sa^{1}pan^{2}ju^{4}（佛陀）、sa^{1}pa^{6}（一切、所有）、sa^{1}tsa^{1}（信用、誓言）、sa^{1}laa^{5}（师父）、sa^{1}naam^{1}（议事机构、广场）这些词，这个短元音音节蔓延开来，大量植物、草药名称、表心理动态的形容词、动词，甚至干支名称（sa^{1}nga^{6} 午）也用上了 sa^{1} 短元音音节。这就是说，语言结构中某一个音受到了扰动，它就不断延长、扩张，波及很大的范围。现在看来，基本词汇在历史上长期不变的说法未必全面，因为某一个小小因素的侵扰，就可以改变一大批基本词汇的面貌。这个例子说明浑沌学的原理有助于我们对语言演化作更深切的分析。

根据同样的原理，一个初始条件在发展过程中可以有多种发展的可能性，而最后选择了某一种可能性而变为现实性，带有较大的随机性。拿语言学发展的历史来看，没有索绪尔的《普通语言学教程》，就未必会发展出结构主义，虽然从纵向的历史研究转变为横向的系统研究带有一定的必然性，但这是后人往前追溯时才看到的。19世纪并不能预测到20世纪语言学的走向。同样，转换生成语法的产生带有更大的偶然性，高科技条件未必一定能造就一个乔姆斯基，必然性总是体现在偶然性之中。文化语言学带有历史的必然性，但总要靠一批语言学工作者为之奋斗，在理论、方法、实践效果等方面使之不断完善，才能使可能性变为现实性。

理论与方法篇

浑沌学理论对语言研究的启发

道　布

语言学理论的形成和发展，往往跟大的科学思潮有一定的关联。譬如进化论就跟语言学里面的历史比较法、语言谱系分类法有关联，甚至可以把历史比较和语言谱系分类法看作是语言学里面的进化论。不过，历史比较法并不是源于自然科学的进化论。实际上，语言学家对印欧语进行历史比较研究并且取得成果，要稍早于达尔文提出的进化论。但是，我们可以说，历史比较法和印欧语谱系分类的出现，跟自然科学中的进化论的提出差不多是同时的，都是属于同一个时代的，它们的出现，意味着人类科学思维发展到了一个新阶段，形成了一种宏观的、新的科学思潮。这种科学思潮把历史看作是不断分化的进化过程，并且认为进化论是具有普适性的发展观。

到了19世纪末20世纪初，在自然科学界，原子分子学说具有了科学基础和科学形态（在古希腊，原子分子学说只是哲学问题，不是科学理论），形成了一种新的科学思潮。这种得到科学实验证明的新思潮，把物质分割成最小单位，研究最小单位的结构和由这些最小单位组成的各种结构，用分层次的观点去剖析一切，这就是所谓的原子主义。在语言学界，跟这种原子主义科学思潮相关联，出现了结构主义理论。譬如语音层面上的音位理论，语法层面上的直接成分分析法等等。至今，结构主义的语言分析方法在语言描写研究中，仍然是很有用的。

后来，从上个世纪（20 世纪）后半叶起，自然科学界兴起了浑沌学，自组织理论、协同学、耗散结构理论、系统论等等一系列新学说。这些新学说，虽然名目不一样，但是，同属于一个新的科学思潮，我们暂且把它叫作浑沌学思潮吧。这个新思潮的主要观点是：牛顿以来的经典力学理论，把一切都当作封闭的系统来处理，通过线性方程来求解。这种只研究确定性、排除不确定性，化繁为简的办法，的确解决了不少问题，使科学技术获得了巨大的进步。

但是，随着科学技术的发展，人们面临着大量更为复杂的非线性开放系统的演化问题，不得不对大量的不确定性进行探索，寻求新的解决办法。如何研究大量看似无序的复杂问题，已经是当今科学界不容回避的任务，于是浑沌学理论应运而生。浑沌学理论在气象学、生物学、天文学、物理学、化学等等一系列自然科学领域中得到广泛运用，取得不少成果。人们对客观世界的认识又深入了一层，一种新的发展观呈现在人类面前。在社会科学领域中，有人用浑沌学理论研究经济问题，已经收到一定成效。这个新的科学思潮，也会推动语言研究再上一个新台阶，在理论上、方法上有新突破。

语言是开放性系统，也是十分复杂的系统，其中包含着大量的不确定性，它的演化方向并不是完全能够预测的，常常会有出人意料的事件发生，好多问题需要换个思维方式去研究。现在，民族语言学界已经有人尝试运用浑沌学理论研究具体语言的系统问题和历史演化问题，并且取得了初步成果。

过去按结构主义的观点，我们往往把一个语言也好，一个方法也好，一个调查点的语言系统、语法系统也好，统统看作是一个个独立的封闭的系统，强调系统的稳定性、规范性。换句话说，有点刻意追求系统的确定性，排除不确定性。譬如选发音合作人，往往就是拿这样的标准去衡量。其实，经验告诉我们，在一个语言社区当中，人们的语言并不是完全一样的，在老少之间、男女之间、有文化的人和无文化的人之间，或者本地人和外来户之间，总是会有这样那样微小的差别。甚至在同一个人嘴里也会有既这样说又那样说的情况。这是语言当中普遍存在的不确定性，这样的不确定性就是浑沌学所谓的“涨落”。“涨落”是一个很有用的概念，指的是某种性质的物理量，在它的平均值附近都会有一些微小的变动或起伏。譬如一个音位，这是一种物理量的平均值。现代实验语音学做出来的语图可以证明这一点：不同的发音人新发的同一个音，做出来的语图总是有一些微小的出入，我们只能取它们的平均值来代表这个音。浑沌学告诉我们，这种物理量平均值附近的微小变动很重要，要仔细研究，不可忽视，因为它就是哲学上说的“变化的内因”，“变化的根据”。如果不把这一点强调出来，不把任定性的东西都看成是某种物理量的平均值，不注意在这个物理平均值附近还存在着微小的变动，即“涨落”，那么，我们研究语言的发展变化，就失去了切入点，就找不到发展变化的根据了。浑沌学讲的“对初始条件的敏感依赖性”，也可以从这个意义上来理解。如果我们能够用“涨落”这个概念来审视一切语言现象，来描写各种语言事实，将会把我们的研究引向深入，将会发现更多的规律，将会对规律做出更生动的解释。

浑沌学认为，尽管某种性质的物理量在它的平均值附近都有“涨落”，但是，如果它的外部环境不变，这个平均值的“涨落”范围就不会被突破，也就是不会发生变化。可是，一旦外部环境起了变化，在外部环境的压力下，物理量的平均值的“涨落”范围被突破了，事物就会发生质变。自然科学家做实验，往往在改变外部条件上下工夫。如加温、加压、降温、减压、使用触媒，等等。这就是哲学上所说的让“外因通过内因而起作用”。因此，研究语言的发展变化，还应该从外部环境着眼。过去人们常说什么“语言内部发展规律”，并且特别注重“语言内部发展规律”，甚至只讲“语言内部发展规律”。好像语言只要在“内部发展规律”作用之下，就可以自主地发展，一切变化都可以用“内部发展规律”来解释。其实，这种想法是片面的，是值得商榷的。经验告诉我们，只排比语言材料，尽管可以找出不同时间、不同地点的差异，也可以找出它们之间的对应关系，但是很难再做出进一步的解释。人们总是要问：为什么会发生这样的变化？这种变化的起因是什么？要解释一个系统为什么会发生变化，除了要寻找内因，还要着眼于外部环境的变化对这个系统的影响进行研究。语言发生变化的动因应该在语言之外，是社会环境的变化推动着语言的发展，所以，研究语言不能只限于调查语言材料，还要调查相关的社会材料、历史人文材料。要研究语言系统之外的社会环境对使用语言的人有什么影响，要把语言跟社会结合起来研究。

其实，浑沌学理论还有一个更诱人的特点，就是它利用计算机，把一些非线性的开放性复杂系统的演化问题，做成数学模型加以演算，刻画出这些系统演化的过程和结果。我们知道，数学的科学成就是大大超前的。它的许多研究成果，人们还不知道在其他科学领域中与之对应的可以是些什么。语言学可以利用数学模型作为研究手段，探索语言系统演化的奥秘，在这个研究方向上是有广阔前景的。

总之，浑沌学理论给语言研究提供了一种新的科学思维方式，提醒人们把语言研究放到社会大环境中去进行，不能脱离它的社会人文背景。语言不是封闭的线性系统，不要刻意追求脱离实际的“确定性”，不应该把“非确定性”排除在研究视野之外。语言研究应该从浑沌学理论所展示的全新的思维方式中得到启发，勇敢地走上文理结合的道路，探索解决语言学难题的新途径，从而发展语言学的新理论，实现语言学的现代化。

语言接触与语言系统的变异

黄　行

一、语言接触的复杂表现

由于历史的原因和国家的语言构成状况，我国少数民族语与汉语的关系，主要趋势是汉语的核心作用及其对民族语的影响，同时少数民族语言对汉语以及少数民族语言之间也存在相互的接触和影响的关系，语言成分相互借贷的现象十分普遍。汉语对少数民族语言的影响一般是从吸收借词开始，并随借词借入规模和程度的增加，逐步对语言的各结构层面产生影响。喻世长先生把这种影响分三个等级：第一级吸收汉语借词，其读音和构词格式以适应民族语原有特点为主；第二级吸收更多的汉语借词，其读音和构词格式不完全适应民族语原有特点，汉语的某些语音单位或特征和某些构词方式、词序、虚词、句子格式补充到民族语的语音和语法中去，与民族语原有形式并用；第三级汉语借词大量增加，汉语的语音、语法特点影响民族语，某些深层结构特点向与汉语相似的方向转变（喻世长，1961 年）。

此外，语言相互借用成分的复杂情况还表现在，一是与不同地区的语言的接触，会影响同一语言方言的分化，甚至影响语言的谱系分类结果；二是与不同时期的语言的接触，会使同一语言系统内部同时存在形成于不同年代层次的语言成分。

1. 语言接触影响语言的区域性变体

属于缅彝语支的毕苏语可按分布地区分澜勐、淮帕、达考三个方言，不同方言主要是因受不同语言借词的影响而造成的词汇差异。分布在泰国的淮帕、达考方言借用泰/傣语词汇较分布在我国的澜勐方言为多，并因此而造成语音语法的变化。如泰国毕苏语的语音比国内毕苏语多出来自泰语的元音 ɛ 和 ɔ，数词系统也使用泰语借词；分布在我国的毕苏语澜勐方言分老品和老缅两个土语，老品话因接触傣语而使用较多的傣语借词，而老缅话则多采用母语词或汉语借词（徐世璇，1998 年）。

达斡尔语分四个方言，其中布特哈方言历史上受过满语的强烈影响，齐齐哈尔方言较早受到汉语的影响，海拉尔方言主要受蒙古语的影响，新疆方言受突厥语尤其是哈萨克语的影响较深，并因此而广泛地形成了达斡尔语和所接触语言的双语及多语现象，方言中吸收所接触语言的借词或其他表现形式，形成达斡尔语内部方言与异族文化交融的亚文化特征。(丁石庆，1994 年)

羌语及羌语支语言最主要的特点之一是有丰富的复辅音声母和复辅音韵尾，而这一特点在羌语内部却有较大的分歧。例如羌语北部方言辅音韵尾多，南部方言少；北部方言无声调有重音，南部方言有声调无重音；北部方言有辅音交替、元音和谐，南部方言多无此现象。这样的方言差异也主要是和所接触的语言的影响有关，即羌语北部方言接近安多藏语方言区，南部方言接近汉语区，因分别受到藏语和汉语的影响而形成具有明显地区性特征的方言差异（刘光坤，1984 年）。

这种方言的成因有时也适用于语言的谱系分类。例如苗瑶语族通常分为苗语支、瑶语支和畲语支，三个语支的特点主要是和所接触的语言的影响有关，而都与它们的原始母语的面貌有一定的差别。苗语支主要分布于汉语西南官话地区，苗语韵母通常像汉语官话一样脱落了多数的辅音韵尾。瑶语历史上曾与汉语粤方言和平话有过密切接触，所以瑶语的语音系统和所接触过的汉语方言具有很高的一致性，例如保留全部辅音韵尾，保留入声调，元音区分长短，声母相应比较简化。畲语受到最深刻的影响是汉语客家话，畲语曾像苗语一样脱落了塞音韵尾，因此原始苗瑶语的入声字在畲语中全部读开音节，入声调归第 6 调；后来由于大量借用客家话词汇，重新产生来自客家话借词的塞音韵尾，产生专读入声借词的第 7、8 调。另外畲语的古全浊音读清送气音也和客家话相同而与其他苗瑶语的音变模式不同（陈其光，1991 年）。

传统方言学理论认为方言作为语言的地区变体是语言分化的结果，然而大量实际语言材料表明，与不同语言的接触可能是造成方言分歧的更重要的原因。换句话说，方言在某种意义上是语言融合而非语言分化的结果。

2. 语言接触影响语言共时系统积淀历时层次

结构语言学是严格区分语言的共时系统和历时系统的，但是由于语言的接触，不同年代的借词及其语言特征会并存于语言的共时系统中，因此一种共时语言的系统实际上会有存古与创新的差异。

沙加尔、曾晓渝、徐世璇等做的借词年代分层研究表明，汉藏少数民族语言中普遍吸收过不同年代的汉语借词。

比如水语和汉语属中古见母的关系词有 q ~ k ~ ȶ 的发音分歧：（曾晓渝，2003 年）

汉语	水语	汉语	水语	汉语	水语	汉语	水语
绀	qam^{5}	钢	qaːŋ^{1}	宫	ȶoŋ^{1}	钢 ~ 笔	kaːŋ^{3}
髻	qut^{7}	割	qat^{7}	瓜	kwa^{1}	工 ~ 人	kuŋ^{3}
芥	qaːt^{7}	隔	qek^{7}	甲	ȶaːp^{7}	家国 ~	ȶa^{3}
劫	kaːp^{7}	夹	qaq^{7}	结 ~ 冰	ȶet^{7}	见意 ~	ȶen^{1}
		羹	qeŋ^{1}			阶 ~ 级	kaːi^{3}
		金	ȶum^{1}			结团 ~	ȶe^{2}
		劫	ȶip^{7}			宫 ~ 殿	kuŋ^{3}
		锯	ȶu^{5}			金奖 ~	ȶin^{3}
上古层		中古早期层		中古晚期层		现代层	

比较合理的解释是它们形成于不同的年代。又根据韵母等第的分别，小舌音 q 出现于非三等字，舌根音 k 出现于三等字，这种音值的对立当属中古以前的语音；再根据韵母韵尾的分歧，也可分不同的层次，如结打～qut^{7}、结～冰 ʨet^{7}、结团～ʨe^{2} 当分属早中晚三个层次，金 ʨum^{1}、金奖～ʨin^{3} 当属早期和晚期不同层次；声调对于现代和古代层有重要的区别作用，如水语和汉语四声调类相合的一般不晚于中古层，阴平读 3 调、阴去读 1 调、阴入读 2 调的为现代层，中古非入声带塞音尾的为上古层。

藏缅语不如侗台语、苗瑶语和汉语的接触关系密切，但是在其为数不多的汉语借词中，仍然可以区分出借词的历史层次。例如哈尼语中汉语借词的分层：（沙加尔、徐世璇，2002 年）

汉语	哈尼语	汉语	哈尼语	汉语	哈尼语
保～护	bo^{31}	本～事	be^{33}	保～证	pɔ^{33}
高	go^{31}	事本～	sɿ^{24}	高提～	kɔ^{55}
政～府	dʑɣ^{55}			政～府	tse^{24}
府政～	phu^{55}			府政～	fu^{33}
本～事	be^{31}			政～府	tse^{24}
事本～	sɿ^{55}			府政～	fu^{33}
近代层		现代 a 层		现代 b 层	

借词分层的主要依据是：

层　次	音　类	音　值
近代层	阴　平	31
	阴　上	31
	阴　去	55
	全清声母	浊音
现代 a 层	阴　上	33
	阳　去	24
	全清声母	浊音
现代 b 层	阴　平	55
	阴　上	33
	阴　去	24
	全清声母	清音

语言接触的关系词年代分层的历史语言学意义在于，如果关系词的年代分层是准确的，那么只有年代最早的层次有可能为同源词，最早层次以后的关系词理论上说只能是借词而不可能是同源词。这样就可以严格地控制同源词的分布范围。其次也说明，一种语言由于和不同时期语言的接触，共时平面的语音和词汇系统，实际上是包含了不同历史层次的要素。

二、语言融合与语言混合

语言借用对于所有语言来说都是普遍存在的。在语言借用阶段，语言之间可以相互借用词汇，但是借用一般不会深入到词汇的核心词层面，不会影响音系格局和语法类型的转变。而语言长期而深刻的接触可能导致不同的语言合而为一，即语言之间的融合与混合。

1. 语言的融合

语言融合一般是指语言的词汇、语音和语法系统整体上被另一种语言所取代，母语仅存在某些底层痕迹。这种现象历史上可能广泛发生过，但是由于没有充分的文献记录，我们现在只能从一些现实语言的现象去推测。

就汉语方言的形成而言，官话以外的汉语方言都分布在中国的东南和南部地区，上古时期那里大部分地区的居民并非汉族，说的不是汉语，所以南方汉语应该是来自北方。近年来发现南方群体的基因与北方群体大不一样，说明南方居民形成的主体并不是北方移民，而是原来的南方土著。南方的土著居民在汉文化的影响下，学习汉语，形成一种带有本族母语特征的混合语，以后通过双语的中间阶段，逐渐放弃了自己的母语，从而融合成为以土著语言为底层的东南诸汉语方言（潘悟云，2003 年）。

举例来说，汉语南方方言某些声母和侗台语族的 $ʔ_b$、$ʔ_d$ 等先喉塞音声母的性质和种类有很大的相似，并有类似的音变，但是这种现象在北方汉语中却不存在，因此可以认为汉语南方方言里的先喉塞音声母是古百越语底层残留现象（陈忠敏，1995年）。汉语和台语泛指物量词和动量词等的语音面貌相似，台语量词语法作用比较完整地保留在潮州话、广州话和温州话中，零星地残留在福州话和厦门话中；台语量词做名词词头的功能曾在周秦时代广泛使用于南方方言，甚至汉台语中与量词有关的结构模式先起于台语，后起于汉语。因此台语量词及其语法作用在汉语南方方言（吴、闽、粤方言）中留下了底层遗存（游汝杰，1982年）。

广西一些地区的汉族和部分壮族、瑶族等少数民族讲的平话的基本结构无疑是一种（或几种）汉语方言，但是其底层语言可能是古台语，并且现代的平话中还有相当多的借自壮语的词汇。分布在湖南南部、广西和广东北部一带的一批地方土话在汉语方言的归属上一直没有明确的定论，属于最复杂的汉语方言之一，不能排除它们可能是来自北方的汉语和当地土著语言融合而形成的汉语方言，因为历史上这一地区是各民族迁徙交汇的地带，多语环境具备发生语言融合的客观条件。

语言融合不仅发生在一些非官话的汉语方言中，也存在于历史上我国少数民族转用的汉语中。畲族转用的客家话和湖南城步等地苗族讲的青苗话属于已经彻底转用汉语的实例，而诶话（五色话）以及白语乃至畲语、勉语和仡佬语等可能是正在发生融合的语言。

畲族至少在宋元时期就开始接触并使用汉语，目前99%以上的畲族已经放弃了母语而转用汉语客家话。畲族讲的客家话和客家人的客家话结构基本一样，只是保留了少量畲语的底层词，可见这种畲话是汉语对畲语融合的结果。湖南城步县苗族讲的青苗话是一种属于湘方言同时又具有桂北平话和湘南土话特点的汉语地方话。这种话仍保留了苗语固有的一些成分和特点，尤其是它的远指指示代词的用法未见于任何古今汉语，而是苗语固有的语法格式。因此青衣苗话可以解释为一种被汉语化或融合的民族语言。

白语是和汉语很接近的语言，关于白语的系属有泰语说、孟高棉语说、汉语方言说、夷汉混合说、藏缅语族白语支说等假说。事实上白语的语音系统与汉语很接近，与彝语支语言差异较大；词汇上与汉语同源的占的比例很高，与彝语支语言同源的比例反倒很低；语法结构的许多方面也更接近汉语而不是彝语支语言。这可以归咎于历史上有大量汉人及氐叟人先后融合于白族先民的事实。因此，白语的底层是藏缅语族语言的一种语言，共时上可以看成是与汉语融而未合的一种特殊语言。仡佬语看起来和侗台语及苗瑶语都有一些关系。从历代文献记载来看，湘西泸溪县一带历史上是仡佬族先民分布的地区，直至清代中期，该地区仡佬人还普遍用母语交际。泸溪苗语有不少与仡佬语同源的词，因此有可能是仡佬人在掌握了苗语后，逐渐放弃了母语，但把仡佬语一些词汇和构词成分带进了苗语，近代以后仡佬语又融入了大量的汉语成分。瑶族讲的勉语和畲族讲的畲语一半以上的词汇是古代或现代汉语的借词，它们的语音和语法系统更接近汉语而不是原始苗瑶语，说明勉语和畲语都具有明显的语言融合的性质。

2. 语言的混合

语言混合是更为特殊的语言接触情况，因此实际案例并不多见。就目前所知，青海同仁县的五屯话、甘肃东乡族自治县的唐汪话、四川雅江县的倒话，或许还有新疆和田县等地的艾努语是语言混合的代表。五屯话、唐汪话、倒话都是源语言为汉语和当地某种、某些少数民族语言之间发生结构的混合，通常表现为基本词汇使用汉语词，语法结构采用所接触语言的语法。就这一点而言，我国的混合型语言和国外所谓克里澳尔语有明显的区别，国外的克里澳尔语一般是采用所接触语言（英语、法语等）的词汇，语法仍然还是母语的。

五屯话与藏语一样使用 SOV 的语序，动词后面可以附加大量复杂词缀赋予动词新的词汇意义和语法意义，构成一些复杂的结构。这些后缀大都从汉语材料的基础上发展演变而来。五屯话也受到保安语的影响，如名词有用汉语成分表示凭借格和界限格的语法范畴；有并列、立刻、假定、前提、让步、迎接等和保安语平行的副动词词尾。唐汪话的名词和人称代词的复数、把—被格、从—比格、造—联格、领属格、反身格，动词的使动态、完成体、继续体、未完成体、经常体，副动词的并列、选择—界限、分离—让步、条件、重复、目的等范畴的用法，句法结构的语序都和东乡语几乎完全是平行的，尽管副动词以外的形态用的是汉语语素，但是在汉语方言中并没有相应的语法结构和功能，所以唐汪话实际上是一种汉语代码 + 东乡语结构的特殊语言。源于汉语的倒话语法已经演变为 SOV 语序和作格型语言。用后附词缀表示名词和人称代词的复数、作格（及物主格）、不及物主格、宾格、具格、领格、与格、位格、从格、比格、属格；自主动词的现行体、持续体、将行体、即行体、已行体、完成体和经验体，亲验—非亲验情态，自动态—使动态，陈述式、疑问式、祈使式和拟测式等语法范畴及动词的名物化均和当地藏语为平行同构；句法的宾语—动词结构、名词—形容词和名词—数量词的偏正结构也和藏语相同而与汉语相异。表示上述原本藏语的词法范畴的粘附形态也主要用汉语相应的语素替代，只有在汉语没有可替代语素的情况下，才直接采用藏语的语素，如作格标记 ki、亲验标记 khɐ、从格比格标记 dɐ 等。

当然我国语言的混合现象还是具有一般语言混合的普遍性特征的。表现在它们和其他语言接触的历史都是可以考察的，说明语言混合发生的时间和过程都是比较短暂和迅速的，和语言发生学缓慢的演变过程有明显的区别。其次语言混合无一例外在语言结构方面都出现简化的趋势，这与语言在没有接触的情况下会不断繁化的常规变化也有所不同。语言结构简化导致语言总体的羡余度有所降低是混合语一个特殊的共性。再有就是混合型语言由于吸收了其他语言的结构要素，而在语言结构类型上会出现某些不和谐的因素，也即混合型语言在语言类型上一般都缺乏和谐性和典型性。

从语言接触的方向看，语言融合主要表现为底层是少数民族语言的弱势语言和汉语接触的结果，这是因为强势语言和弱势语言的接触很自然地会导致强势语言取代弱势语言，语言融合是语言接触的正常结果。而语言混合主要表现为源语是强势语言的汉语和少数民族语言接触的结果，其原因可能是汉语在全国处于强势，但在局部地区处于弱势，因此没有被其他语言融合而采用比较特殊的语言混合的方式继续存在。语言融合和语言混合的基本前提是不同语言群体长期生存于同一地区，群体之间经过密切接触而形成了包括语言交际在内的共同的社会交际行为和认同关系，甚至可能通过联姻而具有相对密切的血缘关系。

三、语言系统的有序变异

1. 古今语言结构简化的有序性

语言的古今演变普遍表现为简化的趋势。以汉语为例，古代汉语音系要比现代汉语的音系复杂，古代汉语的全浊声母、鼻音塞音韵尾、四声八调的声调在诸现代汉语方言中都有不同程度的简化。在各现代汉语方言中，全浊声母演变为保留全浊音、不送气清音、送气清音或部分声调不送气清音、部分声调送气清音等类型；复杂的辅音韵尾演变为保留全部鼻音、塞音韵尾、部分鼻音韵尾合并、部分或全部塞音韵尾合并或脱落等类型；平上去入各分阴阳的复杂声调系统以合并为主演化为三至九调的不同类型。官话、吴、湘、粤、闽、客、赣等现代汉语的各大主要方言就是依据这些复杂声母、韵母、声调特征的简化程度和类型划分的，其中官话简化的程度最高。根据语言标记性理论，成对的相互区别的语音特征都可以描述为无标记和有标记的区别，无标记特征相对有标记特征来说具有比较简单、自然、稳定和普遍分布的特性。比如全浊声母较之全清声母、闭音节较之开音节、阳类声调较之阴类声调、促声调较之舒声调等为更有标记的语音特征。古今汉语语音系统的演变，均表现为无标记特征的保留和有标记特征的消失，因此汉语语音系统的演变不是任意的，而是有序的。

语音系统的有序简化普遍发生在各种语言中。例如诸现代藏语方言和古藏语相比，语音系统也有不同程度的简化。具体到各藏语方言，音系简化的程度和阶段是不平衡的，一般认为可以按古代藏语 > 安多方言（泽库 > 夏河） > 康方言 > 卫藏方言的顺序排列。藏语方言音变采取的主要方式有浊音清化、发音部位和发音方法的同化、前置辅音的弛化、复辅音特征的耦化、基字和加字的移位乃至附加辅音脱落、复辅音最终演变为单音等。各种简化方式尽管类型复杂，但是可以证明，都是通过语音结构不和谐的有标记项向和谐的无标记项的变化，并通过对立项的中和，逐级排除原复杂系统的不和谐结构项和空位。因此语言结构的简化主要不是结构项数量的递减，而是结构制约条件的变化以及由此引起的系统中标记性特征的有序递减和不同音类的有序中和（黄行，1997 年）。

对于系统的简化，不同学科可以有殊途同归的解释。按照语言学的理论，语言结构的简化意味着羡余度的降低，而语言的外部接触是造成语言结构简化、演变迅速、羡余性降低等演变趋势的主要原因。如按系统论的观点，简化意味着系统熵值的增加。语言的本质是社会交际工具，同时又是一种信息系统。语言要保持交际能力，并随着信息量的增加，语言结构的熵会不断降低。在现代越来越开放的社会中，语言必然从比较封闭的系统趋向比较开放的系统。在开放与竞争的环境中，现代语言又必须追求经济性，即在不影响有效信息传输的前提下，尽量减小语言结构的羡余度，因此导致熵值加大。语言因外部接触而普遍简化的趋势同样可以从系统论的理论得到解释。

自主与不自主调控型噪音机制理论认为，噪音发声型特征或音素是不能自主调控的，与之相对的调音型特征或音素则能自主调控。这种机制形成的二元对立的语音要素（浊与清、紧与松等）构成音高上成系统的差别。古今语言的演变通常表现为浊音、紧音等不能自主调控的噪音发声特征的变迁，进而产生与不同噪音造成的音高相联系的成系统的音段或音段特征的变化是促成声调产生的外因条件。这种音系的变化的主要动因仍与语言系统的开放与否，也即语言外部接触的程度有关（江荻，1998年）。

2. 濒危语言结构缺失的有序性

语言的普遍接触会导致语言的转用和替换，处于被转用和替换状态的语言即濒危语言。濒危语言本身某些固有的结构要素因受到所接触的第二语言的影响而逐渐缺失和被替换，母语结构要素的缺失和替换到一定程度时就可能发生母语人从第一语言到第二语言的转用，最终导致母语的消亡。

社科院民族所这几年对我国处于濒危状态的满语、畲语、土家语、拉珈语、阿侬语、西部裕固语等少数民族语言做了实地调查，从这些濒危语言调查报告的材料看，[①] 濒危语言结构要素的缺失和替换也不是无序的，仍然是服从有标记项到无标记项的顺序和等级。

濒危语言结构的缺失和替换首先表现在母语词汇的缺失和替换。词汇借用正常情况下是发生在一般词汇而非核心词汇

① 引自孙宏开、陈宗振等先生的濒危语言调查报告，2003—2004年。

层，因为核心词表现的是比较原始和常用的概念，因此核心词汇较非核心词汇更无标记。但是随借词量的加大而逐渐进入到核心词汇层，母语的词汇就到了比较严重的匮乏程度，因此母语词汇在核心词层的保持程度可以作为衡量语言濒危程度的一个指标。

语音结构变异在很大程度上也是从有标记项的缺失开始，例如以下语言有标记语音项目的缺失：

阿依语无标记项	有标记项	缺失项
-j介音	-ɹ复辅音	-ɹ复辅音脱落
单辅音	ʔ-复辅音	前喉塞音脱落
t、th、d、n、l	ʈ、ʈh、ɖ、ɳ、ɭ	卷舌音 > 非卷舌音
无成音节辅音	成音节辅音 ŋ̩	成音节辅音消失
边音	边擦音	自由变读
不送气音	送气音	自由变读

畲语无标记项	有标记项	缺失项
清塞音、塞擦音	浊塞音、塞擦音	全浊音清化
浊鼻音边音声母	清鼻音边音声母	清鼻音边音浊化
单辅音声母	鼻冠音声母	鼻冠音脱落
零韵尾	塞音韵尾	塞音韵尾脱落

西部裕固语无标记项	有标记项	缺失项
无元音和谐	有元音和谐	元音和谐缺失

语法项目的变异同样表现为不稳定的有标记项的缺失和较稳定的无标记项的保持。例如阿依语和西部裕固语的语法变异情

况：

阿侬语无标记项	有标记项	缺失项
V 使动零形态	前缀或词根屈折	形态消失
V 一致性零形态	词缀或词根屈折	形态消失
V 和主语一致关系	V 和宾/定语一致关系	后者消失
格标记零形态	格助词标记	格助词标记简化
人称领属零形态	人称领属加词头	词头消失
低位数词	高位数词	高位数词被替换

西部裕固语无标记项	有标记项	缺失项
名词人称领属零形态	表人称和数的后缀	人称领属后缀简化与合并
动词人称数范畴零形态	表人称和数的后缀	动词人称和数后缀缺失

濒危语言是语言转用过程中的一个阶段，观察和记录趋于濒危过程中的语言结构的缺失和替换现象是很重要的。语言濒危的消极影响在于语言结构多样性的减少，以及使语言失去创新与发展的能力，因此观察和记录语言结构的缺失和替换现象可能会有助于从语言普遍性的角度认识语言发展和消亡的过程，有利于科学地保护和恢复濒危语言。

中国语言人类学研究百年回眸*

周庆生

人类的许多行为诸如狩猎、耕种、运动、结婚、计算亲属关系、举行宗教仪式、组织军事远征等等，都是在语言活动的基础上进行的。语言交际系统比动物交际系统更精细、更复杂，语言传递的信息，其他交际系统无法传递，这些信息就是文化。

人类学是研究人类本身及其行为的一门独立的学科。现在学者通常认为人类学是由考古人类学、生物（或体质）人类学、社会文化人类学和语言人类学这四大分支组成的。

语言人类学是20世纪初期由美国人类学家博厄斯及其同行界定的，到了80年代，业已发展成为人类学四大分支中最为盛行的一门学科。现今在北美，“语言人类学”或“人类语言学”这两个术语或多或少可以互换使用，但在欧洲大陆，人们则偏爱“民族语言学”这个术语（Cardona，1973年，重印于1990年），不大爱用“语言人类学”或“人类语言学”，这跟欧洲学者爱用“民族学”，不爱用“人类学”是一脉相承的。

---

* 本文原系中国申办第十六届国际人类学民族学科学联合会大会（2008年）英文宣传资料中的一部分，曾于2003年在佛罗伦萨举行的第十五届国际人类学民族学大会上散发，现为中文稿，略有删节。郝时远先生提出宝贵修改意见，谨致谢忱。

按照美国著名学者海姆斯的说法，语言人类学家研究的语言是“人类学环境中的言语或语言”（Hymes，1963年），它既不同于语言学家研究的语言结构，也不同于人类学家从事的民族志的描述，语言人类学跟社会语言学或文化语言学非常相似。

“语言人类学”这个名称在中国学术界使用的时间并不长，但是当代中国语言人类学的研究，却可以追溯到20世纪初期。中国语言人类学的学术思想和研究方法主要有五大来源：（1）西方文化人类学；（2）中国传统文化史；（3）中国民族学；（4）中国文化语言学；（5）中国社会语言学。20世纪中国语言人类学的发展，大致经历了草创期和发展期这两大阶段。

一、草创期：20世纪上半叶

20世纪上半叶，在中国文化发展史上出现了著名的新学（西学）和旧学（中国传统学问）的抗争，即所谓新旧文化之争和中西文化之争。在这种学术氛围当中，有人提出要结合人类社会文化环境来研究语言。梁启超在其《国文语原解前记》中曾阐述，通过语言文字可以考察古代民族社会的发展和演变（见邢福义，1990年）。该时期中国语言人类学的研究特点大致如下：

从文字研究古代社会文化　张世禄（1923年）阐述了汉字对研究古代社会文化的重要价值。王国维（1922年）把殷墟发现的甲骨卜辞与历史文献相结合，使商代的历史成为信史。郭沫若考释了古文字，旨在“探讨中国社会之起源”（1931年初版序言），“了解殷代的生产方式、生产关系和意识形态”（1952年重印弁言），其《甲骨文字研究》（1931年）是利用甲骨卜辞和考古资料探索中国商代社会性质的典范作品之一。芮逸夫（1941年）考证列举了明清以来，用犬兽偏旁书写我国西南地区少数民族或族群的六七十种族称，反映了封建文人贵华夏、贱夷狄的心理。

从语言研究民族文化　罗常培（罗莘田，1942年）率先运用田野调查资料和文献资料，论证了语言分类对民族分类的重要意义。林耀华（1944年）阐述了语言意义分析对文化研究的贡献。李安宅（1934年）分析了避讳制度及巫术对人名的影响。

从人类学视角研究语言　在中国，首次阐明“从人类学的视角研究语言”的目的和范围的是林惠祥，他提出（1）从文化整体来讨论语言的功用；（2）特别注重语言文字中的拟势语、记号、文字、图画文字、数目语等，这些都是原始文化的一部分；（3）利用语言来讨论民族关系，推论民族接触和文化传播；（4）借助语言文字证据来推论民族历史状况（林惠祥，1991年、1934年）。后来，许多学者的相关论述，都是沿着林惠祥的这个思路展开的，尽管这些学者未必都直接阅读过林氏的这段论述。

语言与文化：第一次综合性研究　经过几十年的专题研究的积累，终于产生了第一部综合性研究专著，这就是罗常培的《语言与文化》（1950年、1989年再版）。该书是在大量的田野调查工作及相关论文的基础上，经过在西南联合大学的多次演讲，确定该书的框架之后写成的。该书旨在从语词的涵义来论证语言和文化的关系，内容涉及文化人类学中的民族文化遗迹、民族文化程度、民族心理、文化接触、民族迁徙历史、民族来源、宗教信仰以及婚姻制度等。该书使用的材料，以中国少数民族为主，同时包括古今境外的许多民族；以历史文献为主，同时也有一定的田野材料。

鉴于美国语言学家萨丕尔晚年的研究兴趣转向人类学，而人类学家马林诺斯基晚年的研究兴趣转向语言学，罗常培坦承，他撰写此书，无意“攀附”两位国外学术大师，只是想“给语言学和人类学的研究搭起一个桥梁”（罗常培，1989年、1950年）。如今在追溯、梳理前辈学者发表的符合现代语言人类学理论和方法的论著时，我们认为，罗氏的《语言与文化》实在堪称中国语言人类学的开山之作。

二、发展期：20世纪下半叶

在20世纪下半叶中国语言人类学的进程中，有一个问题，容易令人迷惑不解，既然罗常培的《语言与文化》成功地开辟了中国语言人类学研究的新路径，可是为什么在该书问世之后的20年间，该研究取向没有引起中国相关学者的广泛关注或研究兴趣呢？该领域的研究成果也是寥寥无几呢？究其原因，大致如下：

20世纪50年代初期，中国民族语言研究的中心工作是进行大规模的少数民族语言普查，以便开展少数民族文字的创制、改革和选择。在民族学和文化人类学研究领域，则是进行民族识别，调查研究少数民族的社会历史形态。相对说来，语言人类学是一门边缘学科，在当时，边缘学科是无人提倡且不可能提倡的。

后来，随着“反右派”、“反右倾”以及文化大革命的开展，学术工作要服务于政治，民族学被定为资产阶级学科，逐渐被取消，学校及诸多领域不再使用少数民族语言文字，原来就处于边缘地位的语言人类学就更没有人问津了。

1. 学科和教学

语言人类学的学科建设　20世纪八九十年代中国再次掀起“文化热潮”，语言人类学也像其他边缘交叉学科一样崭露头角。国内外专家的意见曾对中国语言人类学的学科建设，发挥过重要的作用。

1981年1月，美国人类学家阿瑟·沃尔夫在厦门大学做报告，明确提出“人类学应分为体质人类学、考古人类学、社会人类学、语言人类学等四个部门。对于一个人类学家来说，四种分科都要知道一点，但要专攻一种”（陈国强，1984 年）。尔后厦门大学的陈国强也提出，要加强语言人类学等新兴边缘学科的建设和研究。

李如龙率先界定了“语言人类学”的定义，他认为“语言人类学就是从人类学的角度来研究语言，用语言材料来研究人类，它是语言学和人类学相互为用的边缘学科”（李如龙，1985 年）。同时还明确论述了语言人类学的六大研究论题，即，（1）语言起源；（2）语言与思维；（3）人类群体和语言社区之间的关系；（4）从不同语言的借用看民族间的接触；（5）从语言材料看人类社会的发展；（6）语言与精神文化的关系（李如龙，1985 年）。同前述林惠祥早期提出的四大要点相比，李如龙六大论题的范围似乎更广泛、更深刻。

语言民族学的提出　关于民族社会文化环境中的语言研究，中国南方的人类学界，提出了构建“语言人类学”的问题，而在北方的民族学界，则提出了构建“语言民族学”的问题。马学良等把“语言民族学”界定为“通过语言来研究民族特征和过程的综合边缘学科”（马学良、戴庆厦，1981 年），并且承认，罗常培《语言与文化》一书希望在“语言学和人类学研究中搭起的这座桥梁，就是我们所说的语言民族学”（马学良、戴庆厦，1981 年）。后来，在施正一（1992 年）和林耀华（1990 年）各自主编的民族学教材中，分别设有“语言民族学”和“语言与民族”一章。

语言人类学的教学和教材　1988 年，厦门大学首先设置语言人类学课程，形成了比较规范的人类学教学科目，即：人类学概论、文化人类学、体质人类学、考古人类学、语言人类学、古人类学、应用人类学、人类学说史、人类学调查研究方法、社会调查等。此后，中央民族大学等民族院校也相继开设了语言人类学课程。邓晓华（1993 年）的《人类文化语言学》是中国第一部公开出版的最接近“人类语言学”或“语言人类学”的教科书。该书是作者在厦门大学人类学系讲授文化语言学课程的基础上写成的。该书大量使用中国本土的语言文化资料，“综合运用语言学和文化人类学的理论和方法，研究语言结构、语言变化和社会文化结构的关系，力图在语言结构和文化结构之间建立对应关系”（邓晓华，1993年）。朱文俊（1999年）的译介性著作，使用的几乎都是国外资料，但仍不失为一部具有一定借鉴意义的教学参考书。

2. 专题研究

语言使用　中国第一部系统描写中国少数民族语言构成和语言使用的调查报告集，是由中国社会科学院民族研究所等单位集体完成的（欧阳觉亚、周耀文，1994年）。戴庆厦等（1999年）论证了制约语言文字使用和发展的四大要素，即（1）民族政策和语言政策环境；（2）地区民族关系和语言关系环境；（3）民族自身条件；（4）语言文字自身特点。黄行（2000年）借鉴加拿大学者关于语言活力的测算方法，从多方位、多角度测算了中国少数民族语言的使用活力，反映了我国少数民族语言运用、接触、并用和转用的情况。

语言与民族文化历史　张公瑾（1982年）提出，从语言可以论证民族文化的历史，探讨古老的宇宙观念，考证民族的起源，证明重大历史事实和民族间的文化交流事件。邢公畹（1984年）综合运用历史学、考古学、体质人类学和语言学方面的材料，论证了汉语、侗台语、苗瑶语和藏缅语在远古时期就有发生学上的联系。

民族语义分析　在语言人类学中，民族语义分析又称成分分析或结构语义分析，旨在通过义素分析来研究民俗分类法。周庆生（1990年）率先运用结构语义学的基本原理和方法，系统分析了傣族亲属称谓的语义成分。曲木铁西等（戴庆厦、曲木铁西，1992 年）以彝语为例，描写了动物名词的义素成分，阐释了语义特征与社会文化的关系。斯钦朝克图（1994 年）分析了蒙古语五种牲畜词的语义成分。纳日碧力戈（2000 年）从结构主义视角，描述了蓝靛瑶亲属称谓的一些特点。

语言与民俗文化　黄涛（2002 年）首次运用田野调查方法，系统描述了一个汉族村落的亲属称谓、拟亲属称谓、人名和咒语，阐释了这些语词称谓与村落民俗文化的关系。丁石庆（1998 年）通过深入分析达斡尔语词汇，探讨达斡尔族的亲属婚姻制度、家庭奴隶制度、伦理道德、宗教信仰、社会历史文化及文化交流。这两部个案研究论著，均有一定的创新意义。杨占武系统描述了我国回族汉语中的种种变异，认为“回族汉语之于一般汉语的区别，相当于新西兰英语之于英国英语，美国英语之于英国英语的区别”（杨占武，1996 年）。

人名姓氏　王贵（1991 年）利用在西藏生活 30 多年的机会，搜集到 500 多个藏族常用人名，通过分析藏族人名的构成，阐述人名的意义类别以及藏族人名藏、汉、英三语互译的问题。该书颇具史料价值。纳日碧力戈（1997 年）论证了人名与文化的关系，认为人名往往充满自然崇拜的意蕴，姓名可同时表示血缘和身份，人名具有区分和整合功能，受社会性质和文化特点的制约。

色彩语言　朱净宇等发表了中国第一部有关色彩语言的专著（朱净宇、李家泉，1993 年），该书搜集了中国 30 多个少数民族的色彩语言资料，综合应用语言学、符号学和文化人类学的方法，剖析了色彩语言的社会文化内涵，认为色彩语言的社会文化意义，是由一定民族的伦理道德、宗教文化、社会政治经济结构、婚恋习俗及其他伦理道规范所决定的。白庚胜（2001 年）融会语言学、宗教学、文化学、神话学、美学、考古学等方面的研究成果，采用田野调查、文献考辨、综合分析、比较研究的方法，描述纳西族的色彩符号语言，阐释这些色彩符号的象征意义，构建了纳西族的色彩文化体系。

宗教语言　中国第一部有关宗教语言学的专著是由高长江撰写的，该书旨在“从语言学的角度探讨宗教的特征，从宗教学的角度探讨语言的功能”（高长江，1993年），涉及宗教系统与语言系统、宗教演化与语言发展、宗教语言模式、宗教语言与人的世界。梁晓虹（1990年、1991年）详细论证了中国古代大量翻译佛经对汉语词汇发展的巨大影响。钟廷雄（1990年）阐述了宗教对文字的影响。

语言接触　中央民族大学的学者较系统地分析了汉语与中国诸少数民族语言的相互影响，以及中国七个民族转用汉语的状况（戴庆厦，1992年）。陈保亚（1996年）通过追踪傣语和汉语的接触，论证了语言联盟是语言演化的一种新模式。袁焱（2001年）以阿昌语为例，采用田野调查的方法，提出由语言接触引发的语言变化包括：语言影响、语言兼用和语言转用。何俊芳（1998年）综合采用语言学、社会学、历史学和民族学的研究方法，探讨了我国双语的结构特点、变化趋势以及制约双语发展的因素。

3. 综合研究

随着语言人类学专题研究的不断深入，我国汉语方言及少数民族语言学界的专家学者，沿着罗常培于20世纪50年代开创的路径，开拓进取，终于在理论方法、深度广度、定性定量等诸多方面取得了新进展，特别是在方言与中国文化、语言与文化的理论、民族语言与社会文化等领域，涌现出具有一定特色的综合性研究论著。

方言与中国文化　游汝杰在完成一系列专题论文的基础上，与人合作撰写了一本专著（周振鹤、游汝杰，1986年），综合探讨中国境内的方言（包括少数民族语言的方言）和中国文化的关系，包括八个方面：（1）方言与移民的关系，提出历代移民是汉语各南方方言的历史渊源，也是汉语方言地理格局的主要成因；（2）方言地理与人文地理，论证了历史上的行政地理在方言形成中的重要作用；（3）历史方言地理的拟测及其文化背景；（4）语言化石与栽培植物发展史；（5）从地名透视文化内涵；（6）方言和戏曲及小说；（7）方言与民俗；（8）语言接触和文化交流。

语言与文化的理论 张公瑾（1998 年）的研究性论著，在语言与文化的理论方面提出许多新论述：（1）语言的文化价值不能仅仅局限于词汇所反映的文化意义，还应涉及语音、语法、语言的结构类型、谱系分类法、语言的分布以及文字问题；（2）对民族文字的选用或改造，必须联系民族的文化环境和文化传统，才能取得成功；（3）传统的线性分析法不适宜语言与文化的研究，提议引入浑沌学的理论和方法。

民族语言与社会文化 周庆生（2000 年）的论著是在一系列专题研究的基础上完成的。该书大量使用田野调查资料，综合运用社会语言学、社会心理学和文化人类学的方法，在语言状况、语言与族属、语言变异和变体、语言交际、语言与文化、双语学习动机等方面有一些新建树。

三、余论

20 世纪（特别是近十几年来）的中国语言人类学，无论是在学科地位的确立，研究成果的质量和数量，教学科研队伍的建设，教材的编写等诸多方面，均取得了一定的进展。然而，该学科在中国毕竟还是一门新兴的边缘学科，该学科的基础还十分薄弱，该学科的进一步发展和提高还需要有个过程。中国语言人类学界正在积极努力推动这门学科的进一步发展。

创造条件，使学科尽快走向成熟 国内外人文社会科学的发展经验表明：有无本学科的学术团体，能否定期召开本学科的学术会议，有无本学科的学术期刊，是识别一门学科是否成熟的重要标志。目前就中国语言人类学而言，虽然还不具备成立学会、创办期刊、召开大型学术会议的条件，但是，可以积极努力，争取在适当时机，在相关的一级学会如中国人类学会或中国民族学会中成立语言人类学分会，在相关的人类学或民族学学术大会中，设立语言人类学专题（或分组）会议，在相关的学术期刊或会议论文集中，设立语言人类学栏目。

语言人类学的发展受到广泛关注 目前，中国语言人类学还没有专门的学术团体和学术刊物，但是人类学界和语言人类学界对这门学科的关注程度却不断增强。在中国社会文化变迁日益迅速的条件下，中国丰富的语言资源在经济社会发展中如何得到保护和传承？语言作为最重要的文化载体所蕴含的知识、观念如何得到发掘？母语在少数民族社会发展、教育等方面的作用和功能如何得到发挥？诸如此类的问题，正在引起人们的普遍关注，这种关注可以成为推动语言人类学发展的有利条件和社会需求。

立足民族志的田野调查，融会其他研究方法 在中国，“语言与文化”的关系，已经成为许多相关交叉学科，譬如，语言人类学、人类语言学、文化语言学、人类文化语言学、社会语言学、民族社会语言学的研究对象。其中，最具语言人类学特色的，就是运用民族志或民族学的方法，从事语言与文化的研究。因此，立足民族志的田野调查，融会其他研究方法，是任何一位语言人类学家都应该牢牢把握的研究取向，这种研究取向在中国拥有十分广阔的前景。

他山之石，可以攻玉 中国现代人类学和语言学，都是在借鉴国外同类学科的基础上发展起来的。因此，不断地吸收和借鉴国际人类学、民族学界，特别是语言人类学和相关学科的理论与

方法，是促进中国语言人类学发展的必由之路。中国的语言人类学将积极开展同世界各国同行的交流与合作，推动中国语言人类学沿着本土化和现代化的方向迅速发展。

语言学有关问题研究

吴安其

学科一般根据它的研究对象分类和命名，有的结合研究手段命名学科（如实验语音学）。一个学科最重要的是研究对象、研究理论和研究方法的确定。现代语言学的理论和研究方法是18世纪以来随着历史比较语言学的出现逐渐建立起来的。

语言学最基本的两个分支学科是描写语言学（共时语言学）和历史语言学（历时语言学）。描写语言学主要关心如何把语言的语音、语法和词汇较好地描写出来。现代历史语言学主要关心语言结构的历史演变。社会语言学（sociolinguistics）研究社会的变化对语言演变的影响。语言社会学则以语言所反映的社会现象为主要的研究对象，和语言人类学一样是人类学的分支学科。

一、关于结构主义的基本理论

现代语言学理论的创始人是索绪尔，他把一种语言或方言看作是一个系统。到了20世纪上半叶，在他的基础上出现布拉格、哥本哈根和美国的结构主义等三个结构主义的学派，如李方桂继承的是美国的结构主义学派。李先生上古声母构拟中对高本汉方案的修改和台语的比较反映了20世纪中期结构主义的思想。在我国的语言学界汉语与少数民族语的研究相互之间有所沟通，其实像汉语这样的分析语汉藏语系中就有好几十种。一些语言的研究有自己的传统和积累。如汉语有自《尔雅》《方言》《说文》《切韵》到清儒的研究，藏语文研究的历史已经有1000多年，有着自己的一套理论和研究法。我们把结构主义作为学科的理论基础，因为在语言的描写和历史两个方面的研究中舍此便无更好的理论基础，舍此就不能更好地继承和发展18世纪以来的语言学的理论和方法。

索绪尔21岁时写成了著名的论文《论印欧系语言元音的原始系统》。索绪尔的学生A. 梅耶评价索绪尔的《论印欧系语言元音的原始系统》“不仅总结和确定了以前有关元音系统的发现，它还使一种严整的系统得以产生。这种系统包罗一切已知的事实，并且揭露了许多新的事实，就这个意义上说，它也是一个新的成就。从此以后，无论在那一个问题上都不容许忽视这样一个原理：每一个语言都构成一种系统，其中一切成分都互相连接着，而且都从属于一个非常严格的总纲。”①

A. 梅耶强调把语言作为系统来研究而且在语言的系统中还包含着一些系统。他强调语言有语音、语法和词汇3个系统。其实语法和词汇系统不如语音系统那样严密，词汇往往是大杂烩，语法系统里常常包含着互相独立的条条块块。如汉语，基本上是一种分析型的语言，实质上又有粘着和屈折的形态形式。俄语系统是典型的屈折形态，时态系统是粘着的。梅耶说，“任何土语都有它自己的系统，我们应当经常想到每一个细节在每一个系统中的地位”。“只是孤立地研究一个词或者一小组词，一个形式或者一小组形式，这种支离破碎的办法是会葬送整个历史语言学

① A.B. 捷斯尼切卡娅：《印欧语亲属关系研究中的问题》，第104页，科学出版社，1960年。

的”。[①]结构主义历史语言学对于语言的理解已与19世纪的历史比较语言学不同。他还指出：“我们现在之所以能够用比较的方法来建立一些语言的历史，是因为我们确信，每一种新的系统都应该从一种单一的系统出发来解释。”[②]

二、关于普通话的规定

1956年国务院发出推广普通话的指示。指示中指出：“汉语统一的基础已经存在，这就是以北京语音为标准音，以北方话为基础方言，以典范的现代白话文著作为语法规范的普通话。”[③]于是我们就有了规范普通话的规定。像我们这样一个幅员辽阔，语言、方言差异很大的国家规定口语和书面语的标准是完全有必要的。当时国务院的领导和参与的学者对于标准音曾有不同的设想，最终提出“以北京语音为标准音”。50年代的讨论中已经认识到普通话有别于北京土话。但没有明确地提出普通话就是一种北京话。

现在从学术的角度看，50年代这个关于普通话的规定是很不严密的，事实上也不能按照这个规定创造一种特别的“普通话”。

(1) 任何一种语言都有自己的语音、词汇和语法，是历史形成的。普通话的规定似乎打算把不同的方言凑到一起。实际上我们要推广的是一种权威方言。权威方言不是规定出来的。古今中外，权威方言通常出自一个地区或一国的政治、文化中心。明清两代以来北京官话一直是汉语的权威方言。指示中说“汉语统一的基础已经存在”，说明已经知道这个权威方言的存

① A·梅耶：《历史语言学中的比较方法》，第59页。

② A·梅耶：《历史语言学中的比较方法》，第69页。

③ 参见《中国语文》，1956年第1期。

在。

(2)“北京语音”是指北京话的语音。北京土话和知识界北京话在语音上还是有一定差别的。英语以伦敦知识界的语音为标准音，现代俄语的标准音来自19世纪末20世纪初剧场中的莫斯科话。作为“纲领”，很难面面俱到。但这么多年了，没有进一步明确标准音，如在儿化韵和轻声的处理上一直有争议。

(3)我们的普通话事实上是北京知识界的北京话，其词汇与北京土话的词汇有的一样，有的不同。北方话是很大范围。如北方话中的西南官话、兰银官话与北京话用词上有较大的差别。我们不可能“以北方话为基础方言”选择普通话的用词。

(4)“现代白话文著作”是书面语，不是口语。现代白话文的文学作品一方面有明清以来的文言文的色彩，另一方面又受欧美译作的影响。只有北京人念文稿才会念出北京语音的白话文文法来。

20世纪50年代以前从北京迁居到台湾的一些人普通话说得很好，这并不是我们推普的功劳，而是后来被我们叫做“普通话”的这种北京话的社团方言早在50年代以前就很流行。周祖谟先生在《普通话正音问题》中提出：“就北京音而论，我们确定以北京语音为标准音，还应当以一般受过中等教育的北京人的语音为标准。”“一般没有受过中等教育的人，在语音上往往带着很重的土音，有些词还可能读错，所以我们需要以受过中等教育的北京人的语音为准。”①

现代汉语有闽、吴、客、赣、湘、粤、北方等方言。北方方言又叫做北方官话，是现代汉语中分布最广的方言，或区分为华北官话、西北官话、西南官话和江淮官话四种。李荣先生以入声的有无和古入声的去向为特征把北方方言区分为西南官话、中原

① 周祖谟：《普通话正音问题》。

官话、北方官话、兰银官话、北京官话、胶辽官话和江淮官话七种。普通话精照不合流，日母读作ㄖ，来自北京话。

杨耐思先生考证说："元代人称中原，除了原有的传统概念外，又扩大了某些地域范围，今河北省、山西省、山东省以及辽宁省的一些地区都属于中原地域。""当时已经形成一种在北方广大地区通行的、应用于各种交际场合的共同语音。这种共同语音就是周氏所说的'中原之音'。"① 北京话里的文白异读也反映了北京话的一段历史。宋时开封话大约是当时的权威方言，它的说法和读法传播到北方地区，形成文白异读。北京话中"我"的文读是ɤ²¹⁴，"熟"的文读是ʂu³⁵，②"麦"的文读是mo⁵¹，这些文读北京话里现在已不通行了。③ 北京话里歌韵（赅上去）的"鹅""蛾""娥""饿"等与"我"的文读一样，都读ɤ韵。④ 同是屋韵的"肉""粥""轴"等现在和"熟"的白读一样为ou韵；"叔""淑"为u韵，来自文读。麦韵的"麦""脉"读作mai⁵¹，"摘"的tʂai⁵⁵是白读，"策""册""革""隔"等读ɤ韵是文读。看来北宋时期北方有一种不同于中原方言的方言，后来的北方官话是在这一方言的基础上形成的。

普通话继承了北京话元代以前留下的文白异读，按文读还是按白读与社会的约定有关。由于普通话与知识界关系密切，一些词的读法和选择与知识界的偏好有关。如"尾巴"读作uei²¹⁴pa，不读作土话的ji²¹⁴pa。又如"缩"文读是su⁵⁵，白读是suo⁵⁵。来自书面语的"缩微""缩写""缩合"（化学用词）等一律按通常的白读。只是"缩砂密"（植物）的"缩"是文读。"宿"构成的

① 杨耐思：《中原音韵音系》，第68、69页，中国社会科学出版社，1981年。

② "熟"在"熟悉"中为文读的ʂu³⁵。

③ 周祖谟：《普通话正音问题》，载《中国语文》，1956年5月号。

④ 河北正定等地"饿"仍是白读，为uo韵。

词，如“宿根”“宿舍”“宿怨”等按文读。《广韵》，“缩”所六切，“宿”息逐切（又息救切）。知识界的北京话按约定读音，不论文白。

带儿化韵的普通话是北京本地人和久住北京人的普通话。不带儿化韵的普通话通行于包括港台地区在内的全国各地，即使在带儿化韵的北京话中还可以再加区分。北京知识界中说北京话的人越是年轻，在北京住的时间越长，他们的北京话越接近北京人讲的普通话。

已通行的非标准的普通话是标准普通话的变体，已经广为通行的这些非标准普通话变到什么程度还可以被承认为普通话？

普通话的词汇是有源之水，承自早期的北京话和官话，普通话的基本词汇有三个主要来源：承自早期的北京话，来自书面语和借自其他的方言。

普通话与北京土话都承自早期的北京话，许多基本的词与北京土话的说法相同。

普通话许多词还来自书面语。如“千方百计”原本是书面语的成语，现在口语中也有人说。不少外来词，总是先译作书面语词，然后再进入普通话。即使译者有方音的倾向，我们也只管照字按标准音读。

一方面普通话为其他方言提供它的新词，另一方面普通话向北京土话、吴方言或别的什么方言借词。但方言词在普通话里用到什么程度才可以算是普通话的词呢？如果依调查的结果来确定，调查的范围怎么划定。港台地区不太合标准的普通话算不算普通话，算不算我们调查的范围？

作为口语，普通话和北京本地话的语法体系相近，但与现代汉语书面语的语法有相当的差别。

书面语是相对于口语而言。现代汉语书面语是20世纪初白话文运动以来用汉字表达的各种文体的书面语。现代汉语的文学作品，包括译作，带着不同方言的特点。书面的文学作品，就有书面语的特点。

口语的形态是由语音来表现的。在一定范围的普通话中儿化韵是一些名词和动词的标记。“儿”在汉语的一些方言里是成音节的后缀，在主要的官话方言中已与词干融合，简洁的书面语按书面语的传统不像官话那样用这个后缀。“这天”和“这天儿”官话里不一样，后者的意思是“这天气”。“火”和“火儿”不一样，后者可以是动词，是“来脾气”的意思。北京话和普通话的儿化韵有“儿”“里”“日”等不同的来历，是标记，是重要的构词手段。

普通话和北京话的轻声在词的层面上有的有区别意义的作用，在句法的层面上是虚词的标记。“煎饼”和“‘煎’饼”不一样。“吃了”和“‘吃’了”写法一样，不同的读法意思不一样。第一个“了”念 lə，第二个念 $liɑo^{214}$。这些大家都知道。作为口语的普通话语序的随意性更大。如赵元任先生所举的“四个人坐一条板凳”和“一条板凳坐四个人”都可以说。① 普通话语法和现代汉语书面语语法在词法和句法的层面上都有相当多共同的内容，但不同的方面也很多。口语里与词法和句法有关的语音现象，如变调和轻声在书面语的语法研究中往往得不到反映。在对外汉语教学、汉语语法研究和词典的编纂中不能区分书面语和口语语法的不同是不合适的。

三、关于混合语和汉语南方方言

近年来不断有学者提出既然汉民族是融合了不同民族形成的，为什么汉语不能是混合语？这就涉及怎样分析和研究汉语的历史。汉语与藏缅语的对应关系，很难说夏商时代它曾是一种洋

---

① 赵元任：《汉语口语语法》，第 45 页。

泾浜语。根据汉语文献和藏文文献很容易得出汉语与藏语有很密切的发生学关系。但汉语文献跨度很大，与之相关的汉语古方言的情况也很复杂，不能一概而论。

藏语来自古代分布在西北地区的古羌语的后代。藏缅语大约在夏代以前就开始分化，古汉语与留在西北地区的古藏缅语——古羌语，商周以来一直有密切的接触关系，但较少有学者讨论古代这些语言之间的借用。发生学上与藏语关系最密切的是藏语支的语言，然后是喜马拉雅语支和羌语支的语言，再就是彝缅诸语支的语言。在汉藏语同源关系的研究中通常也是笼统地把不同语言中包含着同源词根的词叫做同源词，这可能让我们忽视了古代不同语言中同源词根由于形态的变化造成的差异。如“新”，藏文 gsar pa，词根是 sar，分布在尼泊尔喜马拉雅语支的坎语（Kam）sǎr-o，-o 是坎语的形容词后缀。阿昌语 ʂək^{55}，缅文 tθas < * sak-s，那加语（坦库尔方言）ka-thar。① 原始藏缅语“新”可构拟为 * g-sar 和 * sar-g。汉语“新”是“薪”的本字，见于甲骨文，“辛”是声符。“亲”“新”等字为 -n 尾韵，“遅”亦以“辛”为声符，古音为 * -r 尾。我们有理由相信汉语“新”原本是 * -r 尾，与藏缅语的读法有同源关系。

今天的汉语南方方言中至少有这么两个底层，一是少数民族语的底层；另一个是古汉语方言的底层，语音、语法和词汇方面都可以举出一些。关于吴闽粤及湘方言中的古百越语底层已有许多文章讨论过。但汉语南方诸方言历史的研究我们做得不够，存古往往作为划分方言和亲属语的依据。理论上说我们只能以共同的历史演变作为划分方言的依据。汉语的擦音 f-、v-是中古时的北方方言中才出现的，古文献中的汉语与其他语言的对音也证明了这一点。汉语的吴、湘、粤、赣、客家及今天的北方方言共同

① 吴安其：《汉藏语同源研究》，第 188 页。

经历了中古的*p-、*ph-和*b-演变为擦音 f-、v-的历史，这就成为把没有经历过这一历史变化的闽方言从汉语方言中区别开来。

语言与文化的接面：思考与探索①

江　荻

关于语言与文化的接面一直有多种观点，其中在中国最具影响的论著当以罗常培先生的《语言与文化》为代表，这部著作主要反映了人们是怎样通过语言词汇观察社会文化现象的。不过，由于词汇存在反映社会文化的零散性、片面性等等局限，近年来，人们开始重新寻找语言与社会历史文化之间的连接点，包括语言与社会行为、语言与认知现象、语言与社会结构，也包括单一语言——单一文化、跨语言——跨文化、多语言——多文化现象，以及语言演化与社会历史文化演化之间的关系。不过，由于语言与文化之间没有明显直接的一对一关系（one - to - one relationship），因此探索是非常艰难的。

Claire Kramsch 教授指出，“语言是我们构建社会生活的主要方式”，并提出“语言表达文化现实”（Language expresses cultural reality）、“语言蕴含文化现实”（Language embodies cultural reality）、“语言代表文化现实”（Language symbolizes cultural reality）。由此可见，语言与文化形成一种交织着的多元复杂关系。本文通过对几种不同类型语言与文化之间关系的剖析，分析在各种不同视角下

---

① 本文曾在中央民族大学语言学系“语言文化研究理论与方法”研讨会（2003年12月6日）宣读。张公瑾教授以及多位学者提出中肯建议。特此致谢。

语言与文化之间呈现出来的关联层面。

一、语言与社会文化关系面面观

语言与文化关系研究发端最早并且论述最普遍的现象是词语对社会文化的映像观点。罗常培先生《语言与文化》提出了一个最著名的案例，即藏缅民族的父子连名制。所谓父子连名制是指儿子姓名的前一个或两个音节字与父亲名字的后两个或后一个音节字相同，代表着一种世袭传承的文化特征。如历史上的南诏王国世系包括：细奴罗—罗晟—晟罗皮—皮罗阁—阁罗凤—凤伽异—异牟寻—寻阁劝……了解了这种姓名文化关系也就可能勾画出历史上部落族群之间的关系以及进一步扩展到当时的社会体制方面，如追寻祖先的历史传承、不同族群之间的亲缘关系、避免近亲婚配等等现象。

词语的借用对于揭示文化接触也具有相当明确的作用。如帕墨尔曾指出，德语中相当多与美酒相关的词语基本都来自拉丁语，wein（葡萄酒）出自拉丁语 vinum，most（未经发酵的葡萄汁）来自 mustum，keller（酿造工场）来自 cellarium。这说明罗马人的酒酿制技术发展较早，进一步也可知罗马人生活和社会交往状况的一个侧面。再如，英语中的 polo（马球）在来源上与藏民族有关系，它是历史上英国军队从藏族巴尔提地区学会的一种马背游戏。这样的词语事实说明英国人历史上曾经到达过喜马拉雅西部地区。

但是，我们应该正视一个典型的非系统现象，即从词汇揭示社会文化现象很难全面阐述清楚语言与社会文化之间的本质关系。包括语言接触在内的各种语言文化现象一般都是社会文化特定层面和特定范畴上某些现象的必然反映，并不能代表语言与文化最根本关系的图景。语言作为人类的社会行为，一定包含了人类社会文化的方方面面，而具体词语所反映出来的社会文化现象更多的是不同族群的共性现象，对特定民族具体文化现象的表现则相当有限。而且语言不只是在词语层面与社会文化相关联，语言其他范畴，如语法、语音、语用同样也是社会文化的真实映像。

与以上词语作为社会文化镜像观点不同的是当代人类学语言学观点。Alessandro Duranti 在其《人类学语言学》论著里提出了语言作为文化资源和文化实践的观点。他认为交际实践是由日常生活文化所构成，语言是日常生活中强有力的实践工具，而不是已建成的社会现实的简单映像。为此，他的论著没有专门讨论语言学人类学的传统主题，如语言变化、区域语言以及混合语这些现象。尤其值得重视的是，Duranti 等人认为语言与文化的关系应该是“文化中的语言（language in culture)”，而不是“文化与语言（language and culture)”。他说“语言系统代表了文化中的所有其他系统。把这个观念扩展开来，我们应该说语言之于我们犹如我们之于语言。通过把人与他的过去、现在、未来连接起来，语言就变成了他的过去、现在与未来。语言不仅仅是一个独立建立起来的世界的表达方式，语言也就是那个世界本身”（Duranti，第 336—337 页）。

就语言与文化关系而论，Duranti 的视角是新颖的，观念也相当深刻。但是，排除语言作为文化镜像的观点则也是偏颇的，历史面貌的呈现总是具有镜像的性质。另外还应该指出，Duranti 方向上的正确性并不代表他已经回答了语言与文化关系的本质属性，以语法来说，Duranti 自己承认，一方面只有在结构与用法接面，另一方面在语法与社会和文化接面之间开放思维，人类语言学家才能够期望在更大的人类学领域中把语言作为丰富的调查咨询对象建立起来，并以此对描写语言学和理论语言学范畴作出贡献（Duranti，第 213 页）。

由于美国的传统，在语言学与人类学结合研究印第安文化的环境下，从保爱士、萨丕尔到沃尔夫，形成了另一种关于语言与文化关系的视角，即跨文化语境下语言与事件的相互关系。如果追踪溯源，这个观点可以上溯到德国的洪堡特。洪堡特认为语言深深地影响着人类的生活各个方面。这也是为什么萨丕尔讨论语言时为什么常常与文学、音乐、心理、巫术联系起来的原因。可以说，萨丕尔关于文化语境差异的观点触及到语言与文化关系的核心层，因此，近年蓬勃兴起的文化语言学一定程度上继承了其中的精髓观念。

在这里我们应该提到语言的文化价值观点和语言的文化气质观点，这个观念作为语言的专门研究范畴是由张公瑾教授提出来的。张公瑾指出“语言的文化价值问题，就是人们通常讨论的语言与文化的关系问题，即语言与语言之外其他文化现象的关系问题，诸如语言与文学、哲学、宗教、历史、地理、法律、风俗以至于物质行为、社会制度、思维方式、民族性格等文化现象的相互关系问题”（张公瑾，1998 年）。也就是说，语言与文化的关系并非单纯语言词语表现社会文化现象，它往往涉及更深层次的关系，如我们曾讨论过的语音材料与语音组织方式问题。汉藏语言民族因为较早利用音高材料，并逐渐对音高进行语法化处理，所以形成声调语言特征，而印欧民族则利用力度重音这类语音材料和组织方式，因此印欧语一般没有形成声调现象。这种现象与不同民族的社会行为、表达方式、思维特征，乃至生活状态应该存在密切关系，否则各种语言基本会趋向同一类型。关于语言的文化气质问题则更是令人惊叹的奇特现象。任何人都会同意，不同语言会给人们造成不同的心理感受，用文学描述词语来说，可以是厚重，或者欢快，或者敦实等等，但这些感受究竟怎样产生的，是由语言的结构、语音、词汇、语法决定的，还是由其他诸如地理环境、人种差别决定的，这些问题正逐渐成为人们关注的客观现象。总之，“语言能够帮助不同民族的人形成特定的思维和表达习惯，也制约着一个民族在进步过程中所构筑的文化结构的个性和特点”（张公瑾，1998 年）。

文化和社会实际只是对人与其环境不同的观察视角的命名。文化语言学一定意义上也就是社会语言学，其中包括历史社会语言学。从比较典型的社会角度研究语言的范例可以用拉波夫的社会语言学来讨论。关于语言与社会之关系，拉波夫最重要的观点是语言在社会中的变异，换句话说，语言变异是由社会因素引起的，一定的变异与一定的社会因素相联系。为此，美国学者拉波夫发表他的《语言变化原理》来全面阐释语言变异的基本原则和方法，这部三卷本的著作前两本已经出版，第一本是《语言变化原理：内部因素》（Principles of Linguistic Change，Volume 1：Internal Factors），第二本是《语言变化原理：社会因素》（Principles of Linguistic Change，Volume 11：Social Factors）。拉波夫讨论语言变异的内部因素时并非按照传统历史语言学方法进行单纯的语言变化解释，如音段之间的线性关系，或者发音生理和听音的心理现象。拉波夫关注的是，无论音素、词语、结构或者文本，任何形式或功能上的变化总是与某些社会因素或者直接或者间接相关联，因此，社会语言学研究的方法是结合变异现象的相关社会因素加以研究。例如与纽约黑人 r 音变异相联系的是社会阶层因素，与马撒葡萄园元音变异相联系的是岛民维护传统文化行为，而与北京中学生“女国音”相联系的是性别、年龄因素，与新湘方言联系的是长久的国音化趋同因素。所有这些因素无疑都具有典型的社会性背景，放在更大范围来看也就是一种文化背景因素。

不过，我们注意到，拉波夫关于社会结构与语言结构对应论的观点有一定的局限性，它实际阐述了语言具有适应各种亚文化的功能，形成局部语言结构对应局部社会结构的观念。陈松岑教授指出“迄今为止，还没有人能以变异原理为指导原则，全面系统地描述、解释某个特定语言变体的全部共时变异，或是说明某个特定语言变体如何从一个状态变化为另一个状态。而这个，正是早期的历史语言学和当代的描写语言学和社会语言学的共同奋斗目标”（陈松岑，1999年）。不过，我们认为，拉波夫的社会语言学理论已经在语言与社会、文化深层关系研究中开辟出一条新的道路。当我们了解到特定语言变化要素与特定社会因素之间的关系时，我们就可能进一步深入语言与社会文化之间的本质关系。

二、语言与文化的接面：状态互动与制约

无论是词语反映社会文化现象，还是文化制约语言思维和表达特征，或者语言结构与社会文化结构相互对应，都只在一定程度上揭示出语言与社会文化关系之间的局部相关关系和相关性质。因为语言要素和社会文化要素，以及语言结构与社会文化结构之间毕竟存在相当大的差异。那么，从二者整体关系角度考虑，语言的文化气质论述似乎令我们有所悟又有所怵，“悟”是我们在感性层面感知到社会文化乃至语言地理、生活方式、社会政治各方面都可能与语言形成密切关系，“怵”是我们对这个概念难以分类操作，也不易与具体现象关联描述。为此，我们另寻其途，尝试探索语言与社会文化之间的相互状态关系。

既然语言存在于具体的社会文化中，是具体语言群体表达认知世界的方式，它必然也就是具体语言群体的社会行为。任何语言群体都存在于特定的社会文化环境之中，随着社会的发展而生存、生活和传承。当社会发生变化，他们的社会行为也必然发生变化，包括语言行为的变化。但是，社会的变化是多维的，具体而精细的，并不是每种变化都可能对应一定的语言因素或语言结构。从根本上说，以上论述的多种语言与社会文化现象关系，直接的或间接的，都是在这个层面展开的论述，都试图寻找二者之

间某种直接或间接的对应关系。我们认为，社会的各种变化逐渐汇聚起来可能形成一种整合的系统状态，这种状态制约着社会文化的各个层面，产生一种群体生存和活动的整体氛围。在这样的氛围下，语言群体的行为自觉地或不自觉地必然遵循这样的群体约定，符合当时当地社会文化整体氛围。

按照这个观点，我们可以进一步分析更多具体精细的社会文化氛围现象，以及由它们所构成的社会文化状态。既然社会文化整体状态是由多层面多领域现象构成的，那么每一个特定时期、特定层面和特定领域都存在符合整体状态条件的具体状态。以相应的语言状态来看，单语与双语或多语状态、不同地域方言状态、集市商场语言状态、游牧与耕作群体语言状态，这些不同条件下的状态在历史和现实中都是存在的。如果以社会角度看，还可以做出更多的划分，如不同年龄群体的语言状态、不同社会阶层的语言状态、不同社会行业的语言状态、不同社交场合的语言状态、不同宗教信仰群体的语言状态、不同语言族群的社会状态、甚至还存在男性和女性群体的不同语言状态。

那么不同的社会文化状态究竟怎样制约语言的状态和语言系统的发展呢？最简单的方法是平行比较不同语言或方言在结构形式和所属社会文化状态之间的历时和共时差异。例如，汉语部分南方方言存在全浊声母、入声韵尾、“目、箸、翼”等单音古语词等现象，而北方方言则基本没有这类现象。这个案例说明南方方言较多地保留古代汉语特征，发展较慢，而北方方言变化较大，发展快。联系社会文化系统状态来看，北方区域长期以来一直是中国政治、经济、文化中心地区，特别是汉民族与北方其他民族冲突剧烈或交往频繁，来往时间长，因此社会处于较大程度的开放状态，语言必然随着这种开放状态发展较快，语言群体对语音材料的选择和组织也发展较快（江荻，2003 年），造成语言面貌与南方语言殊异的现象。

再比较大西洋海岛诸语言与世界发达国家的语言，由于文化发展完全不同（暂且不论语言类型的差异），大西洋海岛数百种语言长期存在于社会文化闭锁的状态，因此，这些语言的元音系统基本都处在不发达状态，只有5个至6个基本元音，类似古藏语元音系统或上古汉语元音系统。有关具体情况这里不作具体讨论，请参见 John Lynch，Malcolm Ross，Terry Crowley 等人主编的《The Oceanic Languages》。反之，像英语、法语这类语言，其元音系统极为发达，不仅数量较多，而且性质差别较大，有活跃凸显的周边性元音，如 i、u，也有表现韵律弛张的央性元音，如 ə，有典型位置元音，如 a，还有更具区别意义的非对称性位置元音，如 ɸ。

以上案例只是粗线条的勾画出语言系统状态与社会文化状态之间的不可分割关系。但是究竟怎样理解和怎样划分系统状态，还需要进行严格的分析。作为起点，我们先从状态的含义开始讨论。究竟什么是状态呢？状态是许多学科常用而不加定义的概念之一，也是人们经验体系中的常识，表示事物可以观察和识别的状况和特征。显然，状态是系统的外在描述，它反映系统的行为、系统功能的强弱和范围，以及在更大系统中的位置。传统历史语言学对状态的描述大多是从结构角度表述的，如某个时代的语音系统、语法体系等等，或者从某种结构状态变化到另一种或几种（方言）结构状态。我们指的语言状态更强调系统的整体属性以及决定这种整体属性的结构要素状况和外部环境状况。

不过，语言状态的考察描述可能是多角度的。从语言地位角度看，由于政治、经济、文化等因素决定，在一个社会系统中，某个语言或语言变体可能被选为这个社会的标准语或标准方言，这就导致这个语言或方言声望增高，形成“权威态”，而其他语言或方言则相应转为“非权威态”或“方言态”，并在人们观念上产生京腔、雅语、乡音、俚语、村言、土话这些看法。“权威态”一旦形成，就会在社会群体中造成影响，维护的、仿效的、规范的各种现象伴随而来，造成它抑扬顿挫，有眼有板的“端庄”状态，而相对应的各种“方言态”则大多没有这些约束而自由发展。

就语言应用范围，特别是双言现象区域来看，不同群体交际时都使用的语言或方言形成“通用态”，而只在家庭、亲族、村庄、部落、小区域里使用的则是“非通用态”或“亲族态”。这两种状态的发展道路和前途是很不一样的，前者有可能发展为一种共同语。共同语在一定条件下有可能成为标准语，结果形成“权威态”，所以说“权威态”实际是“通用态”的一种形式。

就使用语言的对象来看，有些群体（如官员、商人等）处于频繁社会交往之中，其语言大多处于“活跃态”，包括词汇使用量大，应用领域广，语频速率较高，经常获得外来借词，不时产生创新；而另一些群体（如牧民、岛民、山民等）则可能因为地理原因，或者生产方式或生活方式的原因，处于较封闭状态，词汇使用量有限，相互交际不多，则其语言处于“非活跃态”或“惰性态”。

还可以有一些其他观察语言状态的角度，如一种语言处于与其他语言融合的状态，则呈现为“混合”状态。处于“混合态”的语言实际是“开放”程度过度的语言，它一般是在另一种强大语言影响下，通过大量借用而形成的。

状态虽然是刻画系统定性性质的概念，但一般可以采用状态量来作定量表征。系统的状态量往往可以取不同的值，因此也称为状态变量。确定了系统的状态变量也就确定了系统状态。由于系统状态首先是由系统内部元素和元素的相互作用构成，因此可以通过刻画这些相互关系来确定状态变量，比如水的状态可以通过温度、体积和气压关系来确定。但是，实际上，很多复杂系统是无法利用内部变量来确定的，可行的办法是通过系统行为、特性、功能的变化和变化程度的差别来刻画系统的整体状态。对于语言系统，我们首先要确定一些可以观察和描绘的属性指标，然后对这些指标作经验的分层或者分级。根据社会和文化的描述，我们可以用系统的开放性和封闭性来阐述语言的状态。开放或封闭是相对环境（也就是其他系统）而言的，这意味着系统具有边界。如果边界是完全封闭的，则可以认为系统的开放度为零；如果边界有断开点，有进出通道，则系统具有开放性。开放的程度要根据具体现象设立一些参数来确定，但边界不能是全开放的，全开放意味着系统与环境融为一体，系统本身也就不复存在。因此，系统的这种既开放又封闭的二重性决定了它具有开放的程度和层次性质，它对于输入和输出的控制使它必须采取适度开放的策略。应该说，语言作为社会现象，不存在全封闭的状态，但这仍然是相对的。在我们研究的范围中，有时候把那些开放程度很低的历史语言系统看作封闭系统更便于分析。这样的话，我们就可以获得系统状态两极的概念：相对封闭系统和充分开放系统。

确定了系统的状态具有两个极，我们可以据此来分析语言系统的状态变量或参数。对于封闭的语言系统，它基本处于与世隔绝的环境，我们可以认为它具有深度的“方言态”（可理解为“隔绝态”）属性（如岛屿语言在无大陆文化不断传入的阶段），同样，它如果只在很小的群体范围使用，因此就具有“亲族态”性质（如以家庭为单位的游牧情况），随之而来的则是它的实际使用词汇贫乏，词汇领域狭小，使用频率极低，造成“惰性态”性质。与封闭系统相对，充分开放的系统一定具备“通用态”和“活跃态”性质（如中国古代春秋战国时期，欧洲文艺复兴时期），如果还具备“权威态”性质，则可能在更广大范围，更正统场合使用。现在我们获得了两组状态变量参数：通用态与方言态，活跃态与惰性态。不过这只代表系统状态的两个极，还应该考虑中间状态的划分。中间状态怎样划分要视具体分析对象确定，如果所分析的对象可能有四个层次，则在两个极之间加上两种状态，如第一组：通用态，准通用态，（深度）方言态和隔绝态；第二组：活跃态，半活跃态，准惰性态和惰性态。第一组是就语用范围和地位来说的，第二组是就语言自身表达功能说的，如词汇丰富程度，使用频率如何而论的。

应该指出，系统的性质和功能首先来自系统内部，来自系统的构成要素之间的相互作用，其次来自系统与环境的关系以及系统与环境的相互作用。然而就语言的社会属性（语言是社会主体的人认识世界的表达方式和沟通工具）来看，以及从语言演化的角度来看，环境或者它系统对语言系统状态的影响往往是居于首位的。这就是为什么我们说，语言系统状态在很大程度上是由社会系统状态规定的或者受社会系统状态影响形成的。因此，我们要继续讨论社会系统的状态变量以及语言系统状态与社会系统状态变量之间的对应关系。

同样，对社会系统状态分类也可以从系统的开放和封闭性质考察。封闭的社会系统（相对而言）指社会群体与外界社会没有政治、经济、文化以及其他方面的往来，这或者是由于地理、技术因素，或者是极端政治、宗教原因导致。相反，如果社会开放，则与外界发生政治、经济、文化的往来。处在这两极之间的状况则十分细微，例如古代较小的社会群体，如地方土邦，与外界可能只有民间文化交流和“边贸”往来，部分邻近大国大邦的小型群体，也可能还有礼仪性外事往来。但总的来说，开放程度是很低的，这一类或者可以称作准封闭社会系统。历史上更普遍的情况是，往往有一类从属某些王朝但又具有内部自治权的大小不等的地方势力，除了它的上层与外界有来往外，这些系统政治上是闭锁的，经济上是自足的，统治是严酷的。因此也属于准封闭系统。再有一大类社会群体，他们处在开放社会的边缘地带，他们既与开放中心保持一定的政治、经济、文化联系，又衍生出自身独特的地域经济文化特征，他们的系统属于半开放性质。①

用开放和封闭作为衡量社会系统状态的标准是有其根据的。我们知道一个社会的进步取决于两个最重要的因素，创新和开放。历史上，火的发明、蒸汽机的发明、电的发明都是人类社会的创新，无一不使人类社会跨上一个全新的境界，促使社会飞跃式的进步。当这些创新出现时，社会生产力状况明显获得改变，并由此而导致一系列经济制度和政治制度以及社会观念的改变。火的发明不仅改变了人的生活方式，也改变了人的生产方式，其意义极其深远；蒸汽机的发明带来了近代工业革命，并使人类社会逐步进入工业时代。然而，创新往往离不开开放，C. 恩伯（Carol R. Ember）和 M. 恩伯（Melvin Ember）说“发现和发明是一切文化变迁的根本源泉，它们可以在一个社会的内部产生也可以在外部产生。”（C. 恩伯、M. 恩伯，1988 年）也就是说，一个社会可以从它的周边社会或其他社会“借入”某些东西，只要是本社会原本没有的，都可以看作新的发明或发现。这就意味着这个社会必须具有开放性，与其他社会发生联系，才可能产生“借”以及“借什么”的可能。这是问题的一面，亦即通过开放而引进的创新。对于内部创新，至少在古代社会，这却不是一件十分简单的事情，由于生产力状况低下，自然力主宰着人们的生存状况，人们显得那样无助，任何一件细微的创新都是极其艰难的。每个小型社会群体除了受到自然启迪或者模仿其他生物行为来进行创新发明外，更多的具有自觉性的创新应该是吸收更大范围内社会群体的多样性经验，通过不同社会群体的多样性交流和

---

① 应该说明，我们关于社会系统状态的讨论是非常初步的，而且我们的出发点是历史上的社会群体状态。因此要确定某些具体状态参数也几乎是做不到的。但我们的经验告诉我们，有时候采用简单的描述往往能使问题简明扼要，达到一般不致发生误解的程度还是可行的。当然这是研究对象自身难度造成的。

学习来创造新的事物、新的生存方法。在这个意义上，创新与开放是分不开的。有的社会因为地理气候环境的原因，很难与其他社会群体接触，它就处于封闭状态；有的社会由于内部纷争或其他复杂原因自我闭锁，它也很难获得发展。

回到语言问题上来，现在，我们将语言系统状态与社会系统状态的关系作一种初步的对应，观察二者是否呈现一种相关关系。请参考表1对社会系统状态的刻画以及表2描述的语言系统状态与社会系统状态的对应关系。

表1 社会系统的状态类型

社会状态	状态描述	对应语言状态
充分开放型	多为独立国体形态，有较完善的政治经济制度和文化体系；与外界政治、经济、文化往来频繁，民间文化活跃；对异质文化因素有较强的比较、选择和吸收融合能力，从而形成自我创新的潜能；是文化传播的策源地；有对外扩张战争行为的可能。	通用态/活跃态
半开放型	多为独立或准国体（包括〈潜在〉行政独立区域形态），政治、经济、文化趋向周边某个或某些强势社会；自身政治、文化秩序不敌外来因素，特别是多源因素，形成混杂文化状况；生产技术时有创新，但扩散不广；区域内部常有利益争斗，外部有侵吞之忧，政体不稳。	准通用态/半活跃态
准封闭型	地理环境造成某些地区与外界处于半隔绝状态，社会群体的经济单一、基本自足，但政治、经济、文化上经常控制与外界往来，有自发的民间文化和贸易往来，民间信奉神鬼，各地不一。	方言态/准惰性态
封闭型	①地理环境（偏僻岛屿、深山丛林、辽阔牧场）造成某些地区与外界隔绝，大多是原始或半原始群体、部落，典型特征是巫术盛行。②政制和宗教原因，长久地人为隔绝外界，形成封闭。③高度集权专制的社会，或社会历史形态扭曲的社会，有可能在缺乏外来因素影响下日趋保守走向封闭。	隔绝态/惰性态

表 2 语言系统的状态类型

语言系统呈现状态	状态描述	对应社会状态
通用态/活跃态	共同语，通用性强；词汇丰富，应用领域广，使用人口较多；规范性强，有选择地吸收外来词，具备强力创新能力；语速较快，语音配合律简洁，韵律铿锵清晰。	充分开放型
准通用态/半活跃态	区域性通用；词汇丰富，应用领域较广，涵盖区域内人口；具有多语言或多方言流行；随意选择、吸收外来词，有一定的创新能力；语速迅疾飘忽，时有不规范表现，韵律类型不确定，有杂乱感。	半开放型
方言态/准惰性态	方言区使用，词汇不够丰富，应用领域狭窄；外来词很少，缺乏创新能力；语速较慢，语音含混，保留相当多噪音类音素，擦音类辅音较多。	准封闭型
隔绝态/惰性态	方言区甚至家族内使用，词汇贫乏；极少有外来词，没有开放性创新现象；语音含混，噪音类音素较多，大多只有最基本的元音；浓重地域语音特征。两代人之间几无读音差别。	封闭型

在这项对应关系表中，有些社会状态描述是显性的，有些则是隐性的。比如某些描述并不反映为某种社会行为，如政治、经济制度，它们只是研究者的分析结果，具有主观推断性质。为此，这方面还有必要作进一步的探讨，以寻找其他能够反映社会系统状态的客观标志或显性标志作为上述分析的辅助方法和操作手段。

总之，通过语言系统状态与社会文化系统状态之间关系的探索，我们就可能进一步深入了解语言与文化的深层关系。如果我们能够在更多微观层面，如村与村、县与县、山南与山北、河东与河西、平原与高山、牧区与农区、岛屿与大陆，以及贵族与平民、匠工与商人、老年与青年、妇女与儿童、城里人与乡下人、大院与街道，对这些不同社会文化微观环境的状态开展研究，同时又分析每类社会文化状态下的语言或方言状态，则完全有可能获取二者之间精细的对等关系。把这些关系抽象至语言与社会文化的高层关系，则很可能获得前面已经提出的社会系统状态与语言系统状态基本相应的结论。至于语言中语音、词汇、语法各类要素和结构在不同系统状态下究竟怎样与系统状态发生关联，或者受到系统状态变化的影响而发生变化，可以通过具体语言案例进行剖析和阐释。

三、结语

语言是人的社会行为，是人们表达认知世界的方式，因此，语言作为社会人的社会行为，它最本质的属性是社会属性。另一方面，语言是具有自组织功能的符号结构系统，作为符号系统，它是人的社会行为的工具，它的构成具有典型的符号属性特征，包括音素、语素、词法、句法多个层面和多种构建方式。语言的社会属性支配着语言表达（社会行为），而语言表达服从语言的符号属性，二者构成了语言符号系统与社会文化之间的接面，即语言表达形式是人的认知与世界图景之间的过程和中介，不同语言群体处在不同社会文化状态之下，他们对世界图景的认识随着不同背景或环境而不同，他们表述认知世界的方式也不会相同。印欧语利用呼气强度差别造成力度重音，汉藏语利用音高差异造成声调，并且将这些要素结构化，这正是不同语言的社会属性与语言符号属性所形成的不同接面。

系统·浑沌·语言

曹道巴特尔

一、系统与系统科学

系统科学是人类伟大的成就之一，它用普遍联系的观点看世界。尤其是系统科学发展到信息论、控制论时代更加显示出了价值。信息论告诉我们一切系统都有自己的存在形式，作为认识论的对象一切表象都向我们传达有关系统的信息。控制论的意义在于它告诉我们首先要掌握来自于系统的全部信号，然后依托我们对系统的正确把握来选择对系统进行合理利用和约束以及改变的行为，这就是控制。对系统进行控制并使之产生有效的演化是我们的目的。

系统科学的产生改变了人类对世界的认识，实现了一次范式演变。经典科学时代中、后期的科学、技术、哲学和管理科学等的发展为系统科学的产生准备了可能。系统科学以世界的系统性为出发点，研究系统以及系统的机理、类型、性质和运动规律。目前，系统科学发展成了普遍意义的横向性、综合性、功能性、方法论性的完整的体系。自 20 世纪 70—80 年代开始，科学步入了系统科学浑沌学时代。

世界是充满普遍联系的世界。用系统观点，在复杂的普遍联系当中对客观存在进行研究，尤其是对系统的从无序到有序，从低级有序到高级有序的转变、过渡及其规律进行研究是人类认识新水平的标志。这种观点引出了关于系统演化的一般性理论—系统科学的自组织理论。耗散结构理论、协同学、超循环理论、浑沌学、重正化方法等都是自组织理论的主要内容。

系统是由两个以上要素组成的整体，系统要素与要素之间，要素与整体之间存在着一定的有机联系，从而在系统的内部和外部形成一定的结构和秩序。系统只能相对于构成系统的要素来讲才是系统，系统有无穷的层次性。系统要素对更小要素来讲是它的系统，系统是更大系统的要素，环境是系统所从属的更大系统。系统不是要素的简单叠加，系统的功能不同于任何要素单个具备的功能，也不等同于各个要素功能的加和。系统的性质由构成系统的要素决定，复杂系统内部的要素之间的地位和功能都不同，在动态结构系统中，要素中的中心要素和其他要素之间的协同关系十分重要。

系统是结构与功能的统一体。结构是要素的序列，功能是要素行为的序列。研究结构的目的在于揭示功能，研究功能的目的在于适应和合理利用环境。

二、浑沌与浑沌学

作为系统科学的主要分支和崭新发展阶段，浑沌学兴起于20世纪60—70年代。在浑沌学之前，人们研究的是系统的局部性、连续性、光滑性、有序性，忽略了带有普遍意义的全局性、间断性、浑沌性。早在1903年彭加勒提出了“初始条件的微小差别在最后的现象中产生了极大的差别；前者的微小误差促成了后者的巨大误差。”的论点[1]。自从彭加勒在天体研究中的发现以来，经过100年的努力人们才形成现代普遍意义上的浑沌学理论。科学家们发现绝大多数确定性系统都会出现古怪的、复杂

① 苗东升、刘华杰:《浑沌学纵横论》,第27页,中国人民大学出版社，1994年。

的、随机的行为，人们把这种行为称为浑沌。“浑沌是现实系统的一种自然状态，一种不确定性，它在表现上千头万绪、混乱无规，但内在地蕴含着丰富多样的规则性、有序性。”① 浑沌学指出，世界是复杂的关系和作用体系，动态系统除了有序的规则行为外也可以有无规则行为，这些无规则行为并不是经典科学认为的那样完全的不重要或者外在作用的结果，反而是系统自身固有属性所表现出来的自组织能力的表现。不仅这样，对于动态系统来讲，往往是这种无规则行为才是系统发展演化的真正动力，这种内在动力和来自于环境的外来干扰的复杂的互相作用推动着系统的生存和发展。

相对于静态系统的动态系统是指系统的一切都随时间的推进而产生演化的体系。动力学系统属于动态系统，是状态随时间而改变的系统。如果动力学系统的现状取决于其过去的状态或者现在的状态决定未来的结果，这种系统就是确定性系统。确定性系统也有确定性线性系统和确定性非线性系统之分，经典科学谈的实际上是确定性线性系统，浑沌学研究的是确定性非线性系统。如果动力学系统的现状不取决于其过去的状态或者现在的状态不决定未来的结果，这种系统是不确定性动力学系统。不确定性包括随机性和模糊性两个方面。浑沌学研究确定性系统中的确定性非线性系统。用现代浑沌学的眼光看确定性系统的时候，其内部也有线性与非线性的区别，那些不出现随机性变化的系统是线性的、简单系统；那些出现随机性变化的系统是非线性的、复杂的系统。而且，这种确定性非线性系统的随机性是系统自身的潜在属性，是内在的随机性。确定性系统大多都是这种非线性的系统，所以，随机性变化和由随机性引发的浑沌状态往往是世界的普遍现象。

---

① 苗东升、刘华杰：《浑沌学纵横论》，第14页，中国人民大学出版社，1994年。

具有叠加性特性的系统是线性系统，即输出（整体）等于输入（各局部）的加和。这样加和性的线性系统不产生浑沌。不具有叠加的系统是非线性系统，即系统输出（整体）不等于输入（各局部）的加和，而是由各部分因素互相作用产生的新成分，浑沌是非线性系统的普遍特性。演化的动态系统时刻在相互作用和干扰中实现自身的生成和发展，发展中的状态有过渡态和定态二种。系统可达到而不能持久的状态是过渡态，可达到而且在无外力作用下保持原态的状态是定态。定态也有二，受干扰而产生变化的定态称不稳定定态，干扰之后能够恢复原态的叫做稳定定态，稳定定态以周期性为特征。绝对周期性的、平衡态的系统是那种死的、晶体系统，它没有与外界的交换和相互影响，因此，也没有进化或演化。准周期行为、倍周期分叉行为、阵发（间歇）行为等是产生浑沌的机制，是活的、演化系统的特性，是世界的基本存在形式。远离平衡态并非是说，完全失衡，它的数学描述只是偏离，而不是脱离，往往在偏离过程中，产生无法辨认的浑沌现象，而且这种现象的起因不在于外界作用，而在于系统自身的一种固有属性，系统自身产生的某一微小的变化，在长期行为中潜在地壮大，最后导致了浑沌现象。浑沌现象可以改变系统的未来动向，使系统改变成另一个模样，这完全是发自系统内部的因素，是系统自身发生变化的能力，是系统的自组织功能。浑沌学对系统的这种发现是革命性行为，它改变了以往把系统视为只有在外力作用下才能产生变异，而且一切变化的动力都来自于外界的那种认识。

在系统演化过程中的某些关节点上，系统的定态行为可能发生定性性质的突然改变，因而原来的稳定定态变为不稳定定态，同时出现新的定态，这种分离现象称之为分叉，产生分离的点叫做分叉点。确定性非线性系统的非线性行为达到一定强度都会出现分叉，浑沌系统都以分叉为渠道实现浑沌演化。确定性非线性系统在受到初值扰动，但不存在外部激励的情形下自身也会产生稳定的非周期运动，这种非周期运动是浑沌固有的属性，浑沌是一种确定性非周期运动。使确定性系统产生分叉的内在动力是一种潜在的随机性行为，因为变化或分叉源于它，故称之为初值或初始条件。确定性非线性系统就是那种在没有外力作用，只有初值的扰动的情况下，也会与典型的随机系统一样出现奇怪行为的系统。确定性非线性系统的随机性是系统内在的固有特征，是内在随机性，所以我们也把浑沌看为内在随机性。浑沌运动的本质特征是系统长期行为对初值的敏感依赖性。所以，内在随机性是系统行为敏感地依赖于初始条件所导致的结果。对初值的敏感依赖性导致系统长期行为的不确定性和随机性。浑沌体的特点是有规则的周期性与无规则的浑沌性的并存状态。确定性非线性系统在它的有序发展过程中，因为初值不断壮大的作用，也由于系统自身对初值的敏感依赖性，最终产生了无序与有序混合在一起的浑沌状态。进入浑沌之后，由于系统自身的自组织能力，自然形成类似于并有别于原系统的新的系统风貌，进入新的稳定态。就这样，在不断的有序与无序的进程中实现系统的演化。经典动力学根本的信条是系统可以还原，但浑沌学发现，世界上的绝大多数系统是无法还原的演化系统。

复杂系统结构的主要特点之一是层次性。层次包括等级和侧面。纵向有若干个等级，而且每个等级都是系统之下的子系统，低一级系统结构是高一级系统结构的有机组成部分。横向又有若干个互相联系和制约的、各自相对独立的平行关系部分。确定性非线性系统的浑沌运动，在系统的各个等级上都有反应，而且也由于高低级之间的有机联系，各个层面上同时出现初值的反应和系统对初值的敏感依赖性，出现有序和无序的矛盾统一。这种系统内部各个层面之间的相似性称之为自相似层次嵌套结构，它与系统的内在随机性、对初值的敏感依赖性有着本质的联系。

经典理论认为系统短期行为序列的累加可以构成长期行为序列，从长期行为可以还原为短期行为。但复杂的系统绝非是局部的简单累加。复杂系统往往在周期过程中存在控制参数的变化，这种变化会导致演化轨道的分化，使系统产生分裂，经过二三次的分叉系统由周期性运动变成准周期运动，由准周期运动变成非周期运动，最后进入浑沌状态，产生新的稳定态，构成与原来截然不同的新系统。分叉是构成浑沌序列的出发点，充满活力的新生事物都是由这种不稳定产生的。

三、语言系统的非线性性质

随着信息社会的快速发展，浑沌理论被送到了中国。改革开放打破了东西方之间世界观和意识形态的隔阂，系统科学的每一个新进展都在语言学领域得到了反映并取得了显著的成效。浑沌学和文化语言学几乎同时在中国兴起，但最初没有相互作用。到20世纪80年代中后期，张公瑾先生首先把用于天体物理研究等自然科学领域的浑沌理论和方法引入了语言学领域，以敏锐的洞察力，更重要的是以活跃而扎实的理论思考开创了一个思维框架的转变，开阔了语言学的新视野，实现了一次范式演变。

非线性系统的一个特点是系统内部有多种因素多层次地在相互作用。内部随机性和外部因素的干扰构成错综复杂的网状存在，其合合离离、离离合合、纵横交错，更适合用“河网状”来描述。[①] 还有层层叠起、层与层之间也存在着纵向和横向的交叉，不时的分叉构成母子系统关系，给系统增添了新的现象，使之变得更加复杂。语言就是一个这样的系统。所以对它进行分析就要考虑到那些因素，要看到各种因素作用的主与次，要在复杂的关系中去解决问题。语言的有些例外现象传统的研究很难解

① 张公瑾：《文化语言学》课堂讲稿。

答，而浑沌学的非线性分析能够解决。[①]

用系统科学观点看，语言的结构也好，语言的功能也好，语言存在的社会文化环境也好，都不是语言本身。但研究语言必须研究这些内容，并且必须都要深入观察。就像机器的构造不是机器本身，机器的功能也不是机器本身一样。人的构造不是人本身，人的能力也不是人本身。但研究人必须研究人的构造和人的能力，而且其中往往人的能力更为重要，语言也是如此。语言和文化都是系统，语言的结构、结构内部各个要素之间的层次性的相互关系和作用；语言的功能、功能单位内部各个要素之间的层次性的相互关系和作用；结构、功能与语言环境（社会、政治、文化等）之间的相互关系和作用的全部才是一个完整的系统，是语言。

语言的定律是发展的、变化的。人们对某一说法的认同和否定取决于公认的规则，但规则也不断地变化着。也许那些现在人们看起来似乎不符合规则的说法往往在预示着未来的规则，是语言的沿流在其表面低下暗藏着暗流。经过长期的积累，暗流浮出表面，释放出那些代表着语言本身要发展方向的说法。这种说法也许刚开始时显得“不符合语法”，但最终会证明自己是合法的。语言中发生的一切现象绝对不是偶然的，它是按照一定的规则发生的，只不过有时候不被当时的人接受而已，后来成了合法的而且成了最时髦的形式就说明了这一点。萨丕尔的沿流思想指出，语言在其发展过程中产生过很多的变化，现在已经不存在的那些现象，在当时是最为合法的形式，现在合法的东西在将来某一个时期会被淘汰。[②]

语言的发展变化在运动状态中完成，语言学家所归纳的语法只是某一时期的情况。往往语言的活的语法已经发生了变化，而

① 张公瑾：《文化语言学发凡》，第13—20页，云南大学出版社，1998年。

② ［美］爱德华·萨皮尔：《语言论》，商务印书馆，1997年。

语法书中的语法描述仍然停留在过时的状态，语言学家往往用陈旧的标准衡量正在成长中的语言。用古汉语的标准来讲，不符合文言八股的白话就是不合法的，“五四”运动所强调的大众语言就不符合传统的文言。但正因为是大众的，是代表了中国语言的新发展，白话文才变成了合法的语言。从元末明初的小说开始算起，白话语言变成新的书面语言经历了长达500年的准备，直到20世纪初叶才得以实现。当时，古代八股式的语言已经达到最完美的水平，开始趋于稳定了、平衡了、停滞和僵化并越来越走向脱离实际，可是活的语言在广大人民的言语中不断地变化着。不仅如此，原来暗藏在深处的沿流经过长期的准备浮出水面，产生新的分叉。明清小说和那些民间野史是一股了不起的分叉，这个分叉构成了新的奇异吸引子，即产生白话语言新轨道的时空。由于系统内部充满自相似性和同构性，语音、语法、词汇都系统地产生了演化，最终形成了我们现代汉语的口语和现代文学语言。系统的演化也受到环境的约束。文化是一个系统，是大于语言的系统。语言是文化的子系统，是构成文化的部分或者要素之一。按照系统规则局部和整体之间存在着相互关系和相互作用，文化上的革新因素和语言上的演化需要都是奔驰在奇异吸引子轨道上的新趋势，并且变成现实的动力。严格有序的文言文系统和来自于人民言语的那些被描绘成不成体统的、低俗的、渺小的一股奇怪现象之间进行了长期的斗争，奇异吸引子汇成了由文言成分和白话成分混合而成的新的沿流，形成了浑沌，产生了以白话为主的新的稳定定态，即现代汉语。现在的普通话就是在白话文基础上形成的，新时代的语法书应该和语言的发展同步向前推进，语法学家的任务不在于顽固地保守被淘汰的系统，不在于规定什么语法，也不在于教育人民如何地去说话，而在于紧跟时代去观察语言系统的发展规律，发现系统演化规律，去探究人民在怎样说话。

四、语言的文化性质

文化是特定环境的产物，天生存在欠缺。拥有的和欠缺的都是一种文化有别于另一种文化的特征。带有欠缺就意味着它具有突变的潜力。这种潜在的动力就是非线性系统固有的奇异吸引子，是随机性。文化在其长期行为中依赖它的内在潜力。高度发展的文化往往由于它的稳定定态占主要位置，进而逐渐封闭化而走向衰落。欠发达的、落后状态的文化，往往由于外部环境的变化和自身潜在发展因素的作用，有可能变成新生力量的代表。人类文化史上的辉煌例子往往同时也是衰败的例子。“在地中海地区，发生了一个史无前例的向真正文明水平的突飞猛进，而且这个文明很快地在丰饶的土耳其地区传播开来。但是不久它便像巴比伦和埃及那些高水平地区那样地域化了、专化了、适应了并走向了稳定，乃至渐渐落后于其他文化。最后，这些高水平文化终于落到了新兴起的希腊文明后面。然后是罗马的崛起，它起始于部落组织并在一天之内建立起来（形象的说法），他领先于希腊文化直到后来被阿拉伯以及最终被北欧所超越为止。”①

“由于语言系统中凝聚着所有文化的成果，保存着一切文化的信息，因此，我们有可能通过语言了解和认识、分析各种文化现象，进而探索文化史上的未知状况”。② 语言所包含的有关经济、法律、习俗等物质、制度、精神文明的一切就是语言的文化价值。语言自身的系统性决定人对客观事物进行系统的观察。所以，我们能够通过语言中的信息来把握其他文化的问题，语言的文化价值就在于此。

词汇、语音、语法等语言学形式是语言的表层，是内部语言

---

① ［美］托马斯·哈定等：《文化与进化》，第87页，浙江人民出版社，1987年。

② 张公瑾：《文化语言学发凡》，第49页，云南大学出版社，1998年。

学的形式层面。词汇最初表示某一具体的事物（羽毛、原始自然物），后表示以该事物为原料构成的新事物（毛笔，半加工性质），后来又转指这个新事物的更新的替代品（钢笔，完全是人工制作），这个时候在这个替代品中已经根本找不到最初事物的影子了（钢笔与羽毛无关），词汇的这种演变就是文化演化的信息。我们从拉法格对“法律”一词的寻根中看到了欧洲文化的进程史。原野→牧场→住处→习俗→法律，西方人的文明轨迹是游牧人的法律化进程史。①

文化在语音上的特点是比较特殊的。我们的实验语音学研究（孔江平、曹道巴特尔等，1996－2000年）遇到过十分有趣的现象，南方一些少数民族的（西南山区）嗓音发声从医学角度讲，属于器官病变或损伤器官特征，属于应接受治疗范围。但是对于那些南方民族来讲，嗓门没有任何不适的感觉，实际上也很健康，人家就是用这个普遍认为是病变嗓音的声音来传达意义，而且自古就如此，如果没有这种声音无法表达语义。在这里貌似病变的嗓音才是正常音，属于悦耳动听的感觉，如果不是这样反而变得不正常，不舒服，这就是文化。

语言是很难翻译的，尤其是抒情的诗歌作品以及包含丰富民族韵味的作品。这样说的意思是每个民族独特的精神世界只属于本民族，这种精神是很难通过翻译翻过去的。但是，民族精神（气质）这样的对于本民族来讲成为骄傲的存在，在另一方面正因为是传达不过去，产生了沟通的障碍。如此的差异性，除了其优越性也存在其局限性。我们用一种文化的眼光看待另一种文化的时候，常常感到一些不可思议，也为她的一些特性感到振奋，也看不惯一些现象，这些都是对异文化的不熟悉所至。这就说明一个语言与使用它的人民的成长史和文化史联系在一起，各族人

① 张公瑾：《文化语言学发凡》，第52页，云南大学出版社，1998年。

民的真实情感，用该民族的语言表达时才是最完美无缺的，所以语言之间的翻译永远不会达到十全十美的程度。

当语言作为一种传统，被人们学会运用的时候，他的思维便将受到语言习惯所带来的影响。人的语言形式具有民族性，思维方式也是一样，具有民族性。这是具体的语言和具体的思维相互对应的表现，但语言和思维的人类属性才是问题的根本。只要是人类，而且唯独人类，才能普遍存在语言和思维的能力。所以又可认为语言能力和思维能力是无民族性的。我们谁都不会怀疑汉族人和蒙古族人或者其他任何民族没有语言能力和思维能力。同样我们也会看到汉族人和蒙古族人或者其他任何民族之间语音选择、语法形式、表达方式上的不同，甚至对相同问题的完全相反的态度。汉语把具体的单位累加的方式和蒙古语在具体单位上附加抽象的语法单位的方式是不同的表达方式。

人具有的先天语言能力，不仅让人学会了母语或者所处环境的语言，也给人们提供了学习其他语言的可能性。语言代码之间的可转换性，使人们从自己的世界进入另一个完全不同的世界。多学一种语言，就等于多了一个思维方式和文化视野。语言不仅是认识文化的通道，它本身也作为文化的一部分，在学习当中给人们带来另一种思维方式。只有当你运用本民族的语言思维的时候，你才真正领会这一民族的内心世界和文化的真正内涵。“优美动听的音乐加上本民族的歌词所蕴含的情感世界与发自内心的音乐融为一体的世界才是完美的世界。”如果我们掌握的第二种语言不仅仅是书面上的或者课堂上的，而是从深入该语言的日常生活中得来的，那么，我们对该民族的语言文化会有近似于该民族人民相等的正确认识，否则，我们无法认为自己是真正学会了这种语言。这就是民族语言和民族思维、民族文化之间的不可分割的自相似性和同构性关系。

浑沌学与语言学

吴东海

作为一门学科，浑沌学是从数学和物理学等学科中发展起来的。与以往许多学科相比，浑沌学的新颖之处，不仅在于它将研究的兴趣集中在事物的复杂性上，而且在于浑沌学研究的结果将促使我们重新审视以往各学科的许多经典结论，并给我们以哲学上的启示。

浑沌学给我们的启示是多方面的。对于一门具体学科来说，这种启示既可以是学科理论建设上的反思，也可以是具体研究方法上的借鉴。本文用浑沌学的观点就语言学上的几个问题谈谈自己的认识。

一、浑沌性是人类语言最根本的属性

语言学的研究对象是语言，语言学的发展是随着人们对语言性质的认识不断深化而发展起来的。

自从 15 世纪西方文艺复兴运动兴起以后，语言研究逐渐从语文学中分离出来。这是人们对语言学自身研究对象独立价值认识的结果。但是文艺复兴时期的语言研究把拉丁语视为唯一正统的语言，一切语言都必须把拉丁语的规范作为自己的规范，而学习语言就是学习由少数语法学家凭主观定下的一系列语法规则。

随着资本主义的发展，许多新兴民族语言逐渐引起人们的重视。17世纪在法国波尔洛瓦雅耳修道院产生了普遍语法学派。该学派认为，语言与思想是一致的，语法与逻辑是一致的。他们完全就逻辑去研究语法。他们认为理性是普遍的、永恒的，而语言是表现思想的，所以语言中的语法也是普遍的、永恒的。

真正意义上的现代语言学是随着19世纪历史比较语言学的产生而建立起来的。历史比较语言学的产生，是人们对语言的性质认识深化的结果。在现代语言学中，语言不再被认为是一种主观理性，而是一种客观实在，语言研究必须从现实存在过的语言出发，从语言本身得出语言规律。毫无疑问，现代语言学对语言的认识比之前的认识是一个进步，但是，如果用浑沌学来对语言的性质进行观照，我们仍然可以发现，现代语言学以及早期的语言研究对语言性质的认识，都是有缺陷的。

浑沌学研究告诉我们，我们所处的客观世界是具有复杂性的浑沌世界，是有序和无序的统一的世界。既然如此，语言作为一种客观现象也应具有浑沌的特性，语言也应是有序与无序的统一。语言的浑沌性在我们的语言研究中是处处可见的。在语法方面，尽管我们已经有了许多语法规则，可是，我们仍然有许多语法现象是现有规则不能解释的，我们只好用“习惯用法”了事；在词汇方面，新的不符合既定规则的词语层出不穷，已有的词语更是被经常性地非常规使用；在语音方面，一种语言的音位系统并不都是井然有序的，我们总可以发现一些音位是离群索居的；在语言整体方面，尽管我们可以给语言发展的历史理出一个大致的脉络，但是语言今后发展的方向我们仍然茫然无知。大量语言事实证明，无序性确实是语言性质的一个重要方面。但是，无论是早期的语言研究还是现代语言学，都只看到语言的有序性，忽视甚至排斥语言的无序性。

文艺复兴时期的语言研究是以一种人为的秩序去约束语言，普遍语法学派是以主观中的普遍规则去替代语言，他们的共同点是用主观理性的有序去研究语言。现代语言学的进步表现在用客观的态度取代了主观的态度，但是他们与以往的研究有一个共同的地方，那就是，他们都认为语言是纯有序的。早期的历史比较主义致力于具体语言的比较，但是这种比较是以一种强烈的信念为前提的：人类语言的演化是完全有序可循的；晚期的青年语法学派把这种思想发挥到极致，他们宣称语音定律没有例外。20世纪初产生了以索绪尔为代表的结构主义语言学。索绪尔的研究方法是，从语言活动中排除言语得到语言，又从语言中排除外部语言要素得到内部语言要素，再从内部语言要素中排除历时语言事实，最后得到共时语言系统。索绪尔层层剥夺言语活动的过程，实际上就是舍弃语言无序性寻找语言的有序性的过程，这个过程的最终结果是一个由各具“价值”的元素组成的系统，但是，这样的系统能完全代表我们人类活生生的语言吗？20世纪50年代，产生了以美国乔母斯基为代表的转换生成语言学，乔母斯基认为，人类的大脑有一种天生的语言机制，人类的语言就是由于这种天生的语言机制，通过一系列规则，由深层结构到表层结构的转换而生成的。该理论产生以后，曾不断修改规则，以便生成的句子更符合人类语言的实际情况。但是，我们认为，该理论企图用有限的规则去充分描述人类自然语言的目标，是难以实现的，我们可以用一个比喻来说明这个断定。人类语言是浑沌的，是有序和无序的统一，是确定性与不确定性的统一。这好比是一个无理数，例如“π”。“π”是无限不循环小数，数值是3.1415926……它的小数点后出现的数字是无序的，带有随机性，但是，“π”作为一个数值是不变的，因而又带有确定性。转换生成语言学不断修改规则，以便生成的句子更符合人类自然语言的企图，就好像是给“π”寻找更精确的数值。但是这种精确值哪怕是由小数点后一百位提高到一万位甚至更远，它仍然与“π”有质的区别：一个是有理数，一个是无理数。转换生成语言学派无论如何修改规则，它都只是就语言有序性一面进行的研究，而没有揭示语言无序性一面。

可见，以往语言学理论对人类语言的认识几乎都带有理想主义色彩，因而也就无法揭示人类语言的全貌。语言具有有序性的一面，也有其无序性的一面。波兰医生柴门霍夫在 1887 年创制的世界语，十分简明，其有序性超过了世界上任何一种自然语言。世界语的语法规则只有 16 条，并且没有例外；读音拼写做到了“一音一符”“一符一音”。世界语创制以后，很多人为之欢欣鼓舞，他们认为全世界从此就有了一种通用的语言了，这必将为全世界人民的交往带来极大的方便。于是，他们对世界语进行了大力宣传，用世界语翻译了大量世界名著，并多次召开全世界世界语大会，全世界懂世界语的人也超过了 1000 万。然而，时至今日，世界语诞生已有 100 多年，世界上至今还没有一个人把它作为第一母语，我们目前看不出世界语能作为世界通用语言的任何迹象。这个事实说明，我们人类的语言，绝不是几条规则就可以替代的，人类语言一定还有这些规则之外的东西，那就是无序性。

对于语言来说，无序性并不就是消极因素。以往我们研究语言，总是把寻找有序性作为我们的目的，无序性在研究中总是被回避或排斥的对象。实际上，人类任何一种自然语言都不像世界语那样整齐划一。人类语言一方面具有有序性——大致的平衡、稳定，这确保人们相互之间的交际得以顺利进行，另一方面又具有无序性——大致的平衡、稳定中有不平衡、不稳定的因素，这又使得语言可以不断发展变化。人类语言就是这样不断地趋向平衡又不断地打破平衡，就是这样既有序又无序地统一着，而无论是趋向平衡或打破平衡，其目的都是为了更好地适应不断发展变化着的人类社会。人类语言如果是像世界语设计的那样整齐划一，那就应该是永远静止不变的，世界上的语言也就不会是如此丰富多彩。

需要特别指出的是，用浑沌学理论来研究语言，并不完全否定以往语言研究的成绩。浑沌强调的是有序和无序的统一，以往各种理论都是人类在特定阶段研究语言的成果，它们毕竟揭示了语言有序的一面，并都取得了不同程度的成功。新的理论也必须继承这些理论中有价值的部分才能继续发展。而对语言浑沌性的认识，也必将给语言学带来一场变革。

二、整体论的方法是语言研究的重要方法

既然语言也是一个浑沌现象，我们研究语言就必须从语言的浑沌性质出发，采用新的研究方法。那么，新的研究方法是什么呢？方法论是与世界观联系在一起的，有什么样的世界观，就有什么样的方法论。资产阶级大革命以后，在西方世界中，认为世界是简单有序的形而上学的世界观占主导地位，因而，在科学领域，还原论是支配科学发展的主导思想。这种理论认为，整体的或高层次的性质可以还原为部分的或低层次的性质，认识了部分和低层次，通过加和即可以认识整体和高层次。与还原论相适应的是分析—累加的方法，即还原方法。浑沌理论告诉我们，世界并不是简单有序的，而是浑沌的，即有序与无序的统一，浑沌是系统的一种整体行为方式，浑沌运动本质上不能还原为部分特性，不能用分析—累加方法去把握。对于浑沌现象，我们必须用整体论的方法去研究。

人类语言并不是线性系统，而是非线性系统。人类语言作为一个整体的性质，并不能还原为它的组成部分的性质。语言中的各要素也不是由低一级成分叠加而成的。然而，在以往，我们基本上都是以还原方法研究一种语言：首先找出这种语言的语法、词汇，然后再把语法分为词法和句法，词分为声音和意义，并且还可以继续分下去；研究某一具体言语活动，也是按篇、段、

句、词、字的顺序逐层分析。尽管一些语言学派在分析语言时，也不同程度地应用了系统的方法，但是从整体上看，以往的方法基本上还是以还原方法为主。在实际的语言研究中，随着研究的深入，这种方法的局限性就逐渐暴露出来了。

就词而言，词虽然可以分成声音和意义，但是又有谁能为某一具体的词给出一个标准的读音。我们所谓的音标，不过是一个读音的模式，实际的读音千差万别，甚至是非常大，只不过我们在心理上把他们视为同一单位罢了。词的意义也很复杂，词虽然有一个基本意义，但是在这个基本意义的周围还有许多的附加意义。同一个词，对不同的民族，不同的阶层，甚至是不同的个人，会有细微的差别，而这种差别往往又是表达的重点所在。词的声音和意义也不一定是决然分开的，过去我们只是强调声音和意义之间的任意性，但是，在汉语中，像“刚强”“迷茫”“朦胧”等词语，声音和意义之间是毫不相干的吗？

就句子而言，我们通常认为句子可分析为词，但是，句子真的是由词组成的吗？让我们引用萨丕尔在《语言论》中的一段论述来说明这个问题：

> ……不如首先指出，不管思维是否需要符号（也就是语言），联串的言语并不总是表示思想的。我们已经看到，一个典型的语言成分标明一个概念。但是并不能由此引申说，语言的使用永远或主要地是概念的。日常生活中，我们并不怎么关心概念，反而更关心具体的东西和特殊的关系。例如我说：“今天早晨的一顿饭很不错”，显然我并没有苦苦思想，我所要传达的只不过是一种愉快的回忆，用符号把它顺着常轨表现出来。句中的每一个成分指定单个的概念或是概念的关系，或是概念和关系联合起来，但整个句子没有概念的意味。这就

有点像一个能供给足够的电力来开动电梯的发电机只用来专门供给一个电铃。

可见，句子表达的信息并不是词的信息的叠加。把句子分析成词，这只能就形式而言，而语言并不只是形式。句子作为一个整体，它有自己的特性，这种特性不是词所能替代的。

同样，一个具体的言语活动也不能简单地把它分析成几个句子。例如，京剧《红灯记》中有这样一段话：

小铁梅出门卖货看气候，来往账目要记熟。困倦时留神门户防野狗，烦闷时等候喜鹊唱枝头。家中的事儿你奔走，要与奶奶分忧愁。

要理解这段话，绝不能只依据这几个句子的意思来理解，而是要联系说话人的语气、眼神、手势等并结合人物所处场合、时代背景等语境才能正确领会。在文学作品中，这种“言内意外”、“言不尽意”的现象是十分普遍的，这说明，我们的语言绝不只是表面上的那些字词句。我们只有从整体上，才能准确把握一个具体的言语活动。

三、“以人为本”是理解语言浑沌性和整体论方法的关键

那么，如何用整体论的方法来研究语言呢？我们认为，就语言整体研究而言，要应用整体论的方法，就必须回到“人”这个起点，人类语言是与“人”分不开的。语言的外在形式是声音，而声音是一纵即逝的，没有人类不断地代代相传地使用，语言就不复存在。语言还必须由人来赋予意义内容，鹦鹉学舌的声音再怎么逼真也不是语言。因此，语言的性质也是与人密切相关的，语言的浑沌性完全可以从“人”得到解释。

浑沌研究告诉我们，浑沌是一种不确定性的动力学系统。所谓动力学系统，是指状态随时间的改变而改变的系统。所谓不确定性系统，是指随机系统，即前一刻状态与后一刻状态之间的关系有随机性，现在与未来之间仅在统计意义上具有因果联系。人类社会就是一个不确定性的动力学系统。任何一个社会都是由一定数量的个人组成的，这些个人之间在本质上并无确定性的联系，个人前后也并不完全一致，个人还会生老病死。社会整体可能会延续，但是个体却是不断地中断。特定的社会系统，其成员数量、成员素质、结构方式都可能随时间的改变而产生不确定性变化。同样，与人类社会相依存的语言，也是一个不确定性的动力学系统。语言的形式是人类的语音，但是，一种语言的语音并没有一个客观标准的形式，它只是以心理印象存在于各个体中，而各个体之间的语音联系是不确定的。语言的内容是与人的思维联系在一起的，而人类有联想的能力，联想的结果应是随机的。

因此，语言是人的语言，语言的浑沌性来源于人。把语言理解为完全有序的观点之所以是错误的，就是因为忽视了语言中人的因素。而要用浑沌学的理论来研究语言，就必须用整体论的方法，必须联系到“人”。

那么，如何联系“人”来研究语言呢？民族学理论告诉我们，在现代社会中，“人”主要是按“民族”这个共同体来组织社会的。“一个民族之所以成为民族，最根本的莫过于形成自己的文化”。联系“人”来研究语言，就是要联系各民族的文化来研究语言。20世纪80年代在中国兴起的文化语言学，就是在这种思想影响下产生的。张公瑾先生在《文化语言学发凡》中指出：“文化是各个民族对特定环境的适应能力及其适应成果的总和。”文化本身也是一个大的系统，语言是这个系统中的一元。从文化研究语言，就是整体论方法的体现。正如我们研究“π”的值，虽然我们不能从内部来确定一个真正的“π”，但是我们可以把它作为一个整体，从外部，用周长与直径的比来描述它。

浑沌学理论还告诉我们，世界是一个自相似又非自相似的世界。在一定的尺度内，部分与整体有某种程度的自相似性，部分中包含了整体的许多信息。在文化这个大系统中，语言是非常特殊的一元。“语言是人类特有的符号系统。当作用于人与人的关系的时候，它表达相互反应的中介；当作用于人和客观世界的关系时候，它是认知事物的工具；当作用于文化的时候，它是文化信息的载体。”语言系统中凝聚着所有文化的成果，保存着一切文化的信息，语言和文化也有自相似性。张公瑾先生在《文化语言学发凡》中对此已有详细论述，这里不再重复。语言和文化之间的自相似性，既能使我们认清语言的不同层次的文化价值，又能使我们深刻认识到语言的文化性质。

目前，用浑沌学理论去研究语言问题还刚刚起步，具体运用方法尚有待探索，有些观点也不一定很恰当，但是，正如格拉蒙所言：“一条有待修订的法则总比什么法则也没有要来得更有帮助些”。初步的研究已经显示出浑沌的魅力，浑沌学必将给语言学带来全新面貌。

浑沌学在西方语言学中的应用

（德）司提反·米勒

一、浑沌学的来源与发展

浑沌学是在20世纪后半世纪在欧美几个国家出现的一门新兴科学。不同学科的学者同时各自独立地研究在其学科中遇到的浑沌现象。由此，综述各学科研究中的新认识而归纳出的一套新的理论和方法，这就是浑沌学。

浑沌学的理论一出现，很快就引起各学科的关注，因为同样的浑沌现象在各个学科也都存在。所谓“浑沌现象”、“大海里的波浪”、“流动性”、“不符合逻辑”、“语言习惯”等等都是比喻和符号，过去在语言学中使用是为了表明：“我们不能解释这个现象”、“这些现象不在我们研究范围之内”。过去语言学的研究对象就是规律性的结构，可是浑沌学的学者现在能够解释上述这些现象。结果是：

1. 各个学科再不可以用这些词作为认识界限的符号。过去神秘的“浑沌”和“波浪”已经变成科学能够研究的课题；

2. 浑沌学已经会成功地研究和解释遇到的浑沌现象。所以我们在语言学的范围内也应该研究解释浑沌现象；

3. 其他学科已经发现，通过研究理解浑沌现象，对他们整个研究对象的认识有很大的改变与推进。

因此，上世纪70年代，浑沌学本来可以大量的被引入科学世界。可同时，浑沌学的讨论转到另一个方向。库恩先生代表一个学派，把浑沌学与宗教、思想和意识形态连到一起，过分的强调用浑沌学新的认识进攻传统科学、哲学和宗教。根据他的浑沌主义思想，宣布了一个科学的革命，否定和推翻了过去几百年的科学与宗教思想。不少神秘主义者随其而行，导致了西方的“新时代运动”。这个“新时代运动”把半科学性的、半哲学性的、半宗教性的成分混合到一起，在西方产生很大的影响。为了加入这个运动与参加所宣布的新时代，应该按照库恩的口号，“转换思维框架”。

把浑沌学与宗教在同一运动里联系起来，招来大多数学者的反对。就像人不能同时信上帝和应用浑沌学，传统的科学和浑沌学不可相提并论。如果不知道浑沌学的发展过程，那就很难理解为什么有人特别反对浑沌学。所以在20世纪80年代，浑沌学属于科学、宗教或者一个新的主义，分歧很大。然而，同时有各学科的优秀学者应用科学性的浑沌学理论和方法，证明浑沌学并不是否定传统科学，恰恰相反是帮助科学在一定的范围之内解决一些过去解决不了的问题。

二、浑沌学进入语言学

语言学家们早就清楚语言里既有规律的方面，也有不规则的方面。知道语言的发展有线性的，也有非线性的过程。没有一个规律没有例外的、不规则情况，没有一个语法规律能百分之百地描述概括一个言语现象。在这方面语言学和物理学一样，解释物理学的原子与描写某某语言现象同样复杂。所以物理学方面出现了海森贝格的测不准原理（Heisenbergs Unschaerferelation），语言学同样发明了所谓数量语言学，即统计语言学的概率语言学。

概率语言学不仅指出，语言有某某功能，而且还加上语言中应用这个功能的概率。发明数量语言学的是德国语言学家 Georg Zipf（1902—1950 年）。

知道浑沌学的人肯定听说过芒德勃罗，可是很少有人注意到，芒德勃罗不仅研究棉花价格，而且一直在研究语言。他认为数量语言学是当时用于接触语言中的浑沌现象的最好方法，它能使我们更准确地了解语言。1953 年，他在齐普夫定律（G. K. Zipf's law）基础上发明语言学的齐普夫—芒德勃罗定律（即语言用尽量少的努力换得尽量大的效果。不同作品中应用的表达花费根据作品的类型不同）。上世纪 60 年代，他明白分形和自相似论以后，80 年代在 Yale 大学的数学系同时研究文学作品中的分形与自相似现象。

芒德勃罗是浑沌学的创造人之一，而且他又是经济学家和语言学家，又是数学家。他的研究是从经济和数量语言学出发的。所以我们如果应用浑沌研究语言，并不意味着我们在借助其他科学的先进理论。我们应该明白，语言学在浑沌学的发展中占有一个重要的位置。浑沌学不是数学和物理学所发明的，即便这两个科学后来最成功地应用浑沌学。浑沌学本来是从各门科学提炼出来的一种新的，在实践中卓有成功的方法、理论和模型。

三、浑沌学在语言学中的应用

应用语言学：文学、话语和言语分析

芒德勃罗和他的合作人在上世纪 80 年代应用分形理论和自相似理论分析不同的文学作品。他们发现文学作品对读者或者听者的作用与分形和自相似有关。

芒德勃罗自己觉得，这个作用的存在是因为自然界在分形和自相似的基础上组成的。分析文学作品，尤其是研究诗歌和剧本的学者很快引用浑沌学理论和方法。

为了分析话语、讲话与交流中所用的言语，发现言语和液体物的流动有很多同样的现象。所以语言学者利用浑沌学在物理学的流体力学所发现的规则和模型，能够解释言语中的非线性现象。

话语与一条缓缓流动的河流一样进行。有时候，在言语中也会突然出现涡流或强气流，言语中的词汇或者语法现象不是像前边那么平衡分配的。经过一个浑沌过程以后，言语又变成过去那样缓缓流动。如果分析录音讲话或者剧本，就可以发现，像地震之前的预震一样，语言引用的固定词汇或者语法现象串分配的规律的变化，直达到言语或剧本的高潮。这个高潮在读者或者听众中会产生特别强烈的感觉（惧怕、注意、紧张、放松等等）。例如莎士比亚，在他的剧中大量地采用“否定”的语言现象为手段（他不直接说“白色的”，而用“不黑色的”，“不是不白色”等等各种各样的表达“否定”的方法）。而且在他的剧本里分配这个否定性的表达方式与剧本的流动过程有直接的关系。

当然应该在分析剧本或者其他语言作品的时候注意准确地应用浑沌学的研究方法。我们不能简单地从表面上看哪个单词或者哪个语法现象在哪里出现，而应该用分析串（cluster）的方法，就是研究单词或者语法现象的关系。例如研究作品的否定现象，我们应该研究句串，画一个串图：0 表示肯定，普通单词，1 表示否定结构。结果，作品的一段变成以下的串图：

000000 [10001011] 00000000000000000 [10001011] 0000000000000 0010001000000001100000000011000000000000000 [10001011] 00000000 0001000110000000000 [10001011] 0

这样我们发现这个作品中的一个串就是 [10001011]，这个串在一般的情况下是随便分配的。可是在有的地方，这个串的分配突然出现特别的规律性。串规律性的出现，经常在读者或者听众中引起特别强烈的反映。而且现象串的规律性的出现，按照浑沌学的认识是浑沌过程的一个预告。

上世纪 80 年代浑沌学很快应用于语言学的研究领域。在西方目前有很多语言学的分支都在吸收浑沌学的研究方法或者理论。例如：

1. 神经语言学

这个语言学分支很快发现浑沌学的用处。神经语言学发现，人的支配语言功能在脑袋里头有一个特定的部分。这个部分受伤或者被破坏的话，语言功能将受到严重的影响或者丢失。可是有时候，脑子里的语言中心被破坏了以后，人的语言功能还是能恢复。这个问题从浑沌学中得到了解释。浑沌学发现复杂系统的自组织功能：在一个复杂的系统中，整个系统的组织信息和组织功能在系统的每个部分里存在。所以系统丢失了一部分，其他的部分还保存这个部分的知识并能代替丢失的部分，从而保持系统的完整性。

从这种现象得到的知识可以直接应用于语法研究。我们知道，大部分印欧语言的变格系统是在变化中。英语基本上丢失了它的变格，领属格正在丢失的过程中。可是丢失或者排除一个语法现象用的同时，其他语法现象会取代它，承担它的功能和作用。

在印欧语系语言中，介词承担过去变格的功能，从而保持了整个系统的完整性。(the car’s door⟶the door of the car)。这个现象虽然我们早已知道，但是浑沌学的自组织理论又提供了一个理论，帮助我们更进一步完整地分析和了解这个现象。

2. 通过浑沌学了解语言的关系，沿流，转换，变化

语言的发展和变化总是在几个奇异吸引子中发展。德国学者提出，两个最重要的奇异吸引子是“依靠习惯”和“寻找信息”。语言的发展和变化总是受这两个吸引子的影响，依靠习惯是保持传统的、稳定的语言材料（语法和词汇）。寻找信息的意思是趋

向新出现的、带有新的信息的语法现象和词汇。新的现象首先引起人们的注意，因为新现象一般表示大量新的信息。语言的大部分是处在习惯和信息的中间，因为这中间的部分又不带什么新的信息，即不是基础性的传统，要不然变成很快过时的时髦语言，而且这两个都从语言中慢慢地失踪。

这也符合浑沌学的奇异吸引子理论，也符合浑沌学的分叉模型，即语言不断地按照分叉的模型改变。语言中有新的和旧的成分，新的成分又断续分出新的成分，真正带新信息的现象和过时的、暂时时髦的现象共存。旧的成分不断的分化成语言基础的、传统的多余无用的现象。我们都知道，暂时时髦的词汇很快就过时，可是很长时间被应用的词和语法现象也会到时候从语言中被排除，如近代印欧语系语言中的变格。

在语言的发展历史中可以看出，语言在不断地分叉。

3. 通过浑沌学可以了解语言的本质

浑沌学给语言学各科带来很多新的认识。可是更重要的是，浑沌学让我们更清楚地认识到语言的本质是什么，让我们更明白语言到底是什么。

语言不是一个机械性的结构，而是一个复杂系统。语言结构不是封闭的，因为世界上还没有发现任何彻底封闭的结构。复杂系统的沿流和发展有时候是线性的，可是复杂系统越线性、越规律性，越接近系统的浑沌状态。

医学证明浑沌学的认识告诉我们，心脏跳得特别规律的人，得心肌梗塞的可能性很大。物理学承认浑沌学的认识告诉我们，100 个人同步过一个桥，这个桥很有可能倒塌。

语言也是如此。系统到浑沌状态以后，也许是毁灭，可是也有可能通过浑沌过程有非线性的一些变化。过去语言学从进化论出发认为各种发展，包括语言在内，是线性的。所以好几代语言学者在寻找或者推测发展中的、过度中所缺少的环（the missing link)。加拿大的著名浑沌学者 Logan 教授告诉我们，传统进化论所寻找的缺少的环根本不存在，因为语言跟所有的复杂系统一样到一定的发展程度就有非线性的发展。

4. 浑沌学在语言学中的地位和发展趋向

从近来发表的论文和出版的书分析，自上世纪 90 年代初浑沌学开始对语言学家产生影响，得到语言学的承认。1994 年发表的论文和书最多，当时可以说浑沌学是一个新的时髦。后来经过近 10 年的成功地应用，浑沌学才取得了重要的位置。

现在大部分欧美大学和学术组织都承认浑沌学，而且将浑沌学和比较语言学、结构主义、功能主义等理论列在一个平等的层次。德国大部分大学的语言学系，近五年之内开始要求语言学本科生将浑沌学作为一个新的理论和方法来学习。从欧美国家各个大学近十多年中所写的语言学博士论文来看，大部分论文提到或者应用了浑沌学，由此可以看出西方语言学对浑沌学的重视。

当然也有一部分学者，大学和语言学组织反对浑沌学。可是反对者也不能否定浑沌学近 20 多年对语言学的贡献。我觉得，最有资格警告我们的学者是以上已提出的芒德勃罗教授。他于上世纪 80 年代已经警告各学科的学者，不要到处都看浑沌，分形或者奇异吸引子。浑沌学不是万能的，不是解决所有的问题。但浑沌学的理论、方法和模型如果在准确的范围内认真应用的话，确能帮助我们研究复杂的，不规则的，非线性的语言现象，并帮助我们准确的认识语言。

21 世纪的语言学需要一个新的理论和方法基础。如果我们成功地应用和发展浑沌学，语言学又可以变成一个领先科学。

浑沌学和文化语言学：方法论的思考

吴 平

一、现代西方哲学和语言学带来的启示

在西方，语言学研究始于古希腊罗马时代的修辞学和辩证法，而且可以说古希腊的学术方法首先就是语言研究的方法，从苏格拉底、柏拉图到亚里士多德，他们将词语释义的问题转变为关于概念辩证和定义的问题，从而将语言问题转换成思维形式的逻辑问题。20世纪初出现的分析哲学、结构主义哲学、解释哲学、存在哲学等流派都不约而同的在语言表达方式中探寻深层规律或结构，试图在逻辑、语言、数学和科学的相互关联中开辟新的哲学领域。尽管说，不同的哲学家、哲学派别对语言的本质、语言的意义、语言的构成、语言的价值有着不同的理解，但也不难发现他们的语言观所具有的共同特点：即语言观不再是单纯的语言学理论，而是以语言学和其他科学为基础的哲学世界观。其中，在罗素和维特斯根坦看来，一切哲学和文化问题的症结，都取决于语言分析的方法，同样的结论也出现在胡塞尔、海德格尔等的方法论中。不难看出，语言学不仅仅是现代社会诸学科中的一个分支，而且也正成为多学科汇集的一个综合学科领域。现代西方语言观已经从规定和描写性转向了解释性，语言研究不再局限于主观地规定语言规则或客观记录语言现象，而是侧重于解释

语言现象，从而找出语言的普遍规律。

方经民（1993年）认为现代语言学呈现三大趋势：一是力求对人的内在语言能力做出科学解释；二是重视在社会环境中研究语言的运用；三是强调结合其他学科对语言开展多学科多角度的研究。

在西方的历史比较语言学传入中国以前，中国的传统语言学的研究方法基本上是整体性和辩证性的而非分析性的。历史比较语言学关心的是语言的历史演变规律，孤立地分析和构拟个别成分的语音形式、语法形式，这种历史主义的语言观、方法论给语言研究带来很大的局限性。而随着西方语言学（尤其是结构主义）的进入，中国的语言学就以研究语言自身的内部结构规律为根本任务，差不多排斥了对语言系统以外因素的研究。结构主义语言学跟物理学家关于物质结构的观点很类似，语言跟物质都是复杂现象，都具有某种层次结构，可以用实验手段和统计方法去分析其结构，物质可分为分子、原子、基本粒子，语言可分为词句、音节、因素和最小区别特征。但是，西方语言学的方法论适不适合完全照搬到汉语研究中来呢？应该说，这些方法的借鉴，对于中国语言研究是有很大帮助的，但由于汉语本身的特殊性，使得中国的语言学研究似乎陷入困境，遵循这种语言学理论的框架和思路同汉语事实之间的深刻的矛盾也日益暴露出来，中国的语言学家们逐渐开始反思。进入到20世纪80年代末，随着文化和文化史研究热潮的掀起，出现了语言与文化相关性的理论，主张科学的语言学影响民族文化和民族与语文传统认同并加以转化，创立具有中国特色的文化语言学。

二、浑沌学在自然科学和社会科学研究中的应用

非线性问题在数学和力学中早已存在，但人们以前只是对具体问题采取特殊的技巧或方法个别的解决，并没有认识到它们之

间的内在联系。20 世纪下半叶，许多自然科学家在各自的研究领域都发现大量不同形式的非线性现象或问题，尤其以气象学家 E. N. 洛仑兹发现确定性非线性方程存在着既确定由随机的浑沌、数学家 N. J. 查布斯基等在等离子波中发现孤立子、数学家 B. 曼德波罗特发现在规则形态和无规则形态之间存在一类“粗糙和自相似”（即无规则中的有规则）的形态这三个重要发现启发了科学家们去寻找自然科学的非线性现象的共性及其定量的研究方法，并最终导致了一门新的交叉学科——非线性科学的诞生。非线性科学是人类认识自然的一次飞跃，它标志着人类认识自然由线性现象进入非线性现象。它发现自然界存在着一种新的、更普遍的，既确定又随机的浑沌学现象及其非线性规律，在科学上是理论自然科学的重大发现。这些新的现象和规律，必然引起自然观和认识论的变革，引起方法论的革新，这种革新的标志就是多学科的交叉成为科学发展的普遍趋势，浑沌学在众多自然学科和社会科学学科的应用就是一个很鲜明的例证。

浑沌学现象在生活中不胜枚举：太阳黑子的增减、传染病的发病规律、脑电波和心率、股票行情的变化、汇率的波动、许多化学反应和化学过程、语言学中的例外、语言教学中的变化、甚至是政治危机等等。浑沌学的发现和浑沌学的建立，同相对论和量子论一样，是对牛顿确定性经典理论的重大突破，并且很快被运用到各类学科之中。

现代建筑的审美思维发生了历史性变革，它完全摆脱了总体性的、线性和理性的思维。许多建筑设计不仅采用了电脑辅助设计，更主要的是采用了浑沌学思维方法，在秩序与混乱、静止与运动、确定与变化之间，建筑师们可以进行自由选择，那种非此即彼的线性思维方式已经没有市场了。

在经济学上，完全依靠于各种数学模型推导出的所谓最优解，在实践中却并没有成功者。因为经济分析依靠的是机械或数学的法则运算，不关心供给、需求、产量、收益或天气。于是，应用了浑沌学的交易决策理论对市场判断、时机抉择和方法选取都提供了很好的帮助。

在德国基尔大学的教授连续 5 年在中学试教浑沌学基本理论，取得了初步的试验成果：学生对现象的偶然性和不可预见性具有高度敏感的能力。

三、中国文化语言学的研究对象和研究方法

语言学的每一步发展都与当时的哲学思潮、科学技术、社会环境密切相关，从这一点来审视语言学未来的发展方向，就比较好把握了。现代许多学科都从自己最感兴趣的角度出发来研究语言、数学，把语言看作是由基本单元（词或音素）及其可能排列构成的某种符号集合，信息论研究语言信息的编码以便储存、传递和加工，教育学研究如何作为母语或外语去传授语言能力和语言知识，社会学研究语言的应用对于各种社会因素的依存关系，考古学根据古文字遗迹等研究语言的起源和历史演变过程，民族学（人类学）通过民族来研究语言特征和过程。

文化语言学是一门新的学科，研究的是语言与文化的问题，因此，张公瑾（1991 年）主张“应把重点放在揭示语言的文化性质和语言的文化价值”上，[①] 所谓语言的文化价值，是从语言和文化的关系方面来考虑的，即语言与语言之外其他文化现象的关系问题。语言的文化气质是“一种语言在交际过程中使说话人和听话人在心理上得到的某种感受，这种感受受整个自然环境与文化环境的制约，它不完全决定于语音、词汇、语义所具有的结构特点，但最终还是由语音、词汇、语法、语义等语言构件综合

---

① 张公瑾后来在《文化语言学发凡》中也同时使用了“文化气质”。

作用而形成的整体印象所给予的”。[①] 因此，文化语言学的研究范围并不仅仅局限于语言学和文化学两个方面，它既可以从语言学的角度研究“语言中的文化”，也可以从文化学角度研究“文化中的语言”；既可以从交际学或语用学视点审视“交际或语言使用中的文化”，也可以从应用语言学视点审视“语言教学、翻译、辞典编撰等过程中的语言文化问题”；既可以从符号学角度阐释“符号的文化意义”，也可以从认知学角度阐释“语言意识或思维的民族文化特征”。

语言研究方法的选择，受研究者综合的文化素质制约，也受研究目的的制约，但更重要的是受研究对象的特点所制约。以往的语言学把语言看成是一个线性系统，历史语言学和结构主义的研究方法也都是线性分析的方法。实际上，语言现象中存在着大量的非线性问题，无法用线性分析的方法来解决。尤其是汉语研究，汉语在语音（单音节、超音段音位）、文字（非拼音文字）、词法（基本上一个音节一个意义单位、词缀少、复合造词多）、句法（形态不发达、依靠虚词和次序成句）等方面跟西方语言相比，各自的特点十分鲜明突出。汉语作为一种文化现象，又具有不同于西方文化的诸多特点，因此，必须“在中国文化背景中考察中国语言的特点，从而建立起较好地解释中国语言事实的理论”[②]，必须“紧密结合汉语本身的特点并认同于汉民族的文化思维，才能具有概括力和解释力”[③]。文化语言学基于对语言和文化关系的思考，使语言学研究不限于语言形式，而且也通过语言来研究一个民族文化的过去和未来。

① 参阅《文化语言学发凡》，第74页。

② 游汝杰：《中国语言文化学引论》，高等教育出版社，1993年。

③ 戴昭铭：《文化语言学导论》，第55页，语文出版社，1984年。

四、浑沌学方法对于文化语言学的一些应用

浑沌学是以直观、整体的为基点来研究浑沌学状态和浑沌学运动的复杂规则性的学问，浑沌学认为：世界是确定的、必然的、有序的，但同时又是随机的、偶然的、无序的，有序运动会产生无序，无序的运动又包含着更高层次的有序。现实世界是确定性和随机性、必然性和偶然性、有序和无序的辩证统一。

语言是一个由部分构成的相互制约的、多层次的整体，是一个具有相对稳定状态又具有动态平衡的开放系统，在内外环境的作用下，语言系统才得以存在和发展。语言是文化现象，是各个历史时期各种因素的综合现象。

张公瑾 1998 年主张把浑沌学的理论和方法应用于语言学。因为“它不再局限于阐明以往语言学所阐明的语言内部规律，而且将揭示语言的文化性质和文化价值，揭示语言与民族文化整体之间的内部联系”① 浑沌学之于语言学有非常广阔的应用前景，而且可以适应于语言各个层面的分析。

（一）蝴蝶效应

蝴蝶效应强调对初始条件的敏感性，再考虑到语言系统内部构成要素和外部因素的复杂性和随机性后，语言系统对初值显现敏感依赖性和行为不可预测性，从而可以视为一个非线性系统。王希杰 1994 年提出语言可以分为潜显两个层次，第一个层次是显语言，即人们平时所说的、所听到的、所看到的一切语言现象的总和，由于是在社会、文化影响制约下逐步形成并不断演化，具有非系统性和不对称性特征，这其中，几乎没有一条规则没有例外，当然每一条例外中必隐含着另一条规则。第二个层次是潜语言，这是人们从未说过、听过或看过的，但确实存在着，随时

① 参阅《文化语言学发凡》，第 16 页。

可能为人们所使用。正由于有潜语言的存在，语言才可能具有开放性和生成性。潜语言像一只蝴蝶一样，在某年某月某一天的某个地方，轻轻地扇动一下翅膀，就会给语言带来极大的影响。

（二）分形或无穷嵌套的自相似性

分形是由于具有不规则的比例自相似性，如果在复杂的图形中取出一部分放大到原型大小后，看上去仍具有原图形的典型特征，这说明可以通过认识部分来映像整体。分形的复杂性来自简单数学关系的反复迭代，源于局部与整体的自相似性，自相似性是一种普遍存在并把它作为一种由已知到未知的思维模式，可以由小到大也可以由大及小，可以由表及里也可以由内到外。汉民族的传统思维特点是一体思想，把自然、社会和人视为一个和谐的统一体，因而被称为是经验综合性的整体思维、直观思维和辩证思维；民族文化包括统一性、连续性、包容性、多样性、人文精神和泛宗教性、泛道德性、内倾性、中庸平和性、乡土情谊性等特点；对应到汉语的特点就有其“自相似性”：

汉语词汇发展上，给某些具有同一属性的事物以一个“总名”。古代的江河都有专名，如江、河、渭、汉、湘、淮等，并加“水”以表示河流，在许慎的《说文》中，用“水”作为通名，使之成为众多河流的概括性称呼。

从词的理据上看，汉语给事物命名时，常对事物从直观上作整体把握，利用人和事物的相似特征进行类比，并尽可能的给予相同的命名（只是在字形上予以区别），如人的头顶叫“颠”，山顶叫“巅”，树顶叫“槙”。

（三）阿瑟的路径锁定效应

语言的发展对路径和规则的选择有依赖性，一旦选择了某条路径就很难改变，一旦形成规则就不易改弦易辙。汉语中对于空间顺序的选择是由大及小，英语则是由小到大。汉语方位中有“东南、东北、西南、西北”，英语则是“southeast、southwest、 northeast、northwest”。汉语对时间顺序的选择是由整体到个体，这里就既有汉民族认知方面的特点，也有文化上的传统。汉语音系简化，尤其对于双音节和偶音节的喜爱，好像是确定的。这源于两字一顿成为汉语最基本的节拍单位，源于汉民族的对称性思维，延伸下来就是汉语词汇中的双音节化趋势、四音节霸占绝大部分成语、词语搭配的双音节选择等现象成为一种语言使用的规律。

（四）奇异吸引子现象

当一个系统处于结构变革时期时，其体系就属于结构耗散系统，就会出现一些按常规常理难以解释的奇怪现象，其中的“吸引子”代表系统中的稳定态，它对周围有吸引作用，系统运动只有到达吸引子上才能稳定下来并保持下去。新词新语是词汇系统中的一个动态系统，“出租汽车”本来也算是一个新词语，但随着“的士”的出现，“的”的口语色彩越来越浓厚，以“的”为构词成分的新词也大量出现：打的、面的、摩的、的哥、的姐……；“的”还可以这样用：“他每天都是的来的去”，意思是他每天都坐出租汽车来往。

（五）同步现象

处于不稳定发展状态的两个（或几个）方面进行兼并。如吕叔湘 1984 年在《“二”和“两”》一文中说：“‘二’和‘两’在用法上是有分工的，可是现在常常看见该写‘两’的地方写‘二’。……口语里的情况正好相反，‘两’正在侵占‘二’的地盘，……在进一步发展，会不会在五十年或者一百年之后，书面上统一于‘二’，而口头上却统一于 liǎng，人们都管‘20’叫 liǎng shí，管‘12’叫 shí liǎng？这种事情听起来很荒唐，可是谁也不敢担保不会发生。”[①] 吕先生所分析的正是一种浑沌学上的“同步现象”。

① 参阅《语文杂记》，第 59 页，上海教育出版社，1984 年。

(六) 伸缩和折叠变化

浑沌学所具有的几何特性是系统演化过程中由于内在非线性相互作用所造成的伸缩与折叠变化。伸缩变化是使相邻状态不断分离，这是造成发散所必需的内部作用。当然，实际系统中是相对的无限，因为系统本身还有折叠变化机制，折叠是一种最强烈的非线性作用，能造成许多奇异特性。选用“把”字句为例：小王把苹果吃了→小王把小李的苹果吃了→小王把小李买的苹果吃光了→小王偷偷地把小李昨天买的富士苹果吃得光光的了……，这可以算是一种伸缩变化。然而现代汉语对“把”字句规定：谓语动词前后要有别的成分，不能是光杆动词，尤其不能是单音节动词。但是在《金瓶梅》中却有“见李外传已跌得半死，直挺挺在地上，还把眼动”①，《水浒》中有“公子王孙把扇摇”这样的现象存在。而且还有“我把你这个害馋劳、偷嘴的秃贼（《西游记》)”、“我把你这贼奴才（《金瓶梅》)”没有动词的“把”字句。戏文中也有“试把你裙儿拴，纽门儿扣（《西厢记》四本二折)”。这种由于语用需要而突破限制就算是一种折叠变化吧。

分叉是有序演化理论的基本概念，又是出现浑沌学的先兆。在系统演化过程的某些节点上，系统的稳定状态可能发生改变，同时出现新的定态，这就是分叉。语言系统的分叉是由于语言演化过程中参数变化造成的。语言的演化是从言语的个人变异、细节变异开始的，这里边的一部分能符合历史沿流的会保存下来，不同的方言代表了不同的历史层次的变异。汉语在现当代也出现了新的分叉，这些“分叉”跟在中国大陆的现代汉语是有一些差别的，新加坡华语就是一个典型的“分叉”，无数的华人移居新

① 例句转引自徐春阳：《复杂与特殊“把”字句语义结构及语用功能——〈金瓶梅〉〈红楼梦〉〈儿女英雄传〉》、“把”字句例析，原载《绍兴文理学院学报》，2003年第3期。

加坡，方言的作用，又受到英语、马来语的影响，自然就算做是“分叉”了。台湾的“国语”也算是一种“分叉”，一是由于几十年跟大陆的主体汉语的分隔；二是由于1945年前日本侵略者在台湾推行日语，由此留下了不小的日语后遗症，而现在，这种后遗症反过来又开始影响到大陆的主体汉语了。比如说“很+名词”的说法，过去被视为不规范的，但逐渐也被大陆所接受了。语言层次和文化层次相互结合，会产生很多的交叉。

浑沌学的方法还有很多，上述例子就是要证明这些方法给文化语言学的研究提供了可行的、有益的帮助。语言和文化中的浑沌学现象，并不意味着语言和民族文化的不稳定和无序占主流地位。相反，语言和文化的基本结构和体系是稳定和有序的，这种动态平衡正说明该语言和该民族文化充满了无穷的生命力，是符合语言的发展规律的。文化语言学应用浑沌学方法，可以是单一的，也可以是几种相组合的，但重要的一点就是在文化语言学的研究中要注重整体性。

五、文化语言学需要浑沌学

文化语言学是语言学的分支学科，并不是取代语言学现有的所有学科，相反，它仍然需要继承语言学已有的成果，仍需要借鉴其研究方法，只是说，文化语言学更需要自身学科的独门利器——浑沌学——来发展、创新，以下几个方面可以凸显出文化语言学对浑沌学的需要。

（一）语言历时研究和共时描写的需要

由于语言中积淀着大量文化成果，保存着大量文化信息，就可以通过认识、分析和比较各种语言现象，探索文化史上的未知状况。一方面，一些消失的文化现象会不同程度地保存在语言中；另一方面，还可以按语言内部的发展规律加以重建，恢复历史和文化的本来面目，对这些现象的起源和本质做出解释。历史比较语言学在这方面作出了很大贡献，但由于其语言观的封闭性，它并不真正关心语言的文化背景，不重视语言间、方言间的相互影响，只注重语言内部的线性发展，因而难以对语言发展的根本原因提出令人信服的解释，尤其是涉及到一些语言中的非线性现象和语言的外部因素时，就很有些力不从心的感觉。例如游汝杰（1995年）指出，汉语的方言有两个特点：一是文白异读现象；一是现代方言与历史行政地理关系密切，而这两大特点正是在中国传统文化背景下形成的。如果对汉语方言的研究不考虑这样的特点，就不会有科学合理的结论。

语言系统往往与民族起源密切相关，确立一种语言的系属，就能了解这个民族的历史文化渊源；语言的分化、融合、更替、双语现象的兴亡、语言地理格局的变化、语言系统内的变化等等都跟文化的扩散、转换变异、接触相关，而文化上的种种变化又会在语言中留下遗迹。因此，文化语言学可以从文化角度来研究语言的发展变化，浑沌学方法将会给这种研究插上腾飞的翅膀。

（二）语言的形式和内容的需要

人类语言的共性在于各种语言都是以形式和意义相结合的方式来表达思想、进行交际的。但是结合的方式却是各个民族都各具特色的，语言帮助人们形成特定的思维和表达习惯、交际行为，也制约着一个民族在文化中的特征。民族语言的特殊性说到底是由民族文化的特殊性决定的，比如说到谐音，作为一种语言现象普遍存在于各种语言之中，而汉语的谐音现象尤其多。汉语的谐音从形式上取决于语音结构，汉语音节一般是有意义的，而且可以一一相对；从内容上来说，跟汉族人在思维上的讲究对称，从一事联想到另一事；而跟社会文化因素的关系就更为密切，比如避讳性的谐音，就涉及到众多的文化因素。

（三）第二语言学习和跨文化交际的需要

语言学习有母语的学习（L1）和把非母语作为第二语言的学

习（L2）。学习第二语言既是语言的转换，也是思维方式和文化系统的转换。可以说语言是一个民族文化的镜子，以称谓语为例，汉语有“祖母”和“外祖母”之分，而英语中则一般情况下不加区分。赵元任先生列举过 114 种对于亲属的称呼语①，每种又有正式名称、直称以及比较文气的称呼之分，这就反映了不同的文化和家庭结构现象。至于“亲属词”的泛化，则更反映了中国文化中人伦亲密、尊长有序的关系：爷们、老天爷、军嫂、的哥、空嫂、空姐、警察叔叔、农民伯伯、幼儿园阿姨……

学习第二语言并运用第二语言，是与异质文化的交流，这就是跨文化交际。跨文化交际是不同文化背景人们之间进行的交际。这不仅要研究语言与文化的关系，而且要从文化角度去解释语言或从语言现象去解释文化；不仅要比较语言间的异同，而且要比较文化间的异同，还要将比较的结果结合起来解释文化或语言现象，还要探讨文化间或语言间的差异如何影响到语言的学习和运用。学习第二语言，既是掌握一种新的交际技能，也是为了掌握这种语言民族的文化，二者是相辅相成的。

（四）维护民族语言和继承弘扬民族文化传统的需要

从中国境内的现实情况来说，中国是一个多民族的国家，少数民族语言和文化在现代化过程中，出现对于汉语求同的趋势，必然产生母语危机，母语价值观发生变化，从而导致母语交际价值的减弱甚至可能是母语的消亡。因为语言是一种文化，语言的消失，不言而喻，这也就意味着民族文化成果的散失、思维方式的消失，这种尖锐的矛盾需要语言学家认真研究。语言的消失，造成的不仅仅是该民族的自身的灾难，也是整个语言生态环境的失衡。只有语言的多样化才能使语言相互吸引，共同提高。

从中国的历史来说，汉语和其他民族语言也经历了不断的变

① 引自《文化语言学中国潮》，第 267 页。

化过程，尤其是一些已经消亡的语言，还需要通过对汉语等民族语言中的次生语言进行广泛细致的分析，对民族文化中的大量现象进行研究，以发现其演变阶段和演变规律。

再从当今多元化、多极化的世界来看，民族文化和民族语言将成为21世纪世界的焦点之一。中国由于要在本世纪中叶跨入世界中等发达国家的行列，既要继承和发展民族文化，又要广泛吸收其他民族的先进文化的精华；既要受到强势语言的侵扰，又要面临让汉语走向世界，让中华文化走向世界的良好机遇。这是汉语等民族语言的机遇，也是文化语言学的机遇。

六、结语

研究语言的最终目的是为了了解语言和分析语言，并使之服务于人与人之间的交际。应该重视语言的整体性（语言体系、语言形式和语言环境）的研究，要把语言放在特定的社会文化背景中加以研究，同时加强语言学和其他学科的结合，促进人们对于语言的本质、语言的共性等问题的认识，这也是将浑沌学引入文化语言学研究的目的和意义所在。这种引入，能促成新的思维框架的出现，能使人们深入到当代文化环境和文化氛围中去研究语言，预测语言的走向；也能追溯“预测”过去的语言和文化。

一种新的科学思潮的出现，往往带有跳跃性。文化语言学，吸收时代发展的最新养料，吸收前人思想资源中的有用成分，参照国内外语言研究的最新成果，在新的思维框架下，必然为语言的发展提供最新的动力。

浑沌学和文化语言学，两个看似毫无牵连的新兴学科，走到一起，必然会带来新的突破。过去，语言学只是在承认已有的对语言结构的描写结果上进行“文化阐释”，揭示文化含义，而在说明语言性质、语言基本规律时主要还是运用结构分析的方法，把语言本体当成静止、封闭的符号系统来认识。把浑沌学引入到文化语言学，就使得由“语言与文化关系论”转化为“语言与文化一体论”，由“语言的文化阐释”变为“语言的文化描写”，这也清楚地昭示了文化语言学的研究方法的定型，标志着文化语言学走向了成熟。

以浑沌学的方法审视语言谱系分类

周国炎

根据保守的估计，现今世界上大约有 6700 多种语言。语言之间，有些结构特征比较接近，有些相差甚远。迄今为止，语言学家们大致采用了四种方法来对世界上数以千计、结构上千差万别的语言进行分类，这四种方法包括类型分类法、地理分类法、谱系分类法和功能分类法。

谱系分类法，又称发生学分类法，是一个多世纪来语言学界以及其他相邻学科，如历史学、人类学、民族学、人种学等广泛采用的一种语言分类方法。该方法基于这样一种假说：分布在世界各地的所有语言都是从为数不多的几种原始语言分化、发展而来的，语言间的亲缘关系与民族间的亲缘关系基本一致。语言谱系树为我们描绘了一幅直观的理想化的语言发展历程图。在这幅理想化的树形图中，“树干”被用来表示原始母语，“树枝”表示从原始母语分化出来的各种子孙语言，“树枝”的距离表示语言之间关系的亲疏。按照发生学理论，任何一种语言都是从某一根“树干”上（即原始母语）发展而来的。

事实上，世界语言的发展同文化的发展一样经历了一个整合、分化、再整合、再分化的过程。而语言发生学理论只注重了其中一个方面，即分化的方面，忽略了整合的一方面。历史比较语言语言学家展现在我们面前的语言谱系树，是一棵只有无数枝丫，没有根须的“树”。这是违背植物生长的自然规律的，大凡枝繁叶茂的大树必有其发达的根系，否则大树将因缺乏养分而枯死。按照语言发生学的理论，现今世界语言是从古代少数几个原始母语发展而来，那么，在古代，世界语言的数量应该是非常少的。然而，研究表明，公元前世界上语言的数量大约为150，000种，到了中世纪减少到七八万种，今天只有6000多种。根据部分语言学家预测，到下个世纪末，世界语言将仅存600多种。人类的语言正以相当惊人的速度在递减，而不是增加。据此，我们不妨作这样的推测：世界的语言是多源发展而来的，是人类发展到特定的历史时期，在不同的地域内各自形成的，世界语言的共性是人类作为一种相同的物种所具有的共同基因所致。语言的分布与种族的分布没有必然联系，相同的种族在人类有语言的早期也不一定使用同一种语言，因为语言的产生与种族的产生并不是同步的。语言与民族也并非总是联系在一起，人类语言至少有10到20万年的历史，而即使是最广泛意义上的民族的形成也不过是几千年的事①。一个民族放弃一种语言而使用另一种语言的情况并不少见。早期的人类语言之间是很难找到真正意义上的发生学关系的，所具有的不过是类型上的相似。不同的人类群落使用着不同的语言，尽管他们之间有着比较相似的生产和生活方式。19、20世纪的美洲印第安诸语言、澳大利亚土著人的各种语言、非洲班图诸语言以及巴布亚—新几内亚和西伊里安地区的上千种互无关联的语言为我们这一推测提供了有力的证据。这些语言之间关系复杂，找不到发生学意义上的对应关系。目前对它们的分类一方面是依据对一些简要词表的审查和比较来找出它们在类型上的相似程度，而更主要的是依照部落间政治联盟、文化

① 按照斯大林给“民族”所下的定义，严格意义上的“民族”在西方不过才出现了一两百年，在东方则还没有出现过。

类似点和地理上邻近之类的非语言的标准。人类早期的语言可以说是处于一种浑沌无序的发展状态。因此，我们认为，世界语言发展到今天曾经历过一次或多次语言整合的过程。整合使语言从无序发展状态变为有序的发展，打破了语言发展中的无序的平衡，导致平衡破缺。

根据社会历史发展规律，语言的整合大致出现在原始社会末期阶级萌芽这一阶段。由于某些社会原因，比如部落联盟或部落兼并，不同地区出现了一些在政治、经济、军事等各方面都相对强大的集团，这些集团的语言成了它们所在地区不同集团的交际媒介，其他集团的语言由于社会功能不断受到限制，最后消失或由于借用了强势语言太多的语言成分而在结构上逐渐向强势语言靠拢，并最终完全融入强势语言。汉语的发展历程是我们推测人类早期语言整合（或融合）的最好例证。

按语言的谱系分类，汉语属汉藏语系，是从原始汉藏语（或称汉藏母语）中分化发展而来的（分化的年代不详，有人认为大约在五六千年前左右）。最早是中原华夏族人使用的一种语言。由于中原华夏族人政治势力向周边地区的不断渗透，其语言也同时对周边语言集团产生深刻的影响。到了汉代，始有汉人、汉语之称。作为中央王朝统治者的官方语言，随着中央王朝向周边地区的武力侵剿和文化征服，汉语逐渐成了被彻底征服者的交际媒介的替代品。中国历史上曾经雄极一时的吴越、东越、南越、匈奴、契丹、党项、鲜卑等古代民族，包括统治中国200多年的满族，无论是被汉民族征服还是征服了汉民族，其语言最后都被汉语所替代了。除少数流传下来的文献以外，今天，我们只能通过汉文史籍中只言片语的记录里去了解这些语言的蛛丝马迹了。历史发展到21世纪的今天，我们仍能看到不少社会功能严重萎缩了的濒危语言正一天天地逐渐消逝在汉语及其他强势语言的汪洋大海之中。

谱系分类的理论强调语言的分化。在这一理论中，原始母语被看成是一种没有方言差异的完美的语言。一种语言出现方言的差异直至最终演变为不同的语言，这是原始母语不断分化发展的结果。我们认为，语言的分化是与语言的整合同时进行的。一种原始母语（发生学意义上的）并不是在完全整合成一个毫无方言差异的理想化语言后才在历史发展过程中的某一个时间点上分化出子孙语言的，而是在整合的同时又出现分化。例如，历史上，汉语作为中央王朝的官方语言随着中央王朝的强大势力所及和汉民族在经济、文化上的绝对优势，一方面对周边非汉语进行了整合；另一方面，深入周边其他非汉语集团腹地的汉语群体，由于受当地语言影响，同时又长期与中原汉语集团缺乏联系，久而久之，便在语言结构上与中原汉语出现了很大的差异，偏离了主流汉语的发展轨迹。

从母语分化出来的子孙语言并不总是朝着一定的方向线性发展的，在保持与亲属语言的发展大方向基本一致的情况下，也常常会出现一些局部的偏离。偏离的程度受两方面因素的影响：一是从母语分化出来的时间长短，二是外来因素及其势力的强弱。分化得越早，外来干扰越强，其偏离后来分化的亲属语言的距离就越远。有时，外来力量就像一块巨大的磁铁一样把一种语言紧紧的吸住，使其偏离原来的发展轨道，与从其他原始母语发展出来的语言形成网状交织的局面。有趣的是，如果外来力量是从同一母语分化出来，但分化时间稍晚的亲属语言，也可以把已经偏离轨道的语言吸引到原来的发展轨道上，形成一种曲状的发展轨迹。仡央语群语言中的普标、布央和拉哈语就是极好的例子。仡央语群语言由于从原始侗台语中分化出来的时间太久远，加之长期以来一直与非侗台语体系的语言，如苗语、彝语等发生接触，在语言结构上，特别是语音结构上已经偏离了侗台语的发展轨迹，在很大程度上与苗语（西部方言）表现得极为相似，如有体系比较完整的鼻冠音、没有鼻音韵尾 - m 和塞韵尾等。这一语群中的布央、普标和拉哈原来也已经发展到了这种程度，但由于南迁后又与后来从原始侗台语分化出来的壮语和泰语发生接触，又重新发展出了一套塞音韵尾和鼻音韵尾 - m，以适应从壮语和泰语中借用词汇的需要。但也有人认为这几种语言是保留仡央语古老的形式。

综上所述，我们认为，以其把语言的历史发展比喻成一棵树，倒不如把它比喻成一条河更恰当一些。大河的源头通常是由无数条溪流汇集而成的，小溪汇入小河，小河又汇入大河，途中还会不断有支流汇入。大河流经特定的地形环境时，又会出现分流，分出去的支流再与别的河流汇合，或再汇入原来的主干流，从而形成了极其复杂的网状交织状态。而世界语言的历史发展又何尝不是如此。通过语言的历史比较而确立的几个大的语系，如印欧语系、汉藏语系、阿尔泰语系等，就像分布在世界各大洲的几条大河，河流的源头是若干条不同来源的小溪，而语系的源头也是若干种不同来源的语言。语系不同于大河之处在于：1）河的源头是可以追溯的，而语系的源头（严格地说是原始母语的源头）则是无法追溯的。比如，受目前所掌握的知识的限制，人们无法知道汉藏原始母语是由哪些更古老的语言融合而成的，考古学也无法为我们提供这方面的可靠材料；2）河的尽头是可知的，方向是既定的，语系的尽头是未知的，方向是难以预测的；3）河是具体的，而语系并不是具体的某一个语言，它代表的是一群语言的发展沿流，一种发展的总趋势。属于同一语系的一群语言总体上是沿着一个方向发展的，是有序的、线性的发展。当一些语言在发展过程中受外来因素的干扰或语言自身内部积累的潜能达到一定量时，就会出现变异，偏离主流，甚至从主流中分化出来。用浑沌学的术语来说，那就是，系统以外奇异吸引子的出现以及系统内部有序的、线性的平衡破缺，使体系出现了分形。分形结构往往是不规整的，从主干上分离出来的语言与其他仍随主流发展的语言相比，在结构上表现出极大的差异，分离的时间越久，差异就越大。

根据这一观点，我们可以这样来图解世界语言发展的历程：

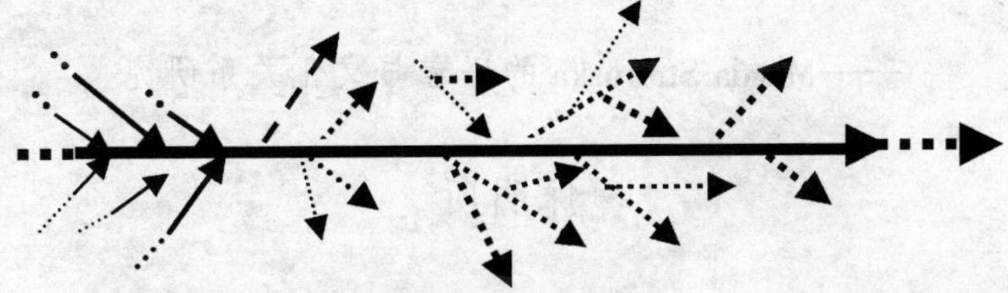

（箭头所表示的语言发展的方向，指向横线表示溶入强势语言，相反则表示从主流中分化出来，虚线表示来源和发展方向的不确定性。）

需要说明的是，任何一种语言不可能永远处于强势的地位。随着该语言集团经济、文化实力衰退以及军事、政治上的没落，其语言的地位也将会发生相应的变化，或者成为一种普通的，对其他语言没有多大影响的语言，或者融合到别的强势语言当中去。

语言和文化的可超越性*

——Magda Stroinska 的语言与文化关系研究

保明所

Wilhem van Humboldt 认为，心理个性的多样性，其程度和深度是不可测量的。Anna Wierzbicka 说过，对于语言和含意之间的关系问题，有两种极端的观点：一种观点认为甲种语言的含意不能译成乙种语言；另一种观点认为语言间的含意可以充分转换。我们好像没必要对这两种观点吹毛求疵。Magda Stroinska 则说，语言不只是纯粹的交际工具，还是实现思想交流和情感表达的有效手段。但它也会成为破坏、离间、排外或思想控制的武器。令人惋惜的是语言并非来自指导手册，我们总是必须通过试错法来学习它的“力量”。在一个多元文化交流越来越频繁的世界里，我们不但要注意与我们的母语相关的或明或暗的陷阱，而且要注意与其他语言相关的此类危险。

Magda Stroinska 认为，语言的重要性是很显然的。语言是最基本的也是必不可少的思维和情感表达的媒介，它好像显而易见又毫无害处，以至于我们几乎从未注意到它的格局影响着我们组

* 本文主要参照 Relative Points of View: Linguistic Representation of Culture（edited by Magda Stroinska［monograph］New York: Berghahn Books 2001）一书，对美国专家 Magda Stroinska 在语言与文化方面的研究成果作一些简单介绍。

织经验的方式；语言和认知过程是密不可分的；语言也是身份的标志，它通过描绘群体界限、展现说话者与群体的关系而成为身份构建过程中的重要因素。语言也可以看作行为的媒介物，因为某些行为，诸如誓言或承诺、抱怨或道歉，只有通过语言而且是特定的语言表达才能得以实现。

文化可以看作是一个“社会经验，思维结构，想象和行为实践”的体系，或者简单的看作是某种“心理的机构”（Redder 和 Rehbein，1987 年页）和“把一个群体或类型的人与另一群体或类型的人区别开来的心理选择过程”（Hofstede，1991 年）。如果我们切实地考察文化，会发现语言通过为群体和个体的价值与信仰提供表达手段而天然地跟文化交织在一起。Franz Boas1934 年在 Ruth Benedict《文化模式（Pattern of culture）》一书的导言中指出：“我们必须把个人理解为他自己文化的生活，把文化理解为所有人共同的生活”。正是这些力量形成了说话者的独特观点和群体的相对观点。

一、语言相对论假说

Magda Stroinska 不断地在反思，数百年来，语言和语言在人类思维过程中的作用之间的差异性和相似性问题，不同领域的人们提出了各种各样的看法。我们能跨越语言界限交流思想吗，还是如 18 世纪德国哲学家 Johnn Gottfried Herder 所述，每一个民族都以他思考的方式说话，以他说话的方式思考呢？如果思维是“内在语言（inward language）”的形式，那么语言在形成思想时起着积极的作用，我们可能由此认为从一种语言到另一种语言的翻译几乎是不可能的。

19 世纪早期，德国的另一位伟大思想家 Wilhem van Humboldt 受到法国哲学家（如 Condillac）作品的启发（出自 Hans Aarsleff1988 年 Humboldt 作品翻译导论），发展了每一种语言必然包含着一个独特的“世界观”的思想。这种思想并不是 Humboldt 的发明，而是一种普遍认识论的延伸，即我们在语言中应用的概念是由我们的需要所决定的，所以概念与语言使用者之间的联系不是任意的：“因为语音介于人和物体之间，所以整个语言也介于人和从各方面作用于人的自然之间……的确，人根本上是和客体生活在一起的。但他的情感和行为有赖于他的语言表述，实际上，他只有这样做。通过这种行为，人把语言从自身分离出来，同时把自己融入语言之中。每一种语言给说该语言的人们一个轨道，因此只有通过跨入另一语言的轨道才有可能走出原有语言的轨道。所以学习一门外语应该是在现有的世界观的基础上获得一个新的立足点。事实只在某种程度上是这样的，其原因是每种语言都包含着整个的概念结构和某一部分人的表达方式。但因为我们总是或多或少的继承我们的世界观甚至我们的语言观，这种输出不是纯粹而完全经验的”（Humboldt，1988 年）。作为一个波兰的德语和语言学专业的本科生，我被这些语言相对论的理论迷住了。带着它整套的思想体系，我马上在一个共产党国家把它们应用到自己生活经历中。我除了是一个政治的主人还是一个语言的囚犯吗？从这个狭小的角度看问题，Edward Sapir 和 Benjamin Lee Whorf 的作品甚至更直露。

Sapir 把语言看作“认识社会现实的指南”（1949 年），生活在一个极端体制中的或研究极端主义思想的任何人都有可能同意这种观点。语言“强有力地规定着我们对社会问题和过程的思考”（同上）。语言不仅非常成功地被用来操作人们的思维和人们对世界的看法，而且在官方媒体中它也用来创造虚构的社会现实以取代真实的社会现实。政治自由的地方，思维也不能被控制。这就是为什么在独裁政体中有关独立的出版物总是遭到禁止的原因。社会活动和政治领域是语言相对论最容易应用的地方，但其研究的角度是社会逻辑学的而不是语言学的。

语言影响思维，这种激进的公式遭到许多批评，人们认为 Benjamin Lee Whorf 应该对此负责，认为 Sapir-Whorf 假说含有一种极端的看法，即说不同语言的人实际上不能相互交流。用 Sapir 的话说，他们的世界观是“不能比较的”（Sapir，1931 年），他们的世界观的差异是不可克服的（参看 Devitt 和 Sterelny 关于语言相对论的讨论，1999 年，第 217—228 页）。“人们不仅仅是生活在事物的客观世界之中，同时也不仅仅是生活在社会活动的世界之中——像我们通常所想象的那样；他们在很大程度上还处在该社会用来作为交际工具的那种具体语言的影响之下。……实际上，‘真实的世界’是在该族人的语言规范的基础上不知不觉地建立起来的。我们认为没有两种语言会相似到可以表达同样的社会现实的地步。使用不同语言的各社会成员所生活的世界是多种多样的许多个世界，而不是具有不同标志的一个同样的世界（Sapir，1949 年）。

从 Whorf 语言思想可以看出，语言相对论的原则某种程度上所是效仿 Einstein 的相对论提出来的（如 Foley 指出的一样 1997 年）。他认为，每种语言都有自己特殊的纯理论的方法，所以它给操不同语言的人描绘出来的现实是不相同的。Devitt 和 Sterelny（1999 年）评述道：“Whorf 的论述是有趣的，也是建议性的，但赞成语言相对论的论据在详细的审察下烟消云散了。语言显而易见地影响思维的唯一着眼点被证明是非常乏味的：语言为我们每个人提供了大部分概念。”实际上，这就表明语言通过提供主要概念这个事实影响我们对世界的思考。

“词汇的区别……给说话者的思想提供了重要线索。”Anna Wierzbicka（1992 年）写道。她的观点是可信的。她花了近 30 年的时间研究语义元，进而解释文化怎样通过它们的关键词被人理解（Wierzibika，1997 年）。语词非常重要，这一点作家 A.P.Herbert 1935 年已经观察到了。一直致力于语言共性研究的

Devitt 和 Sterelny 后来也一致同意，作为历史发展的产物，不同的语言可能采取不同的表现形式，这种假设是可以观察到的。他们还认为“当然一旦语言存在差异，它就会影响到使用该语言的人们”（Devitt 和 Sterelny，1999 年）。

Magda Stroińska 得出结论，截然不同的世界观嵌在不同的语言里，这种观点容易遭到嘲弄，因为我们日常的跨文化交流的实践清楚地显示跨越语言的界限进行交流是可能的。人们学习外语，文献被翻译出来，旅游前所未有的方便，这些事例就是很好的证明。生活在地球村的富裕地区，实际上很容易认为我们确实跨越了语言和文化的障碍进行交流了。但是，我们真正交流了我们想要交流的东西了吗？

即使 20 世纪 60 年代认知科学的发展证明了语言相对论在很大程度上是不可信的。强调用似乎是人类认知的普遍基础来替换它。心理学、语言学、人类学等的理性氛围转向了中间立场。在这里，语言和文化的差异备受关注。研究者认为，这些差异性已经存在于我们习得的普遍概念的背景中了。

Wierzbicka（1992 年）恰当地解释说，实际上 Whorf 自己也不否认语言中存在着“大量普遍概念”（Whorf，1956 年）。在他看来，这些共同概念的存在是“通过语言交流思想的必要伴随物，在某种意义上说是语言与言语之间转换的入口。”（同上）像 Wierzbicka 一样的语言学家们只对真实的语言数据感兴趣，而像 William A. Foley 一样的人类语言学家们没能发现 Whorf 作品中关于语言差异的荒谬性。对此作出解释可能会很有趣。这是哲学家和理论语言学家常犯的毛病，他们对称之为语言的其他材料不感兴趣。

二、普遍概念

Magda Stroińska 对语义元的理论很感兴趣，他说，如果有普遍概念的话，它可能是人类思维的字母，就像 Gottfried Wilhem Leibniz（1903）提出的那样：一套语义元，即每一种语言里都能找到的语义元素。这些原始的概念不需要定义，实际上，它们没有更复杂的概念来源而不需要定义。因而循环定义反而显得荒唐可笑。1922 年在《语义、文化和认知：具体文化构形中的普遍概念（Semantic，Culture and Congnition：Universal Human Concepts in Culture-Specific Configuration）》一书中，Wierzbicka 发展了语义普遍性的观点。在广泛研究和对不同语系的多种语言进行调查的基础上，她提供了一套语义元。但她坚决反对企图用源于一种文化的概念来分析语义的普遍性，然后宣布得到了人类思维的普遍概念的做法。她批判带有文化偏见的分析方法，因为这种方法歪曲了分析结果。同时，她意识到在这个研究领域持文化平等观是困难的。“作为人类，我们不能把自己置于文化之外。但这并不意味着如果我们想学的是其他的文化而不是自己的文化，我们所能做的是通过我们自己的文化观来描述它们，因而扭曲它们。也许我们能找到一种普遍独立的文化观，但是我们必须在自己的文化或我们熟知的任何一种文化里寻找，而不是文化外部追寻这种东西。”（Wierzibika，1992）在某种程度上，她重申了 Whorf 的语言是我们学习普遍世界的一个入口的言论。以人类把外部世界概念化的方式追求普遍性必将比词汇表层更加深入，词汇只是标示差异性的一种手段。在一种语言中，某个概念没有相应的词来表达，则说明这个概念在这种文化中没有重要意义。词汇的区别根植于结构的深层系统中，这种结构决定了我们组织经验的方式，至少在某种程度上说我们生活在文化的成果里。经验的一些组织原则可能会或多或少的容易认识到。例如西方注重个人主义，因而强调“我（I）”。个人主义不是普遍的而是具体文化的一种表现，它的价值和说话者的“我”相联系。由于经验的组织原则没有引起我们的注意，只是简单认为它们具有普遍的正确性。如时间是文化核心系统中具有重大意义的概念，在《生命之舞（The Dance of Life）》里，作者 Edward T. Hall 观察到西方文明理所当然地把客体的存在和时间的线性本质紧密联系起来而赋予它很高价值。时间就是金钱，它可以浪费或投资，消磨或节约。时间组成了我们的生活，是我们以我们的方式感知外部世界和内部世界的基本类型。然而西方的时间与其他文化的时间并不在一个价值层次上，因为每种文化的时间都是在各自的文化价值中形成并概念化的。

Magda Stroińska 认为，许多语言表达时间的方式进一步与人类认知中的另一基本维度相联系，那就是空间。因为大量文化差异的存在，空间关系的语言表达组成了一种认知的坚实基础。空间关系是我们表达现实的基本维度，它给我们提供了一套象征手段，可以用它们来表达其他的重要关系，诸如因果关系、相互作用、地点概念和运动概念等。印欧语系语言常把运动概念用于时间，把时间概念移进一种空间中。但是我们空间概念化的西方方式也不是唯一的。也许空间关系与身体部分相联系的情况更为广泛。Hollenbach1990 年考察了 Copala Trique 语（Mixtecan 人说的一种土语），他们身体部位的名称可以进一步分析语法词素，大体对应与英语的介词。当我们说“山脚”时不会习惯的把那个领域和动物的“脚”联系起来，我们也不会把一段时间的开始和结尾看成它的头和脚。而 Copala Trique 语用“胃”来表达“在……之中”、“里面”的意思，而用“脸”表达“在前面”，用“背”表示“在后面”。

Magda Stroińska 一直在追问，什么是普遍概念，代表许多语言的全面对比分析可能导致发现语义元，那就是呈现在所有人类语言中的基本概念。这种对普遍性的追求不以强加一种观点为开始，而是根植于一种语言和文化中，不强加于其他语言和文化之上。找到这样的思维的字母，对正确理解其他文化是必不可少的。否则，我们只能按照我们自己的文化去理解其他文化，因而会扭曲和误解我们所看到的现象。显然，对于异域文化，我们不可能用它的术语来理解它，同时也不能用我们自己的术语来理解它。追求语义元的先驱 Wierzbicka（1992 年）写到，如果我们用普遍概念武装起来，我们将看到在普遍性中最珍奇的是差异。

三、世界观的可译性

Magda Stroinska 认为，职业翻译家和口译工作者的存在，证明了一种语言的思想是可以翻译为另一种语言的。同时，翻译家不知疲倦的尝试相同的书或词的新的更好的翻译，好像是在已有的译本里有些东西不够好或忽略了。一条颇流行的意大利谚语说：翻译家就是卖国贼。把翻译家比做卖国贼，意思就是说同样的思想可以用不同的语言来表达或模仿。James Merill（1997 年）用许多语言思考生活，最后认为“绝妙的翻译不会有遗漏。”Stainslaw Baranczak（1994 年）在翻译诗歌的实践上提出了自己的看法：从一种语言和文化到另一种语言和文化重新创造诗歌是可能的，不会丧失太多的感染力。

在翻译有文字的或无文字的文本时，仍有许多问题。认为一种语言里简单明了的表达在另一种语言里肯定有直接对应的表达，这种想法可能证明是危险的。Magda Stroinska 举过一个例子，在一起发现涉及凶杀指控的调查中，他曾被请去作翻译。起诉的部分原因就是在最初的讯问中，被告从未问过他的妻子是怎么死的。警方由此推论，他一定知道她怎么死的，所以他一定是凶手。

在一个说波兰语的警察（他的波兰语是非常地道的）的帮助下，Magda Stroinska 有机会听了整个讯问过程的录音带。自始至终，被告从未提出过“How did my wife die（我妻子怎么死的）?”但这并不意味着他从未问过她是怎么死的。他不止一次地用波兰语问，“co sie stalo?”。这句话毫不犹豫地译成英语，意思是“发生了什么事?”毫无疑问这种译法是对的，把“co sie stalo?”逐字翻译，那个说波兰语的官员的翻译一点没错。但在翻译过程中他忽略了最重要的一点，在波兰语里，“co sie stalo?”不但是问关于此类悲剧事件的可能方式，而且还是唯一的方式。“jak ona umarla（她怎么死的)?”这样英语式的问题听起来非常专业，只可能出自一个法医或法庭调查者之口。而不会出自挂念她的亲属之口。人们很难解释这种翻译的陷阱呢?类似的陷阱还有许多。

我们经常认为翻译是一种语言到另一种语言的内容和形式的置换。“口译”这个词也可用来指翻译实践，有时仅指用另一种语言口头表达所说内容，“口译”作为术语也可用来指一个人对另一个人所说的话进行复述。这个过程通常需要专门的语言策略，例如要注意英语报告词的正确时态顺序，要注意德语报告词的虚拟语气的使用。和翻译一样，在传达某人的话时，涉及一个理解过程，在这里必须仔细观察、比较和消化说话者的姿势。我们知道姿势在直接交际中的重要性，它们间接影响言语的方式尚待大量换算。翻译不是一种语言与另一种语言之间的词和词串的机械置换，它涉及文化和语言与语境的敏感度的变换，它从来都不是简单的。翻译是可能的，我们能和来自不同文化背景的人交流，不管我们同不同意他们的观点。如果我们的价值观有差异而使交流不够顺畅，则需要我们进一步努力。Magda Stroinska认为，世界观的翻译是困难的，也是可能做到的。但受语言和文化的制约，世界观的翻译只有相对的意义。

应用与信息篇

汉语方言与中国地域文化的研究概论*

曹志耘

一、研究的概况

在我国古代，人们很早就注意到方言与地域文化现象之间的密切关系。我国最早的一部方言研究著作，西汉扬雄的《方言》不仅记录了我国古代语言现象的纷繁复杂的地域差异，而且在行文当中，也反映出作者对这些差异的形成、分布、发展等等问题的思考和认识。例如说到方言现象的分布区域时，常常使用“自关而东河济之间”、“自关而西秦晋之间”、“自山而东”、“自河而北燕赵之间”、“南楚江湘之间”、“沅湘之南”、“吴扬江淮南楚五湖之间”等等地理名称，表明古人早已认识到关隘、山脉、河流、湖泊等地形地势与方言现象分布、演变之间的密切关系。

《颜氏家训·音辞篇》也有如下的论述：“南方水土柔和，其音清举而切诣，失在浮浅，其辞多鄙俗。北方山水深厚，其音沉浊而鈋钝，得其质直，其辞多古语。”这种说法是否正确，当然可以商榷，但这里已经涉及了地理条件与方言特点的关系。

20世纪二三十年代，我国一些民间文学研究者把方言与民

---

* 本文部分观点和材料已散见于笔者的其他论文，考虑到本文论题的需要和文章的完整性，不得不加以采用，特此说明。

间文学结合起来进行调查研究，在方言与地域文化研究方面是一个良好的开端，可惜方法上未尽科学，而且这种做法也没能延续下去。随着西方现代语言科学引入中国，人们在以科学的眼光看待语言现象的同时，也以科学的眼光关注方言与地域文化现象。例如罗常培先生在30年代就写过《从客家迁徙的踪迹论客赣方言的关系》[①]，探讨了客赣方言与移民的关系。40年代，贺登崧（W. A. Grootaers）神父运用西方的语言地理学的方法，在山西大同、河北万全、张家口、宣化等地，对那里的方言、民俗和宗教现象进行了十分深入的实地调查，例如在宣化县他调查了60多个村庄，并把调查结果画成详细的方言地图。他的这个时期的部分研究成果可参看新近出版的《汉语方言地理学》[②] 一书。

近十几年来，研究方言与地域文化或民俗的论著不断出现。就专著而言，较早的有周振鹤、游汝杰的《方言与中国文化》（1986年），该书论及方言与移民、方言地理与人文地理、历史方言地理与文化背景、方言与地名、方言与地方文艺、方言与民俗等一系列重大问题。其后有林伦伦《潮汕方言与潮汕文化》（1991年），侯精一《平遥方言民俗语汇》（1995年），李如龙等《福建双方言研究》（1995年），崔荣昌《四川方言与巴蜀文化》（1996年）。黄尚军《四川方言与民俗》（1996年），张映庚《昆明方言的文化内涵》（1997年），李如龙《福建方言》（1997年），罗福腾《汉语方言与民间文化新观察》（1998年），刘镇发《客家——误会的历史、历史的误会》（2001年）等。日本也有平田昌司等人的《中国の方言と地域文化》1—5分册出版（1994—

① 该文初稿为《临川音乐》（商务印书馆，1939年）的叙论，修订后发表于《中国青年》第7卷第1号（1942年），最后收入《语言与文化》（北京大学出版部1950年初版。语文出版社1989年重排再版）。

② 石汝杰、岩田礼译：上海教育出版社，2003年。

1996年)，值得指出的是，参加这项研究工作的还有文学、民间文化、建筑、遗传学等方面的学者，他们特别重视从文化的角度来分析方言现象的地理分布和历史演变情况，例如关于房子的叫法、灶神的名称、送灶的日期等问题的研究。

当然，总的来说，我国学术界对方言与地域文化的结合研究还没有引起足够的重视，而且基于方言与地域文化现象实地调查，基于地理语言学研究的成果也为数太少。目前由北京语言文化大学语言研究所组织实施的“汉语方言地图集”研究课题，计划在全国汉语地区选择约1000个地点，以1931—1945年之间出生的人为调查对象，根据统一的要求，对汉语方言中那些能够反映地域差异和历史演变的重要语言现象（包括语音、词汇、语法三方面共约1000个条目）进行实地调查，在调查的基础上，编制出版包括约1000个地点、数百幅地图的《汉语方言地图集》及其一系列相关成果，预计可为汉语方言与中国地域文化的研究提供一份重要的基础材料。

二、研究的意义

萨丕尔（1985年）说过：“人类学家惯于凭种族、语言和文化这三个纲目来研究人。着手研究一个自然区域（如非洲或南海）的时候，他们首先要做的事情之一就是用这三重观点来画地图。”语言与文化的关系是如此密切，恐怕不仅仅要求人类学家应对它们作综合的调查研究，对语言学家来说这种要求也完全适用。人类学的研究如果无视语言现象是不可想像的，同样，语言学的研究完全置与语言密切相关的文化现象于不顾，这样的语言学，不得不承认是不健全的。

在研究我国语言与文化的过程当中，对方言与地域文化的研究具有特殊的意义。这是因为以往人们所说的“汉语与文化的关系”，实际上往往是汉语书面语、汉语共同语与中国正统文化、皇家文化、官僚文化、文人文化的关系。因为我们现在所能看到的汉语的历史面貌基本上就是汉语书面语、汉语共同语的面貌，同时，很多研究者所利用的汉语的现实面貌则基本上就是汉语普通话的面貌。同样，我们今天所能接触到的，或者说流传至今的中国传统文化主要来自历史文献，而历史文献主要是属于官方的、文人的。所以，仅仅研究传统汉语与传统文化的关系，不能够全面和深刻地揭示汉语与文化的关系，更不能够全面和深刻地揭示语言与文化的关系。方言作为比书面语、共同语（这里指在方言基础上形成的共同语，亦即当今普遍存在的共同语）历史更为悠久、更为原汁原味的语言形态，它与文化之间的关系应该说也更为直接，更为紧密。所以通过方言与地域文化现象来观察我国语言与文化的关系也许会更加清楚，更加深刻。

当然，汉语方言与中国地域文化作为人类语言与文化的一个组成部分，其关系原则上跟一般的语言与文化、方言与地域文化的关系并无不同。不过，由于汉语方言与中国地域文化历史发展演变的悠久性和复杂性、地理分布的广阔性和多样性，各时期、各地区方言与地域文化现象的丰富性和差异性，汉语方言与中国地域文化之间的关系必然呈现出格外纷繁复杂的局面，对汉语方言与中国地域文化的研究也必然成为人类语言与文化研究的一个十分重要的方面。这种研究一方面将有助于解释汉语方言中与地域文化密切相关的现象，解释地域文化中与汉语方言密切相关的现象，解释汉语方言与中国地域文化之间的各种关系，并在调查研究的基础上，更好地继承、发扬、利用汉语方言与中国地域文化，另一方面将能够对人类语言与文化的研究和建设作出独特而重要的贡献。

之所以要大力提倡汉语方言与中国地域文化的研究，除了上述原因以外，还因为我们正面临着一个非常严峻的现实。这就是自进入20世纪以来，随着社会政治背景的变化，汉语方言的面貌发生了前所未有的巨大变化。尤其是20世纪的后半个世纪，由于政治方面国家统一，经济方面小农经济形态解体并迅速走向商品经济形态，实行对内搞活、对外开放的政策，交通方面交通条件极大改善，文化方面全民文化教育水平普遍提高，大众传媒（特别是电视）产生巨大影响，而促使汉语方言进入了一个巨变期。汉语方言在这50年时间内变化的幅度，甚至超过它以往500年间所发生的变化。可以预料，信息技术的飞速发展，必将推动汉语方言在未来的时间里发生更快、更大的变化。

与此同时，由于当今社会现代化的速度，信息革命的步伐以及世界经济一体化的进程越来越快，各民族、各国、各地区的传统文化、民族文化和地域文化也正在以前所未有的速度发生着深刻而巨大的变化。尤其是一些小民族、小地区、落后民族、落后地区的民族文化和地域文化，它们已经逐渐走向消亡之路。在我国广大的农村和山区，其地方性的文艺形式、地方风俗、宗教信仰以及传统民居和器具等等，均在大面积地流失和消亡。而那些以方言为载体的地域文化现象（例如民间文学、地方曲艺、地方戏、民歌，某些民俗、谚语、歇后语等等），随着当地方言不断向普通话靠拢乃至逐渐消亡，更将丧失殆尽。

保持世界文化的多样性，建立世界文化的多元化格局，是全世界、全人类的共同愿望，也是人类文明得以持续发展的一个基本前提。目前，世界各国政府和人民都在大力提倡文化的多样性。而我国历史悠久、丰富多彩的汉语方言及其相关的地域文化现象的消亡，不能不说是对民族文化、人类文化的多样性的巨大的、无法挽回的破坏。

在这种情况下，对汉语方言、中国地域文化两方面进行抢救性的调查研究，事实上已经成为摆在我们这一代人面前的一项不可推卸的历史重任。

三、研究的对象

在方言与地域文化的研究对象方面，早期学者比较注意方言与移民的关系。从近些年的研究情况来看，大家讨论得比较多的问题有：方言与移民，方言与民俗，方言与地名，方言与人文地理、方言与地方文艺，等等。李如龙《福建方言》一书，除了“绪论”以外，共分如下九章：

一、汉人入闽与福建诸方言的形成

二、社会的变迁与福建各方言区的变动

三、闽人的外徙与福建诸方言的流播

四、民族的接触和语言的交流

五、从方言词语看福建早期的经济生活

六、从方言词语看福建的传统观念

七、福建方言的文化类型

八、福建各方言区的不同地域文化

九、福建方言与文化的历史发展

该书的研究范围较之同类著作有了进一步的拓展。例如作者从方言词语的角度讨论了农业生产、农村生活、手工业、商业、城市生活、生活习俗、思想观念、风俗习惯、民间信仰等等地域文化问题，涉及面相当广泛。尤其是从方言词语入手研究地方经济生活的内容，是一般的方言与文化论著里所缺少的。第七至九章从福建的具体情况出发来研究方言与地域文化的一般关系和理论问题，或者说用理论的眼光来看待、归纳和剖析福建方言与福建文化，使得该书不再只是方言与地域文化现象的简单罗列或比较，而且具有了理论研究和学科建设的意义。

不过，迄今为止，尚未有人对方言与地域文化问题进行比较全面的、系统的研究。所谓“全面”和“系统”，我们指的是从学科的角度来考虑方言与地域文化的研究，也就是说，如果把方言与地域文化研究作为一个相对独立的学科或研究领域，它应该具有相对固定的理论框架、基本概念和研究方法，应该具有若干大家认同的主要的研究对象，应该具有明确的研究目的。当然，如上所述，我国方言与地域文化的研究还刚刚起步，离建立比较成熟的学科尚有相当的距离，但这应该是我们今后努力的方向。

四、研究的方法

在语言与文化的研究包括方言与地域文化的研究中，采取什么样的研究态度、研究方法，是一个直接关系到研究工作成败的关键性问题，在这方面已经有了不少的经验教训可以总结了。

李如龙（1997 年）指出："建立一门新兴学科，实在并不需要先去建构理论框架，重要的是应该致力于实际材料的了解和分析，从事实的分析中得出结论，只要罗列的事实准确，分析方法正确，具体的结论是对的，材料和论点积累多了，理论框架就会逐渐明朗起来。"这种观点对目前我国的方言与地域文化的研究来说，应当是具有指导意义的。

除了正确的研究态度以外，还需要正确的研究视角、方法和手段。方言与地域文化的研究自然不同于一般的方言研究。传统的方言研究基本上只限于方言系统本身，方言与地域文化研究则涉及方言与文化两个方面，而所谓"文化"实际上包罗万象，内容十分庞杂。因此，研究者在方言之外，还必须对相关的地域文化现象诸如历史、地理、交通、政区、民族、移民、人口、生产、生活、思想观念、宗教信仰、风俗习惯等等方面的情况有相当的了解、调查和研究。这对从事语言研究的人员来说并不是一件轻而易举的事情。比如要讨论某地方言的形成和发展演变问题，就必须首先对当地的历史作一番梳理和研究工作，否则是无从入手的。由此可见研究方言与地域文化的艰辛。

在研究方言与地域文化问题的时候，人们很容易想到"从文化看方言”和“从方言看文化”两个角度，迄今为止的许多研究也正是这样做的。然而，这里似乎还有一些认识有待澄清。首先，“看”的提法并不能反映这种研究的过程和特点，相反它给人一种简单化、庸俗化的印象，对初学者尤其具有误导作用。其次，方言与地域文化研究的独特作用，或者说它的存在价值和生命力，在于向学术界提供运用方言学知识和方言材料对与地域文化有关的问题进行科学研究而得出的研究成果，而不是运用其他学科的知识来解释方言问题——这种研究本来应该属于方言学本身。由此说来，方言与地域文化研究的基本任务应该是从方言事实出发，研究方言中存在的文化问题或与方言有关的文化问题。所谓“从文化看方言”的内容虽然难以完全排除在方言与地域文化的研究范围之外，但它绝不是我们所要研究的主要课题。当然，如何从方言来研究地域文化，这仍然是一个有待继续探讨的问题。笔者近年来作了若干尝试性的研究（曹志耘，1997 年；曹志耘、赵丽明，2003 年），这里姑且举一例略加说明。

九姓渔民是中国旧时的一种“贱民”。他们以浙江省西部三江交汇的建德市梅城镇（旧严州府府治）为中心，主要分布在新安江、兰江、富春江（七里泷一段）上，即建德、兰溪、桐庐一带。关于九姓渔民的来历，比较流行的说法是元末陈友谅（1320—1363 年）的部属。此外还有说是南宋亡国大夫遗族，或者说是富家歌妓之类沦落而成，甚至认为九姓渔民的祖先是百越之后。由于文献、口碑等方面的资料严重匮乏，方言成为研究九姓渔民历史的重要途径。从笔者调查的情况来看，今天梅城渔业村的九姓渔民方言（船上话）跟当地岸上人所说的方言（建德梅城话）之间是“大同小异”。经具体比较二者的异同，可以认为，其“大同”说明船上话在梅城一带已经生存发展了相当长的时间，而“小异”则可证明船上话的来历。因为在船上话跟梅城话相异的成分中，存在着一些非常重要的语音特点、基本词语和语法现象。以代词系统为例，①第一人称单数，船上话用“我”和“我农”，梅城话用“党”和“印”；②单数代词，船上话有一套带“农”的形式，梅城话没有；③复数代词，船上话由单数的“我”、“尔”、“渠”加上“拉”构成，梅城话第一人称复数由单数形式重叠而成，第二、三人称复数由单数的“尔”、“渠”加上“带”构成；④第一人称包括式，船上话由“我”和“尔”组合而成，梅城话说“尔夏”。详见下表（同音替代的字不注明，声调只标实际调值）：

	我	你	他	我们	你们	他们	咱们
船上	我 a^{213} 我农 a^{21}lɔm^{213}	尔 n^{213} 尔农 n^{21}lɔm^{213}	渠 ki^{22} 渠农 ki^{22}lɔm^{22}	我拉 a^{21}lɑ^{213}	尔拉 n^{21}nɑ^{213}	渠拉 kiː^{21}lɑ^{213}	我尔 a^{21n213}
梅城	党 tɑŋ^{213} tɑŋ^{213}	尔 n^{213}	渠 ki^{334}	印党 ɑŋ^{213}taŋŋ^{0} 党党 taŋ^{213}taŋ^{0}	尔带 n^{213}ta^{0}	渠带 kiː^{55}ta^{0}	尔夏^{213} ho^{55}

⑤在指示代词系统中，近指代词相同，都用“仡”［kəʔ^{12}］；远指代词不同，船上话用“尔”［n^{213}］，梅城话用“末”［məʔ^{12}］。像第一人称代词、远指代词等这些语言中最重要的概念，船上话拥有自己的形式，从这一点来看，我们至少可以推断船上话是外来的。至于来自哪里，因问题过于复杂，这里不再论述。

传统的方言调查研究由于研究对象局限于方言的结构系统，因此一般不大会受研究者的主观意志的影响。而一般的人类学、民族学、民俗学的调查则很难避免主观性的参与。纳日碧力戈（1998 年）指出：“早在我们下去之前的问卷设计、文献阅读和理论思考的时候，我们就已经形成了主观的认知结构，并准备把它付诸调查实践和研究。由于主观的认知结构是选择性的，所以在实践中大多能够找到支持自己的证据，从而完成了一次客体化过程，即认为自己的主观认知结构正确反映了客观实在，进而它取代后者成为后者本身。”纳日碧力戈认为这样的研究是在用“现实”印证“文本”，而不是用“文本”印证“现实”，“文本”成了我们的目的，而“现实”只不过是“文本”的工具。跟人类学的调查研究一样，在进行方言与地域文化调查研究的过程中，研究者自身的主观性是很容易掺入其中的。比如说，在一般人的印象中，某地的人很排外，那么研究者很自然也很容易地会找到当地方言里一些与排外现象有关的词语、谚语之类的方言材料。当然，研究的结果有时候可能是符合事实的，但是这种研究方法却是十分危险的。在这一点上，方言研究和方言与地域文化研究之间具有很大的不同，应该引起研究者的充分注意。

平田昌司（1994—1996年）预言，在不久的将来，可能会有一个场所，在那里，人们将以方言（及共同语）为中心，来探讨与思想史、政治史、文学史、教育史等领域相关的课题。我们衷心地期待这一天的到来。

浑沌理论与地方普通话

杨书俊

在方言和普通话之间，存在着一种既不是方言、也不是普通话的过渡的语言现象。鲁迅先生早在70年前就对这种语言形态进行过描述："现在在码头上，公共机关中，大学校里，确已有着一种好像普通话模样的东西，大家说话，既非'国语'又不是京话，各个带着乡音、乡调，却又不是方言。即使说的吃力，听的也吃力，然而总归说得出，听得懂。"① 近年来，这种语言现象引起了语言学界的关注，人们称之为"方言普通话"、"地方普通话"、"带方言色彩的普通话"、"方言区普通话"等。本文称其为"地方普通话"，并对其展开了研究。本文欲从浑沌理论的角度对其特点、复杂性进行阐释。

一、地方普通话的特点

地方普通话是指在以标准普通话为模仿和学习的对象的过程中由于受到方言母语的干扰、对标准普通话的不准确把握以及缺乏训练等因素影响而形成的一种不够标准的过渡性的语言现象。

---

① 转引自陈亚川：《"地方普通话"的性质特征及其他》，载世界汉语教学，1991年第1期。

地方普通话既不同于标准普通话，又有别于母语方言，它具有自己的一些特点：

（一）系统性

众所周知，人类语言是成系统的，方言、标准普通话如此，地方普通话也是如此。然而地方普通话是一种既不同于方言又不同于标准普通话的特殊语言系统。这种系统最大的特点是其中介性，是在母语方言基础上对标准普通话强势力量的一种妥协。学习者在使用普通话时，由于受到方言干扰、缺乏训练以及对标准普通话的不准确认识等因素的影响，产生的各种偏离标准普通话的语言失误。这些偏误虽不是杂乱无章的，但是较单纯的一个系统它又显现出一定的复杂性。它既吸纳了标准普通话成分又夹杂了方言成分，但又不是简单的对两种系统取平均值加以混合，而是由标准普通话和方言之间的语音、词汇、语法、文化等系统求同存异整合而成的。地方普通话（原文称“过渡语”）“是对方言和标准语中有生命力的成分的一种筛选。这种筛选在它的自组织过程中由无序到有序形成了新的整合机制。”① “是标准语和方言在社会文化环境中碰撞而成的一种妥协。它交织着两种语言系统，两种社会历史背景、两种文化心理的矛盾冲突。”② 所以它的系统性较母语方言和标准普通话两个系统来说，它既复杂得多，也不稳定得多。

（二）动态性

地方普通话的语言系统不是一成不变的，而是处在一种从无序到有序的不断变化波动状态中。两种力量的对比，从表面上看是地方普通话逐渐放弃方言成分向普通话靠拢，但从深层来看，地方普通话的使用者并不把地方普通话当作第一语言，而是为了

① 申小龙：《社区文化与语言变异》，吉林教育出版社，1991 年。

② 同上。

某种目的临时使用的一种社会语言变体。所以当地方普通话达到一定程度，即能交流的时候，方言母语有可能会吞噬某些标准普通话的因素，致使地方普通话回流。所以地方普通话并不一定是单向运动，还有可能倒退甚至回到起点。如我们的普通话测评员在习得了一口较标准的普通话后，一旦回到方言区，他的普通话水平可能会倒退。这也就是普通话测评员资格须每三年重新审定一次的原因之所在。

即使是同一个人在同一时期所使用的地方普通话也呈现出动态特点。如同一个人在读书面语时靠近标准普通话，不经意时靠近方言；心平气和时靠近标准普通话，气急败坏时靠近方言；与普通话水平比自己高的人说较好的普通话，与普通话水平比自己低的人说较靠近方言的普通话等，这些语用因素也使地方普通话处于不稳定和变异之中。

（三）顽固性

地方普通话在向标准普通话靠近的过程中，某些偏误虽然得到多次纠正仍然会重新出现，即使是标准普通话掌握的非常好的学习者也少有例外，不经意间就会漏出地方普通话的痕迹，这就是所谓的地方普通话的顽固性。而这种顽固性体现在成年标准普通话学习者身上尤为明显，它具有一定的生理原因。正如萨丕尔所说："我们的发音器官的肌肉从幼年就已变得只习惯于发生我们自己语言的传统语音所需要的那些调节和调节系统了。所有的（或几乎所有的）其他调节，由于没有用过或由于逐渐淘汰，而永远受到抑制。当然，这些被抑制的调节的能力并没有完全丧失……"① 语音这样，词汇、语法也是这样。成年学习者所习得的第一语言往往是方言，由于长期使用方言，他们的发音器官、思维模式等已经习惯于方言语音、词汇和语法，从而对学习新的语

① ［美］爱德华·萨丕尔：《语言论》，第39页，北京商务印书馆，1985年。

音、词汇、语法产生抑制作用，尤其是发音器官的自主控制已经出奇地僵化了，这就导致了绝大多数普通话习得者难以克服地方普通话的顽固性，而很难习得一口标准的普通话。我们经常发现方言区的人在说地方普通话时，语音别扭、辞不达义和语法混乱的现象，而当我们特别注意他们这种语言特点时，地方普通话使用者就可能干脆向方言母语靠拢以求得自然。

二、浑沌理论与地方普通话

20世纪70年代末80年代初，发端于物理学领域的浑沌学已成为一门具有明确研究对象和基本课题、独特概念体系和方法论框架的新学科。它成为包括天文学、医学、经济学、生物学等学科在内的多种学科的理论武器。近年来，有些学者将浑沌理论引进到语言学中来，为语言研究提供了一个崭新的视角。所谓浑沌，就是复杂的确定性系统的内在随机性。它具有以下之特征：

1）动态性：浑沌学研究的是动力学系统中一类复杂的非平庸行为或状态。它认为一个动态开放性系统中既包含有确定性的系统，同时又包含有不确定的系统。两种子系统在系统运行中相互作用、相互转化和影响，在系统范围内进行重组和调整，从而使系统产生随机和难以预测的现象。

2）非线性：浑沌学认为事物之间并不是简单的线性关系，即事物之间不是简单的叠加关系，而是非线性的，即事物在重组和调整中会发生伸缩、折叠、离散和磨损等现象。线性只是非线性的一种特殊表现形态。非线性系统在运行时它不像线性系统那样具有叠加性。所以它很容易导致系统趋向复杂并使系统呈现出浑沌状态。

3）初值敏感依赖性：非线性的浑沌系统对初值具有敏感依赖性，当初值条件发生微小变化，都可能导致整个系统的动荡，这就是著名的“蝴蝶效应”。

4）分叉和自相似性：系统在运行中，系统内部会发生各种各样的分叉行为，这些分叉并不是呈整数分化的，而是具有分数性质，从而使系统在表面看起来非常复杂。但是分叉后的系统之间实际上具有自相似性，这些相似性不是表面的，而是系统深层的。

5）自组织性：系统虽是非线性的，但是系统自身又具有自组织性。当一种旧的平衡被打破时，系统总是借助于内外的能量进行自我调节，使平衡破缺趋于新的平衡。这种新的平衡会吸纳平衡破缺中与原有平衡里的许多要素，使新的平衡更为复杂。这种平衡破缺有时具有很强的顽固性和变异性，致使新的平衡状态的模型不可预测。

地方普通话是在方言的基础上以标准普通话为模仿对象的一种过渡性语言。它的语音、词汇和语法系统在表层上都尽量向标准普通话靠拢，但在深层上它不自觉地受母语方言的影响很大，形成一种处于方言母语和普通话之间的混合语。但它却不是母语方言和普通话简单的叠加，而是对方言和普通话有生命力成分的一种筛选和整合，因而它具有非线性的特征。地方普通话在筛选和整合标准普通话和母语方言时，它打破了方言和标准普通话原有形态的平衡，使方言和标准普通话在优化原则下进行重新分配，形成一种新的社会语言变体，它总是尽可能地向标准普通话靠拢，以追求标准普通话为其目标。但是植根于方言母语的土壤之中的地方普通话，对方言母语这个初值具有敏感的依赖性，所以它在向标准普通话靠拢时，总带有方言母语的色彩，从而使地方普通话习得者不自觉地偏离标准普通话。

三、浑沌理论对地方普通话研究的启发

1）端正对待地方普通话的态度，承认并重视地方普通话的客观存在。地方普通话是在以标准普通话为模仿和学习的对象的

过程中由于受到方言母语的干扰、对标准普通话的不准确把握以及缺乏训练等因素影响而形成的一种不够标准的过渡性的语言现象。这种语言现象是方言区人们学习普通话的必经阶段，是不可逾越的。因此，地方普通话在一定的历史时期具有很强的生命力，它是标准普通话在各方言区的真实存在，是标准普通话在方言基础上的地方变体。这种社会变体既具有消极作用，同时也具有积极的作用，我们要改变传统的变体只有消极作用的思维。而且地方普通话从深层上说它是在方言母语基础上形成的对标准普通话的一种妥协，在方言母语这一具有语言归属感的形态还存在时，地方普通话必然对它存在很强的敏感依赖性。在地方普通话基本上完成仅依靠方言不能完成的任务时，地方普通话必然要在语言使用者母语中寻求归属感，从而造成地方普通话的顽固性。所以我们应了解、承认和宽容地方普通话。

2）充分认识地方普通话的复杂性。浑沌学认为事物在动态的系统中往往会产生意想不到的复杂性，造成事物各种不同形式的分叉和产生各种奇异吸引子。地方普通话在形成过程中，它的语音、词汇和语法同时接受着标准普通话和方言母语两种系统的制约，它对两种系统都具有较强的容纳力和宽容性。但是地方普通话不会是简单地在两种系统间寻求平均值，而是在语言的各个层面整合两种系统中的有生命力的形式。在整合过程中，它有时会出现各种新的形式，这种新的形式在方言母语和标准普通话中都可能不存在。这是就语言内部系统而言的。在某一个时间段中，地方普通话的某些要素或整体面貌还可能出现突变和倒退现象，造成更复杂的地方普通话样式。所以我们在对待地方普通话时，既要看到它长期存在的合理性，也要认识到它内在的复杂性。

3）加强对地方普通话的研究和政策引导。地方普通话的非线性系统和中介性特征大大增强了其研究难度，因此我们需要加强对地方普通话的跟踪研究以弄清其形成的过程、特点、规律、文化心理基础及两个系统在整合过程中产生的各种变体。另一方面我们也要加强语言政策宣传和引导，既承认地方普通话的合理性，认识到地方普通话是方言区人们学习普通话的必经阶段；同时也要加强政策宣传，让人们意识到标准普通话信息量更大、更有利于人际、人机、国际交流，有利于汉语的国际传播，从而增强大家自觉习得标准普通话的主观意识。

浑沌学理论与语言及第二语言习得研究

刘云红　张金生

浑沌学/复杂性科学（the Science of Chaos and Complexity）（以下简称浑沌学）是20世纪七八十年代发展起来的一门新兴科学。它发端于物理学，随后很快被应用到生物学、化学、数学、天文学、医学、经济学等领域，获得了许多重要的成果。近年来，浑沌学理论又被应用到语言研究中（Bernardez 1995；Bowers 1990；Connor-Linton 1995；Diller 1990；Lewis 1993；Larsen-Freeman 1997，2002；Leather 2002；Mohanan 1992；Taylor 1993；张公瑾 1998），为语言研究提供了一个崭新的视角。本文将对浑沌学理论及其与语言研究和第二语习得研究之间的相关性做一概要介绍，内容主要依据 Larsen-Freeman 1997，2002 和 Leather 2002 的研究成果。文章包括三个部分：一浑沌学基本理论；二浑沌学理论和语言研究的相关性；三浑沌学理论和二语习得研究的相关性。

一、浑沌学基本理论

经典科学理论认为，决定世界运转的根本秩序是一种因果关系。一定的结果是由一定的原因造成的；如果知道了原因，也就可以预测出结果。因果之间的必然联系构成了一种线性关系，一种有序性。自牛顿以来，这一线性的、简约思想（reductionist thinking）就一直统治着科学界。但20世纪科学的两个重大发展却严重动摇了这一思想的根基。一是量子物理学中的不确定原则(uncertainty principle),即任何物体处在量子状态时都要受到某些限制,从而无法对其做出预测。另一发展就是浑沌学理论,它在物理学中被用来解释存在于更大、更复杂的非线性系统中的不可预测性。

什么是浑沌学?简言之,浑沌学就是复杂系统所产生的随机性(randomness)、不可预测性(unpredictability)。对于某些现象而言,随机性和不可预测性是它们本身固有的,获得更多的信息也无法将其消除。具有浑沌特征的系统不同程度地表现出以下主要特征:

1)动态性 浑沌理论关注的是动态系统的表现。正如Gleick(1987年)所言,浑沌研究是一门过程而不是状态的科学,是一门转变而不是存在的科学(a science of process rather than state, of becoming rather than being)。

2)复杂性 它包括两层意思。首先,系统时常由数量众多的成分构成;其次,系统的表现不是各个成分分别表现所累积而得的结果,而是它们交互作用的结果。

3)非线性 在非线性系统中,结果和原因之间具有不相称性(disproportionate)。时刻都在作用的一个微小动因,可以在某个具体的时刻造成整个系统的震荡,或使其陷入浑沌状态,这又称为"骆驼背效应"(camel's back effect),如在某一时刻一块滚动的石头可以引起雪崩。

4)浑沌性 它指复杂的、非线性的系统完全处于随机、无序状态的时期。系统何时进入浑沌状态不具规律性,是不可预测的,但它发生的肯定性是可以预测的。我们知道一块石头会引起雪崩,但究竟是哪一块是无法预测的。所以,复杂、非线性系统一直以规律的、有序的方式运转直至达到某一关键点,在此它进入浑沌状态,然后又可以恢复秩序。

5）对初始条件的敏感依赖性　初始条件的微小变化可以对系统未来的表现产生巨大的影响。一个具体的例子是“蝴蝶效应”（butterfly effect）：在世界遥远的一个地方，今天拍翅飘飞的一只蝴蝶可以改变下个月当地的天气类型。

6）开放性和自我组织性　系统分为封闭系统和开放系统，封闭系统的运动方向是从有序向无序，开放系统是从无序向有序。复杂、非线性系统是开放性系统，它远离均衡点（point of equilibrium），发生在系统内的大范围的重组和调整反作用于产生无序的力量，从而产生新的秩序。

7）反馈敏感性和适应性　复杂系统不只限于对事件做出被动反应，它们也会主动、努力地将发生的一切转化为对本系统有利。

8）奇异吸引子　一个动态系统在空间上的运动路径或轨迹称为吸引子（attractor）。它实际上就是指吸引动态系统的一种类型（pattern）。通俗地讲，吸引子就是用几何图形表现出的系统运行的方式。复杂、非线性系统所展现的是一种奇异吸引子（a strange attractor），即任何一个轨迹不会与另一个轨迹重合或相交。因此，它产生的是一种整体类型，但局部细节如何表现则是无法做出预测的。这正如气候与天气的关系，不论天气怎样变化，它都保持在特定的气候范围内。

9）自我相似性　所有的奇异吸引子都有一个共同点——它们的形状在几何上称为不规则碎片（fractal）。不规则碎片在不同等级层次上具有自我相似性。如树，它的不同等级的层次——树（tree）、枝杈（branch）、细枝（twig）、树叶（leaf），都具有相同的结构类型。

二、浑沌学理论和语言研究的相关性

根据浑沌学理论，系统的动态过程独立于其物质表现形式，而仅仅依赖于构成成分之间的相互作用。这样，这一理论拥有巨大的适用性，可以用来解释各种不同形式的系统：自然的，非自然的，生物的，心理的，社会的，等等。当然，作为社会符号系统的语言也不例外。语言不是一个自我封闭的符号世界，而是一个开放的、演化的、有着大量外界干扰的复杂系统。这个系统不是一个确定性的、简单和谐的模式，它常因系统内部一些微小的不确定因素或来自系统之外的某些微小干扰，就可导致巨大的、不可预测的波动。这就需要用浑沌学的理论和方法加以把握（张公瑾，1998 年）。具体而言，语言与浑沌理论研究的复杂、非线性系统有下面几个方面的共同特征。

（一）语言具有动态性。

语言的动态性有三种解释。首先，语言的动态性可以理解为一种过程。语言可以描述为静态单位的累积，但其实际使用却涉及主动的过程，索绪尔将这个过程称为言语（parole），乔姆斯基称为语言行为（performance）。其次，语言的动态性和语言的发展和变化联系在一起。这两种解释分别从共时和历时的角度说明，语言的确具有动态性。第三种解释来自于浑沌理论的视角。这种解释不区分语言目前的使用和其发展、变化，而将它们视为同态过程（isomorphic process），即语言使用之时也是变化发生之时，并且语言的变化、发展、自我组织采取了自下而上的方式，首先是个体的变化，最后导致整个系统的改变。这种解释表明，语言和言语的研究，语言能力和语言行为的研究，是不能割裂开来的。

（二）语言具有非线性

语言的非线性在语言的历时变化中表现得非常明显。当语言同时诞生多个相似的新表达形式时，哪一种形式会最终为语言系统所接受是不可预测的。这时，由于不同的说话者在表达相同的意义时会使用不同的形式，语言可能显现出浑沌状态。我们所能做的充其量就是在某一变化发生后对其进行解释，但下一次将发生什么样的变化，我们是无法做出精确预测的。

（三）语言具有复杂性

语言的复杂性表现在两个方面。一是语言有多个子系统构成：音系，形态，词汇，句法，语义，语用；二是各个子系统之间是互相依存的，发生在一个子系统中的变化会引起其他子系统的变化，换句话说，语言系统整体的表现是各个子系统相互作用的结果。这两种表现与浑沌理论中的复杂性完全一致。

（四）对初始条件的敏感依赖性

我们可以将“普遍语法”（UG—universal grammar）视做人类语言的初始条件。它包括用来限制人类语言面貌的一些普遍原则，这些原则对于确定人类语言的“奇异吸引子”有重大影响。但是语言之间也存在差异。为了解释这些差异，Mahanan 1992 年提出了普遍语法“吸引域”的假设。“吸引域”容许在限定的语法空间内发生无限的变异。但与一般被视为不相关联的参数选择不同，“吸引域”具有渐进性。每个“吸引域”施加在一种具体语言上的力度不同，因而产生了语言间的差异。对于一种具体语言而言，“吸引域”将限定这种语言系统被吸引进入的状态，这种状态也就是它最自然或无标记的状态。

（五）语言具有自我相似性

语言是一种不规则碎片，具有自我相似性。这种自我相似性的一个例子是齐波夫（Zipf）词频与词级定律。根据该定律，一个具体文本中的相对词频（word frequency）与词级（word rank）r 成反比（r 是当一种语言中按逐渐下降的频率排列时的第 r 个词）。换言之，如果一个词在一种具体语言中拥有一个具体的词频和词级，那么它在那种语言的任何一个具体文本中也反映出相同的词频和词级。这一定律同样适用于具体的作家。这样，我们在齐波夫定律中看到了语言中存在的等级（scale）自我相似性。

存在于一个等级层次上的类型同样存在于其他层次上，也存在与整个系统中。另外，发生的变化是连续性的，并且在每个等级层次上都得到反映。

语言以上的这些特征表明，语言系统也是一种复杂、非线性系统，因而可以借助浑沌理论这一崭新视角进行研究。下面我们介绍浑沌理论在语言研究的一个具体领域中的应用，即第二语言习得。

三、浑沌学理论与二语习得研究

（一）浑沌学理论和二语习得研究的相关性

浑沌学理论研究的复杂、非线性系统与第二语言习得研究有许多相似之处，主要表现在：

1）两者都是动态过程。二语习得研究的一个重要问题就是如何获得学习者中介语（learner interlanguages）演化的证据。至于研究者头脑中的语法，它只包含静态的规则，不能说明学习者内部第二语言不断变化的特点。

2）两者都具有复杂性。在二语习得过程中，许多因素相互作用，它们共同决定了成长中的中介语的变化轨迹：源语言，目标语言，第一语言的标记性，第二语言的标记性，输入的数量和类型，获得的反馈的数量和类型，习得是否受到指导。另外，众多相互作用的因素被认为决定了二语习得过程成功的程度，如年龄、天赋、动力、态度等社会心理因素，性格因素，认知方式，大脑半球，学习策略，性别，出生排行，兴趣等。

3）两者都是非线性过程。语言项目的习得就是一个非线性过程，学习者不是在完全掌握一个项目之后才开始习得另一个项目的。实际上，单个语言项目的习得模型也不是一条直线，而是拥有不同弯曲度的弧线，充满波峰和波谷，进步和后退。

4）两者都具有自我组织性。在第二语言习得中，中介语系统具有自我组织性。这种自我组织性主要表现在中介语的重构(restructuring),即中介语各个方面向秩序的回归。这一回归得益于系统的反馈敏感性，而反馈来自于教师和学习者自身的直接经验。学习者从反馈中获得的肯定或否定的证据能够帮助他们调整自己的中介语语法，向目标语言使用者的语法靠近。需要指出的是，在学习第二语言时，第一语言不同的学习者所形成的中介语，既有相同之处，也有不同之处。相同之处在于它们都受同一第二语言奇异吸引子的作用，作用的结果基本相同；不同之处在于这些中介语还受到不同第一语言的奇异吸引子的限制，这种限制有时可能大于第二语言奇异吸引子的作用，从而产生各种程度的变异。

（二）二语习得研究中可以通过浑沌学视角审视的几个问题

第二语言习得中的许多问题都可以借助浑沌理论的指导去探讨，下面是几个例子。

1）习得机制。关于习得机制，存在着天赋观和建构观的争论，它们分别以皮亚杰特和乔姆斯基为代表。两种观点都认为，最后状态（语法）的复杂性不能超过初始状态（普遍语法）和输入（学习者所接触的材料）结合在一起的复杂性。但实际情况是第一和第二语言习得者都使用输入材料中未出现的新形式，也就是说，输入材料引发了新的复杂性的产生，并且这种复杂性超过了输入材料本身的复杂性。如何解释这一现象？根据浑沌学的理论，语言习得是一种复杂、非线性系统，可以视做类型生成(pattern formation）或形态发生（morphogenesis)，而非来自成人语法的演绎或类型匹配、类比扩展。但是这种类型生成的过程发生在系统中，系统对其总体模式进行限制。另外，同一语言社区说话者的语法会相互进行调整和适应（复杂、非线性系统的一个内在特征)。这样，所产生的新的类型的复杂性受到控制，不会出现说话者相互之间无法理解的情况。

2）学会效果（learning）的定义。如何确定学会某一内容是一个很困难的问题。常见的一种做法是进行前测和后测。如果后测的结果超过前测的结果，就认为产生了学习效果。但根据浑沌理论，因和果之间具有不相称性。这就如滚动石块引起雪崩，可能要滚动很多石块才会有一个引发雪崩。就前测和后测设计而言，我们如何知道它所充当的是一个普通的石块，还是引发雪崩的石块？另外，语言学习效果的评估时常以某一语言形式的出现作为目标来测试，而常常发生的情况是，学习者的内部语法已经改变却没有一个新形式伴随产生，这也使语言评估问题更加复杂。浑沌理论促使我们对学习效果的评估方式进行反思。

3）中介语的稳定性/不稳定性。向所有自然语言一样，中介语具有不稳定性。它总是面对新的语言形式的影响，其中一些被接受。一个常被提及的问题是，这种不稳定性是否对系统性构成威胁。浑沌理论认为，复杂、动态的系统中存在持久的不稳定性。这样，就存在不稳定的系统，不稳定性和系统性之间的矛盾也就不存在了。

4）个体差异。二语习得者所取得的成功是不一样的。研究者们考察了很多变量来解释这一现象。其中涉及的一个重要问题是用来测量这些变量的工具的有效性和适用性。语言习得是一个复杂、非线性系统，这表明它不可避免地涉及许多学习者变量，它们相互交叉、相互作用。这样，目前使用的这些测量工具能否胜任就令人生疑。此外，二语习得研究不能只靠发现越来越多的影响学习者的变量因素来推动。如果二语习得是一个复杂、非线性过程，我们将永远无法发现，更谈不上测量所有的因素。即使能，我们也无法预测它们共同作用的结果。

（三）浑沌学理论对二语习得研究中带来的启发

浑沌理论可以在加深我们对语言和语言习得诸方面的理解上起到重要作用。以下是浑沌理论可以实现其潜能并给我们带来启发的几个方面。

1）促进对立界线的模糊。语言学家区分了许多对分的概念，如语言/言语，语言能力/语言行为，共时/历时，天赋论/建构论，个体说话者—听话者/社会互动等。这种区分用来描述语言也许是必要的，但在二语习得中，以整体作为基点的浑沌理论促使我们将这些对立概念之间的界线模糊化，去更多地关注它们互补性和包容性。

2）为二语习得现象展现了新的面貌。如通过将语言和自然界中的复杂、非线性系统联系起来，我们自然得出结论：语言像其他生物系统一样经历浑沌和秩序时期，且语言创造性的发展发生在两个阶段的分界处。

3）突出一些问题，如怎样确定学习过程已经发生；同时，也排除另一些问题，如中介语的不稳定性和系统性之间的矛盾。

4）防止通过单变量因果联系的累积来建立理论。浑沌理论认为，复杂系统由许多相互作用的成分构成，这些成分共同作用的结果是不可预测的。据此，试图通过实验室环境中单变量因果联系的累积来建立二语习得理论是行不通的。

5）强调细节的重要性。因为浑沌系统对初始条件具有敏感依赖性，起点相似而非相同的动态系统的运动轨迹，以后会在指数上发生分离。因此，细节往往起着至关重要的作用，不容忽视。

6）提醒把握整体，并找到能够达到这一目的的分析单元。在关注细节的时候，不应忽视整体，因为复杂、非线性系统整体的表现，不是建立在任何一个单个成分的表现基础上。但是，要想寻找出从总体上研究二语习得的方法是不容易的。因此，我们需要有一种方法，在研究二语习得具体方面的同时又尊重整体的复杂性。

以上我们介绍了浑沌学基本理论，并分析了该理论所研究的复杂、非线性系统与语言及二语习得研究之间存在的一些共性。浑沌学理论在语言研究中的应用刚刚起步，它能否完全适用于语言研究和二语习得研究、能否帮助我们解决其中的一些重要问题尚不得而知。我们所能做的就是继续做出更多的探索努力。

双语族群语言文化的浑沌演化历程分析

——以达斡尔族个案研究为例

丁石庆

一、非线性思维科学与文化语言学研究

目前，非线性现象已作为一种普遍的客观实在性被人们逐渐认识和认可。一场人类认知历程中的巨变正在酝酿之中。这场巨变的核心是要把非线性思维导入到科学认知之中。根据浑沌学原理，“研究非线性系统时，不是针对个别情形，而是把各种可能的系统作为一个连续过渡的序列去考察，以图一举阐明全部可能性。可以把这种整体论思想用于考察矛盾问题。”① “要理解浑沌，必须把它们作为流动范畴，着眼于两级之间的相互过渡，相互转化。谁先从思维方式上实现这种转变，承认矛盾范畴的流动性，谁就能率先把握浑沌的本质。”② 语言学走过了漫长的发展道路，经历了各种派别的否定之否定的发展轨迹，发展到今天，也应导入非线性思维科学理论。实际上，语言学家们也早就认识到语言里确实存在着非线性过程及现象，并有一些有识之士已经开始引进这种方法研究语言。事实已经证明，这种独特的研究观及其研究方

---

① 苗东升、刘华杰：《浑沌学纵横论》，243 页，中国人民大学出版社，1993 年。

② 苗东升、刘华杰：《浑沌学纵横论》，238—239 页，中国人民大学出版社，1993 年。

法给我们带来了许多新的启示，也预示着将对语言学科以及人类思维科学的发展作出特殊的贡献。文化语言学作为语言学中的新兴学科之一，以博采众长和综合研究为长，更应积极主动地关注其他学科的新思维、新观点、新方法。因为，语言系统作为一个开放性系统，本身的发展不可能在封闭的真空中生存与发展，一方面它的结构本身在历史长河中会产生一定的历时衍变，同时分布于不同地域的族群内部的语言系统也会由于环境的变迁而产生与母语系统不同的变异形式，这种变异形式在与邻近或周边语言的接触与交流过程中，又会由于受到各种不同语言的影响而在时间和空间的坐标轴中不断伸缩和折叠，最后扩大其变异性质之后即成为一种具有地域特色的方言，从而完成一种从无序到有序的演变历程。方言形成后，一方面它会从“初始”的母语那里继承并沿袭其基本结构特征，同时又会不断地增加其变异成分，产生新的无序演变轨迹，并进一步形成各种新的不平衡点，与母语文化及双语文化构成语言文化整体中的一种新的非线性系统。

语言文化的调适与重构也遵循浑沌演变规律：先由具体的个人按照随机的可能接触外来作用，然后作出纯个人的无序反馈的语言形式。当这种无序反馈的语言形式持续一定的时间和积累到一定量的时候，会引起该族群的多数成员的关注和模仿或引用，从而触及该语言文化的结构本身。这种由于持续的外来作用而出现的语言形式在该族群的语言文化的有序结构中被分解为单个的作用要素，从而能够在原有的有序的语言文化结构中耗散开来，形成一些连续的非稳定无序反馈，打破原有的有序的语言文化结构的平衡状态。基于耗散的非稳定的无序反馈在经过了与原有序结构的冲突、重叠、粘合等不同形式的相互作用后，诱发该族群语言文化结构有序的调整，从而出现重构后的新的形式。语言文化的重构是对外来作用的整合、改造，甚至是一种创造性的加工，但真正被吸收进来并稳定地进入该族群语言文化体系的外来成分始终是有限的。因为母语文化本身的定性反馈是核心依据，语言文化的调适与重构都必须以此为相互作用的基本轨道。如我们目前对达斡尔族语言文化的源流进行梳理后，还可辨别其主次源流，就是因为达斡尔族的语言文化中所沿袭的核心成分仍保留了较多的“初值”的基因。

二、达斡尔族语言文化的浑沌演变历程

（一）多因多果的发展历程

达斡尔文化的形成历程是一个多因多果的发展历程和多种因素叠加的结果，达斡尔文化的发展轨迹完全符合浑沌学理论所揭示的事物发展的浑沌过程。就是说，现代达斡尔文化的复合结构的基础不能从单方面去解释，它由多种因素造成。其中有达斡尔人强烈的母语文化意识的沿袭，也有由于多种经营带来的对多种不同文化的天然的适应能力与整合能力，又有对不同文化的宽厚的兼容能力，加上历史上曾与不同民族友好相处，并相互成为了十分友好的邻邦及伙伴，甚至还与有些兄弟民族结成了特殊的“亲戚关系”等因素。达斡尔人早期从事的渔、猎、牧、农业生产活动乃是由于其先民契丹曾从事过类似的生产活动，一方面是对传统文化的一种历史沿袭，而同时也是达斡尔人对新的自然环境的进一步适应。而这些对达斡尔人的整体素质的形成具有十分重要的作用：多种经营为达斡尔人的物质生活提供了全面的供给，如渔业生产活动的开展，为达斡尔人的脑力营养供给提供了十分重要的食品；狩猎生产活动为达斡尔人粗犷直爽的性格、骁勇善战的耐力及战斗力是一个十分好的磨炼；而畜牧业生产活动培养了达斡尔人的忍耐力以及对生活环境变迁等的适应力；农业生产活动对达斡尔族社会进入封建专制制度，以及接受多种先进文化奠定了良好的基础；其他多种经营活动的开展，为达斡尔人接受多种文化的影响和渗透从很大程度上提供了条件。正是有了这些

物质文化基础，为达斡尔人从封闭状态进入相对开放的文化发展阶段提前做好了准备。这种母语所造就的文化传统氛围，使达斡尔人自小就有了一种对多种环境的适应意识，并培养了对多元文化环境的适应能力。尔后出现的社会文化环境的变化，对达斡尔人来说，是一次社会文化转型时期，它开启了达斡尔文化与外来文化全面接触和影响的互动阶段。达斡尔人面对满汉文化，开始对传统文化进行重构工作。同时随着满族文化的渗透，汉文化成分也逐渐进入到了达斡尔文化结构中，实际上也在一定程度上为达斡尔人清末以后接受汉文化成分奠定了基础。进入民国年间，达斡尔人的文化出现了一些断裂现象，这主要是由于清代统治者利用达斡尔人战斗力强，骁勇善战和忠国效民的民族气节，四处调兵征战，使达斡尔人口流动性较大，使达斡尔文人数量大减，达斡尔族的教育也出现了滞后的现象，由于物质生活水平的下降，使达斡尔人疲于奔命和维持基本生活，难有机会冷静面对各种文化的冲撞和影响等带来的文化差异上的冲突和障碍，更不用说进行文化重构的“意识形态”领域的事情了。而自从达斡尔人分居各地，并形成了大散居，小聚居的居住格局，各地达斡尔人吸收了除了汉民族文化以外的邻近的兄弟民族文化成分，并同时进行了文化的整合，使各方言区的达斡尔人在某种程度上进一步适应了地域性的自然环境和人文环境，形成了具有地方特色的亚文化。

（二）达斡尔族语言文化演变的初值与演化

达斡尔族的传统文化自成体系，并形成了达斡尔族母语文化发展演变的一个“初值”，其作为传统文化的初始点，这种初值具有一定的排他性和保守性，对达斡尔族母语文化的形成、演变的历史进程和轨迹，以及双语文化和方言文化的形成、发展演变等都具有十分重要的规范、引导、制约等作用，其在双语文化和方言文化中起一种核心主导作用，因为母语文化是基本起点和基础，是异质文化相互接触、碰撞、彼此影响、互动关系建立的一个基本条件，是不同文化形成差异的根源，也是文化融会、整合的一个基础和依托。而语言文化的这几个层面往往在运动过程中处于一种高度的叠加状态，即在母语文化演变结构中有传统文化、异质文化以及亚文化等方面的因素在其中起到互动作用，并且同时施加某种力，母语文化具有一种内聚力，双语文化具有一种融合力，方言文化具有一种标异力，几种力量并不是各自互不相干，而是相互渗透，相互重叠，形成合力，从而构成语言文化结构的浑沌态。这种貌似浑沌的语言文化现象，实际上是高度有序的。每一个部分，每一种力起什么作用，何时起何种作用其内部都有一定限制，甚至在何时段，何种力起作用均有规约和限定，同时也与环境的条件及其作用有关。达斡尔族在黑龙江流域居住期间，由于环境的限制，在许多方面处于较为保守的发展阶段，由于环境因素的作用，加上达斡尔族文化上简单的自给自足，使达斡尔人与外界的交往十分有限，因此此时达斡尔族的文化得到了较为充分发展的空间，从而形成了适应环境并自成体系的具有个性的达斡尔族母语文化。清初，当达斡尔人在政治上隶属了清朝统治之后，达斡尔族的文化深受满族文化的冲击和影响，这时满族文化对达斡尔族文化的各种作用由于其强势地位而逐渐形成较为主导的作用，母语文化的作用暂时退至次要地位。因此，整个清代，达斡尔族的文化与满族文化的作用相互交织，彼此影响，如对满族语文的使用，接受满文教育，形成了一定程度上的满达双语文化现象，并借鉴了满文，音写达斡尔文，开创了达斡尔文化的书面文学历史和学堂教育之先河，也使达斡尔文化借助一种借源文字有了质的飞跃发展。这个时期，在许多方面表现出对传统文化的重构，如物质生产方式的调整，哈拉、莫昆的历史演变，人名系统中命名语言的选择，以及双语人名的出现都具体体现了达斡尔人对满族文化的文化认同程度。同样从达斡尔人名系统的语言变化以及类似汉族人名尤其文人的字号的出现更是十分生动的体现。这就出现达斡尔族达满双语文化、达汉双语文化等现象。而自清末以后，满族文化的作用由于其统治地位的消失而逐渐退出了历史舞台。此时由于汉文化与达斡尔族文化的直接接触和影响，使达汉文化的冲撞和影响成为达斡尔族语言文化发展的历史进程中的新动力，也使达斡尔族与汉文化有了相比清代的更多直接对话的机会。于是，汉文化对达斡尔文化的作用成为一种主导作用的一种力，从而为达斡尔族的达汉双语文化现象的普遍形成提供了条件。各方言区的达斡尔族的母语文化发展则体现出亚文化特色，即在各地达斡尔人基本上依赖于母语文化的初值所提供的发展轨道外，各地达斡尔人为了更加适应不同的环境条件，从而与邻近兄弟民族的文化形成了具有地域性特点的方言文化。此时，邻近周边文化的作用在某种程度上起到了主导作用，对达斡尔族的文化产生了一定的作用。

（三）达斡尔族语言文化结构及演化特征

在达斡尔族的历史进程中，达斡尔族文化经历了独立形成、吸收和融合外来文化成分以及多种文化兼收并蓄等一系列的发展演变过程。因此，达斡尔族文化的一个重要特点便是在保持本民族传统文化的基础上对多种外来文化的兼容性。诸如曾与达斡尔族命运与共的鄂温克、鄂伦春两个民族的狩猎文化，以游牧著称于世的蒙古民族的草原畜牧文化都曾对达斡尔族文化产生过影响；尤其是 17 世纪达斡尔族归附满族贵族统治者管辖之后，更承受了满族文化的全方位冲击；而自清末以后，达斡尔族文化则又完全沉浸在先进的汉族文化的海洋中。此外，由于 17 世纪以来不断迁移而造成的人口分布格局的变化，使不同地理环境及人文环境下的达斡尔族具有了各自不同的一些生活方式与习俗，这不但给达斡尔族文化揉进了新质及变异成分，同时也平添了一些独特的地域文化色彩。而上述达斡尔族文化发展演变的所有信息都十分真实和非常清晰地记录和反映在达斡尔族语言文化系统中。可以说，达斡尔族语言文化的发展演变是达斡尔族文化发展演变的缩影。

达斡尔族语言文化随着达斡尔族文化的形成、发展而演化。作为达斡尔族文化的一个组成部分，作为一种“元文化”和“首批文化”，达斡尔族语言文化是达斡尔族文化的全息系统，其自成体系的特点正好适合我们对其作较为具体和全面的解剖，以对达斡尔族文化进行诠释。根据语言与文化同构原理，达斡尔族语言文化的整个历史衍变也是达斡尔族文化的历史衍变历程，也是达斡尔族语言文化从初始—分形、嬗变及其重构的历程。我们对达斡尔族语言文化各个子系统的解析也将是对达斡尔族文化的形成、衍化过程的每个阶段的结构的揭示，可以触摸每个阶段的达斡尔族文化跳动的脉搏，勾勒其衍变的轨迹，并感受达斡尔人的文化逻辑和语言思维模式。根据以上语言文化及其结构理论框架，达斡尔族语言文化结构可如下表：①

<table>
<tr><th></th><th>状 态</th><th colspan="2">内容与结构</th><th>时 间</th><th>阶段</th><th>关系</th></tr>
<tr><td rowspan="8">达斡尔族语言文化</td><td>初始态[1]</td><td colspan="2">契丹语言文化</td><td>15 世纪之前</td><td>古代</td><td>源 1</td></tr>
<tr><td>初始态[2]</td><td>母语文化</td><td>达斡尔语言文化</td><td>15 世纪—16 世纪</td><td>早期</td><td>源 2</td></tr>
<tr><td rowspan="2">演化态[1]</td><td rowspan="2">双语文化</td><td>达—满双语文化</td><td>17 世纪—19 世纪初</td><td rowspan="2">中期</td><td rowspan="6">流</td></tr>
<tr><td>达—汉双语文化</td><td>19 世纪初—20 世纪</td></tr>
<tr><td rowspan="4">演化态[2]</td><td rowspan="4">方言文化</td><td colspan="2">布特哈：达—汉双语文化</td><td rowspan="4">近期</td></tr>
<tr><td colspan="2">齐齐哈尔：达—汉双语文化</td></tr>
<tr><td colspan="2">海拉尔：达—蒙双语文化</td></tr>
<tr><td colspan="2">新疆：达—突厥双语文化</td></tr>
</table>

关于达斡尔族语言文化结构表，我们需要说明一下。首先要说到的是达斡尔族语言文化的历史分期。从表中可以看出，我们

① 这里有两点说明：1）在此没有考虑文字形式；2）由于图表不能直接表示出各子系统某些具体的语言文化表现形式，因此也未将相关内容纳入其中。

根据前述理论构架，以契丹语言文化作为达斡尔族语言文化的第一个源头，这也是达斡尔族语言文化理论上的初始态，并将由此源而形成的达斡尔族语言文化划分为早期、中期、近期这样三个历史发展时期。其中早期达斡尔族语言文化作为另一个源头，是达斡尔族语言文化的真实的初始态。这是达斡尔族语言文化的传统结构，也是形成达斡尔族语言文化的核心部分。由此源尔后形成的双语文化及方言文化是达斡尔族语言文化的演化态，也是达斡尔语言文化为了适应各种不同的“特定环境”而形成的不同历史时期的调适与重构形态。各个历史时期的划分主要是以达斡尔族历史及文化发展阶段为依据的：明末清初，达斡尔族曾以黑龙江上、中游及精奇里江地区作为世居地和文化摇篮，孕育并创造了具有本民族特色的传统文化，我们称之为达斡尔族的早期历史文化发展时期。这个时期达斡尔族社会处于一种基本封闭、简单自给自足的状态，表现出极大的保守性。从清中期至清末，达斡尔族以嫩江流域为主要聚居区，并在隶属于清朝统治者的政治背景下与满族发生了十分广泛的文化接触。我们可称这个时期为中期历史文化发展时期。这个时期，由于地理位置的迁移尤其是满族文化的影响，达斡尔族社会封闭、保守的状态被打破。随着满族文化影响的加深，达斡尔人的文化观念也出现了一定程度的转变，表现为由开始的抵触外来文化逐渐转变为部分认同并接受外来文化的某些成分。清末以来，达斡尔族文化在与汉文化的冲撞与交融中得到了长足的进展。伴随着汉文化的逐渐渗透，达斡尔族对汉文化予以认同，吸收的汉文化成分也越来越多。达斡尔族社会跨入了一个面向汉文化，全面开放的历史阶段。达斡尔人对拥有数亿人口、具有古老文化传统的汉文化采取了积极认同的文化态度，主动吸收并融会了汉文化成分。此外，某些地区的达斡尔族受邻近民族语言和文化的影响形成了多语多文化现象，给达斡尔族文化的发展平添了新质和一定的地域特色。我们称这个时期为达斡尔族的近期历史文化发展时期。其次是达斡尔族语言文化各子系统在各历史时期的发展状态。达斡尔族语言文化的各子系统在不同的历史时期表现情况各异。早期，达斡尔族内部以本民族语为唯一的交际工具，达斡尔族文化的主要传承方式是以口耳相传的本民族语为主。这个时期也可以说是比较典型的单语单文化即母语母文化发展的历史时期。我们从明末清初分布在黑龙江中上游及精奇里江地区达斡尔族城屯名称和这个时期的达斡尔族各部落首领或酋长的人名可予以佐证。古代地名和古代人名均以达斡尔语命名，一般都由单纯词构成。地名多取自居住地周围的山川名或人名。人名则基本上取自表示具体意义的动物、事物名称以及表示人的性格特征的词语。地名和人名中均无其他外来语言成分渗入，人名还未姓氏化。近代时期，随着“国语”—满语满文的逐渐普及，达斡尔族中出现了兼通满语满文的达满双语文化群体。这部分人的出现以及后来不断扩展的达满双语现象都使达斡尔族的语言和文化有了新的发展。达斡尔族文化的传承也因此多了一种语言和文字载体即满语和满文，① 从而形成了双语双文化发展时期。以这个时期的人名系统为例，开始出现满洲化的姓氏和部分的外来语命名的人名。其中，以满语命名者最为普遍并视为时尚。此外，这个时期，达斡尔语中借入了大量的满语词语，并通过满语借入了一部分汉语词语。一批兼通汉语的文人学者积极倡导吸收外来文化，兴办满文学堂或私塾，有利地促进了达斡尔族教育事业的发展，加速了达斡尔族文化的发展进程。中期，随着满语满文社会功能的逐渐萎缩，更多的达斡尔人在学

① 有清一代，达斡尔族曾使用过在满文字母基础上形成的一种文字形式——“达呼尔文”，并在此基础上发展了本民族的书面文学，详阅恩和巴图有关“达呼尔文”的系列文章及丁石庆：《论清代“达呼尔文”的历史文化价值》，载《黑龙江民族丛刊》2001 年第 3 期。

习和使用汉语汉文，在受汉族文化的熏陶下成长为达汉双语双文化人。尤其是近几十年来，达斡尔族中的一部分社会群体由于各种原因成为单语（即汉语）单文化（非母文化）人。从清末明初开始，达斡尔语中出现了大量的汉语借词。达斡尔族人名也开始出现汉化现象，表现为一方面将原有的哈拉、莫昆的多音节全称形式简化为类似汉族的单字姓；另一方面则出现了大量以汉语命名人名。地名中也出现了固有的民族语地名与外来语言尤其是汉语地名并存的双语地名。在近几十年汉语地名逐渐影响了固有民族语地名的稳定性，一部分汉语地名已经逐渐取代或正在逐渐取代原有的民族语地名。中华人民共和国成立以来的半个世纪里，达斡尔族中达汉双语现象可以说是比较普遍和稳定的，还有一部分因各种原因转用了汉语。此外，某些地区的达斡尔人在接受汉文化影响的同时，还受到邻近兄弟民族文化的影响，形成了区域性双语或多语文化现象以及具有地方特色的亚文化现象。第三是达斡尔族语言文化各子系统之间的关系。达斡尔族语言文化内部各子系统之间相互联系和影响，并彼此制约，共同组成语言文化系统。母语文化属于一种历时概念，它纵横交织、沿袭于三个历史时期，在达斡尔族语言文化结构中占有十分重要的地位和很大的比例。尤其是在早期，达斡尔族语言文化主要表现为单语（达斡尔语）或母语文化发展时期。而到了中期，由于达斡尔族语言文化主要受满族语言文化的影响而开始了双语文化发展时期，这个时期形成了几乎是全民性的达满双语发展时期。清末民初以后的近期，达斡尔族语言文化则进入了全民性的达汉双语发展时期，同时由于各地的达斡尔语之间开始形成了一定的方言差异，使这种达汉双语现象又带有了一定的地域特色，使现代达斡尔语言文化形成了方言文化差异，其主要表现为一方面各方言对汉语文化成分在吸收程度上有明显的差异，另一方面各方言因受邻近不同兄弟民族语言文化影响而存在一定的差异。但母语文化仍然是一股主流，也就是说，达斡尔族的母语文化是达斡尔族语言文化中的主流。

总之，达斡尔族语言文化各子系统之间的关系大致可勾勒为：母语文化是达斡尔语言文化的主流，贯穿达斡尔族语言文化发展历史的始终。至中期以后达斡尔族语言文化出现了母语文化与另外一种语言文化相互影响、渗透、互动的关系，其中清代主要表现为达斡尔语与满语双语双文化形式，而自清末以来则主要表现为在全民性达汉双语双文化形式基础上形成的各方言区局部的、具有各地方特色的双语或多语文化形式。

（四）浑沌演变的浑沌结果分析

由此我们可以这样来认识达斡尔族语言文化发展的历史轨迹以及语言文化结构的基本特征：达斡尔族的母语文化是达斡尔族对契丹文化“初值”的历史沿袭。契丹乃是我国辽朝北方的一个强悍民族，早期以游牧著称，后期以渔猎文化及多种经营的经济文化特征称世。在社会组织关系方面也以父系民族社会为核心，在信仰方面以广泛流传于东北亚一带的萨满教为精神依托。正是由于契丹文化的传统文化的基因，使达斡尔族文化中具有了多元文化因素，也使达斡尔人具有了适应多种不同环境的条件的素质，由此而形成了达斡尔族母语文化的较强的适应性；而这种母语文化的“初值”对此后发展演变而成的清代的达满双语文化、清末民初的达汉双语文化奠定了历史基础，也为达斡尔族文化的复合性结构的形成揭开了历史一幕。而这两种双语文化现象的形成和发展演变，对形成不同方言区之后的达斡尔族双语文化现象均具有一种历史的惯性和冲力，也为不同地区的达斡尔人与周边邻近兄弟民族的文化接触、相互交往，进而接纳不同文化的优秀成分扫除了心理障碍。因此，现代达斡尔族各方言区的双语文化现象的形成和历史演变是由多重的历史原因造成的多重结果，其中既有历史的基础和积淀，又有现实的原因和因素。

三、结语

1）总体上，达斡尔族的母语文化是达斡尔人适应传统自然环境和社会文化环境的总和之一，双语文化和方言文化则是达斡尔人适应新的自然环境及社会文化环境的总和之一。达斡尔族传统的母语文化环境造就了达斡尔人对多种自然环境的适应能力，也从一定程度上浇铸了达斡尔人特殊的思维方式和观察世界，认识世界的认知特点，这就是与环境和谐、崇尚自然的时空观。如达斡尔族的基于自然环境而形成的物质文化特征，以及产生于自然环境基础之上的哈拉、莫昆制度、姓名制度、社会组织关系及亲属称谓形式、居住方式及其地名命名特点等，以及基于自然观念之上的多神信仰、萨满教等。由此形成了达斡尔族文化机制中的适应机制和对多样化环境适应的调适机制。由适应机制适应环境而成的是达斡尔族的母语文化系统，而由调适机制重构的是双语文化和方言文化。

2）双语文化是达斡尔语言文化对另一种语言环境的进一步适应。有清一代，是达斡尔族社会文化的一个重要转型时期。达斡尔族以往的那种相对封闭保守的文化状态发生了根本的变化，达斡尔传统文化受到了更多地来自满族文化的直接冲击，以及以满族文化作为媒介的汉族文化的影响与渗透。面对这种局面，达斡尔人及时地作出了文化调适，以宽容的文化态度接受了先进的满族文化和部分汉族文化进入自己的传统文化中，并为适应这种新的文化环境和格局形成了达满双语文化现象。而清末民初，随着满族文化的逐渐退出历史舞台，汉族文化则直接对达斡尔族的文化形成了冲撞，由于有了清代达满双语文化所奠定的基础，因此达斡尔人面对相比满族文化更为巨大的异文化的冲击波，并没有出现过多的困惑和犹豫，为了适应这种新的文化环境，很快又形成了新的调适结果，即达汉双语文化现象，以更快地更好地适应新的环境。

3）方言文化则是对另一种地域环境下的达斡尔语言文化的适应。自清中期以后，由于战争、屯垦、驻防等多种原因，加之清朝统治者实行的“分而治之”的瓦解分化策略，达斡尔人的居住格局发生了变化，形成了分居于布特哈、齐齐哈尔、海拉尔、新疆、瑷珲、呼兰等几个大的民族居住区，其中由于瑷珲和呼兰地区的达斡尔人多已经失去传统文化的束缚，受到当地汉族文化及其他邻近民族文化的影响而使其个性逐渐丧失，母语文化已经逐渐融合于汉族文化之中，而形成了达斡尔族较早进入语言转用的群体。除了少部分达斡尔人以外，其他地区的达斡尔人则在很大程度上仍然保留了自己传统文化的特点，基本上仍然是用母语，沿袭本民族文化传统。除此之外，也为了适应新的环境而进行了相应的调适，那就是为了更好地与其他民族交往，为了与当地的文化氛围达成和谐，而逐渐兼通了邻近的兄弟民族的语言，克服了文化交往的障碍，超越了文化之间的差异，分别形成了在以往基础之上的新的达汉双语文化现象、达蒙双语文化现象，以及达突厥双语文化现象。有些方言区的达斡尔族在文化调适中又有新的创新，如莫旗的达斡尔人，齐齐哈尔市梅里斯达斡尔族区的达斡尔人，呼盟巴彦查岗莫和尔图的达斡尔人，新疆伊犁伊车嘎善的达斡尔人等，以及其他诸多地区的达斡尔人，都具有十分典型的特点及其代表性。

文化语言学与双语学研究

张卫国

双语现象既是语言现象，也是文化现象。对双语现象进行研究的学问叫双语学。双语学在研究内容、理论方法上与文化语言学有天然的联系。把双语学纳入文化语言学框架内进行研究可以给双语学一个合理的理论框架，加强其理论上的统一性、系统性。同时，文化语言学丰富的理论方法、研究成果，也可进入双语学，丰富、滋养双语学。从另一方面看，双语学是文化语言学为社会服务、与实践结合的重要窗口，双语学在实践中得出的具体研究成果可丰富、充实文化语言学。

一

双语学研究的内容可分为两部分：个人双语化过程与规律、社会双语化过程与规律。这两部分无论那一个都包括多个学科的内容，如：个人双语化研究的内容包括母语的学习与规律，母语符号系统之上的第二语言学习的过程与规律，母语、第二语言这两个系统在不同学习阶段的互动过程，个人双语类型、双语习得类型与所处社会文化环境的关系等等。其学科涉及比较语言学、第二语言教学研究、心理语言学、社会学等等。社会双语化研究的内容是：在个人双语化研究的基础上，研究政治、经济、文化、教育、人口等社会因素对社会双语化过程的影响，以及这些因素之间的互动过程。其学科涉及政治学、经济学、文化学、宗教学、人口学、语言学、语言教学……双语学虽然研究目标集中于个人与社会的双语化过程，表面看似单纯，然而涉及内容与学科则如此复杂，以至于人们怀疑它是否能成为一个独立的学科存在。文化语言学则给双语学这样的综合性学科提供了一个宽阔系统的平台，无论双语学研究的内容多么复杂，都脱离不了文化语言学广义语言及其各要素与广义文化及其各要素之间的对应及互动关系，这样，双语学研究的内容一下子变得清晰而单纯，理论与方法也显得较易系统化。

二

双语学中个人双语化研究以往注意两种语言各要素之间对应规律的研究，以便使学生区分两种语言的异同，有针对性地进行第二语言的强化训练。文化语言学研究不同语言的所有要素（语言、词汇、语法、修辞、篇章、文字）在各自独特的文化系统中所形成的意义概念、表现形式、语言功能上的共性与特性，如果说双语学中的语言对比是平面对比的话，文化语言学的对比则是立体对比，它比前者更全面、更系统、更深刻，因而可以更好地，更系统地引导学生认识两种语言的内在规律，帮助他们早日进入第二语言学习神形兼顾的理想状态。

在传统双语学研究中，应第二语言教学的需要，两种语言语音、词汇、语法的对比研究最为充分。即便是在这种领域，如果从文化语言学的角度看，仍有许多可开发的空白。例如：1）按传统语言学的理解，语音是最缺乏文化意义的语言要素，但从文化语言学角度看，任何语言的语音特征，都是由这个民族特殊的发音习惯、音系构成、音节结构特点决定的。这些特点将影响该语言的词汇结构、短语结构、句子结构以至修辞方法。语言的音系构成、音节结构、重音、节奏可以形成这种语言所特有的某种听觉上的美学特点，在文化语言学中被称为“语言气质”。语言气质的研究和在语言学习中的应用，可以引导学生在语音学习中，不仅追求形似，还应追求神似。2）传统的词汇研究偏重于两种语言词汇在词汇意义、语法意义上的对应。文化语言学可以从文化的角度、社会生活的角度，把词汇分为特殊文化词汇丛和特定行业词汇丛，使词汇教学在语言上、功能上更系统，学习目标上更集中。3）传统语言学认为，语言是分层结构，有限的语音构成无数的词，无数的词相互组合构成无限的句子。这种说法有其道理，但同时，它在理念上大大增加了语言学习的难度。从文化语言学的角度看，无数的词汇、无限的句子如放在特定的文化环境、特定的社会生活中就会变成有限的，任何一种语言最典型、最常用的句子都是有限的，这是语言学习的重点。

双语学中社会双语化过程的研究往往与个人双语化过程的研究脱节，更多地表现出政策学，而非语言学特点，而且理论体系支离破碎。文化语言学把语言体系与外部世界的关系作为自己研究的基本问题，不仅打通了个人双语化研究与社会双语化研究的联系，而且使社会双语化各个侧面的研究都统一到了语言体系与外部世界的关系上来。社会双语化研究中遇到的问题常常要在文化语言学层次上研究，才能得到较深刻、较本质的解决。而文化语言学提出的一些问题也往往是社会双语化研究中的深层次问题，如：语言的文化特性，语言三大功能（交际工具、思维辅助，文化凝聚体）之间的关系，语言与其他文化门类之间的互动关系，语言、文学、文化、民族之间相通性及非等同性，语言圈、文化圈、民族、种族移动轨迹的重合性与非重合性，语言本体与功能和与之对应的文化之间的互动关系，及其发生、发展、消亡的规律，语言分化过程（谱系树理论）与联合过程（语言传播论）之间的关系，语言间的竞争与协同进化的关系……

三

语言存在的目的，是为了让人们学习、使用。语言研究的目的，是为了让人们更好地学习与使用语言。文化语言学虽然可在很多领域里发挥作用，体现自己的价值，但从文化语言学得益的最大群体，仍是语言学习者，尤其是那些需要在双语对比，双语文化对比过程中学习语言的第二语言学习者。双语学是文化语言学的第一大用户，是文化语言学为社会服务、与实践结合的重要窗口。

文化语言学为双语学提供了一个广阔的学术背景和合理的理论平台，但双语学不但是文化语言学的附庸，它有自己独立而具体的学术目标，主要是双语学习、双语教育与双语规划。双语学围绕这些目标去开展自己的社会实践与理论研究，这是文化语言学所代替不了的。双语学与文化语言学有许多共同关心的问题等，但仍有很多问题需要双语学独自面对，或适合于双语学独自面对，如语言学习过程中的具体操作问题。就是一些双语学、文化语言共同关心的问题，两者的研究角度，研究方法也不尽相同。文化语言学侧重于宏观、抽象、理论地看问题，是理论语言学，而双语学则侧重微观、具体、实践地看问题，属应用语言学范围。认识事物既需要宏观、抽象、理论的角度也需要微观、具体、实践的角度，二者相辅相成，互促共进，也正是双语学独立存在的价值所在。双语学全面、系统、具体、动态地研究双语现象，往往能够发现从文化语言学层面不易发现的问题。例如，有关政治与语言的关系问题，我们首先可能想到的是，我国是个多民族统一的大国，国家的这个特点决定我国少数民族地区应推行双语制，这是宏观的、概念上的初步认识。然而，当我们与实践结合研究这一问题时，就会发现，政治包含的因素和层面十分丰富，对语言的影响也是多层面，多侧面，如：决策程序的科学民主程度，可能影响语言政策的制定，进而影响语言关系；行政管理体制的科学合理，甚至语言教育部门人、财、物的合理分配与管理，可能影响语言教育机构合理高效的运行，进而影响语言生活的良性循环等等。这些问题不与具体实践相结合，是难以提出，难以合理解释并解决的。如果说，双语学能给文化语言学以什么贡献的语，那就是，它与其他应用语言学一起，在各自的实践中对语言与文化的关系进行更深入、更具体、更实际的研究，给文化语言学以补充和充实，这也是文化语言学发展的真正动力。

四

综上所述，我们可以认为：

1. 文化语言学研究的基本问题是语言体系与外部世界的关系。它研究语言本体与功能各要素的共时状态及历时演变与外部世界的关系。文化语言学为作为综合学科的双语学提供了一个统一的理论框架。

2. 文化语言学研究内容广泛，理论与方法来源多样，能为双语学提供诸多方面的支持，使双语学更加充实、丰富。

3. 双语学以研究个人与社会双语化过程为中心，是文化语言学服务社会，与实践结合的重要窗口。

4. 双语学立足于实践，研究双语学习、双语教育、双语规划等问题，它的研究成果将是文化语言的重要补充。

对联：汉字文化圈中的一个奇异吸引子

杨大方

“汉字文化圈”是文化传播学说中的一个概念，它的提出，反映了学界对文字和文化之间密切关系的确认。一般认为，汉字伴随着灿烂的中国文化向周边传播，从而形成了以中国为中心的汉字文化圈。其范围包括所有正在使用汉字或曾经使用过汉字的国家和民族。从地理区域上讲，主要是指四大块：（一）中国(包括台湾、澳门和香港)；（二）越南；（三）日本、朝鲜、韩国；（四）新加坡、马来西亚、泰国。

“奇异吸引子”是浑沌学中的一个重要概念。它是浑沌运动得以进行的基础，它代表着系统的一种稳定状态，对周围轨道有一种吸引作用。正是这种奇异吸引子，使浑沌运动成为一种复杂的、高级的有序状态。奇异吸引子之所以被认为“奇异”，是因为它既不平常而作用又非常神奇；奇异吸引子之所以能成为“吸引子”，是因为它对事物的性质和状态、变化和发展起着决定性的作用。

文化的产生、发展、变化、交流、传播，是一种浑沌运动，从表面和局部看去，既有规则的一面，也有不规则的一面，既表现为有序，又表现为无序；既有可解释的现象，也有不可解释的现象，如此等等。但如果从更广更深的角度看，则一切都是可解的，关键在于我们要发现其中的那些“奇异吸引子”。作为文化，任何一种语言，都存在着它的“奇异吸引子”。无论该种语言中出现多少随机性和不确定性现象，呈现如何复杂的变化，但它正如河水一样，最终总要被汇聚到河床之中，而导致汇聚的力量，无疑就是民族语言文化中所存在的某种“奇异吸引子”。

“汉字产生以后，以汉字为本体产生了许多汉民族特有的文化现象，如书法、篆刻、对联、回文诗等。”① 笔者认为，对联作为适应汉字汉语环境和对偶观念环境的一种对称表达文化，是汉字文化圈中的一个奇异吸引子。对联不仅最能体现汉字的特点，而且和汉字如影随形，可以这样说，有汉字出现的地方，有汉字文化的地方，就有对联。对联是汉字文化圈中的一个“标志性建筑”。本文的目的，就是想通过初步考察对联在汉字文化圈中的一些使用情况，来说明对联在汉文化传播中的重要作用，凸显对联在汉文化传播现象中的重要地位。

一、越南的对联使用情况

由于地理的关系，自古以来，越南人就在文化上和中国有着非常密切的联系，特别是在与语言文字有关的文化方面。因此，越南也有在春节、婚庆、乔迁等时候贴对联的习俗。如春节，可在越南的农村看到这样的对联：一室太和真富贵；满门春色太荣华/天增岁月人增寿；春满乾坤福满门。这后一副春联，众所周知，是中国的一副非常传统的春联。在楼下圈牲畜的屋子，越南老百姓也要写上门联，如：早放成群鸡犬猪；晚来无数牛马羊/六畜兴旺年景好；五谷丰登气象新。另外，越南的神龛联、姓氏联与碑联也和中国的一模一样，在很多农户家中，可看见这样的厅堂联：儒者有文，堪称风流雅士；山居无事，是谓娱乐高人。神龛联如：神圣恩深家宅旺；祖宗德厚子孙贤/祖德流芳思木本；

① 苏培成：《现代汉字学纲要》，第14页，北京大学出版社，2001年。

宗功浩大想水源/敬恭明袖则笃其庆；昭穆列祖载锡之光。碑联如：青山常在；绿草不枯。姓氏联如：道德易经传天下；太白文章贯古今（李姓）/望重汉庭新语好；才高洛邑投隆名（陆姓）/高评诗礼光先绪；阳著科名裕后人（许姓）。可见越南民众是很崇尚儒学的，虽然现在越南的文字已经拉丁化，但许多人还是以“儒教世家”自诩。①

越南汉文对联有几个特点：一是受中国传统文化的影响很深，给人的感觉甚至同我国南方一些省区的情形毫无二致。儒道本来就是中国的东西，在越南的信仰却也根深蒂固。佛教的发祥地虽在印度，但单就寺庙大刻汉字对联这一点来讲，就具有浓厚的汉化色彩，而且对联用语也都采自汉语。二是对联作者大都具有很高的汉学修养。绝大部分对联都内容贴切，文辞简洁，文笔很好。三是绝大部分对联都符合汉字对联的格律，不仅对仗工整，而且平仄协调。四是不少对联都很注意技巧的运用。如玉山祠的对联“夜月或过仙是鹤；濠梁信乐子非鱼”用了《庄子·秋水》中庄周与惠施游于濠梁之上的典故。镇国寺对联“福等河沙，作福自然得福；功垂万世，兴功便见成功”中，上联于一、六、十号位三重“福”字，下联同一位置上三重“功”字，重言技巧用得很好。真仙寺“慧月长昭今古夜；慈风普扇往来人”一联之“今古”与“往来”则用了自对。福林寺的门联“福海得门方便入；林泉正路自如来”以丹顶格嵌了“福林寺”寺名。②

越南不仅有汉文对联，而且还有越南文对联。越南文对联有两种，第一种是径直写下。由于现在的越南文是一种音节性的拼音文字，字母用的是拉丁字母，每个音节的长短并不都是一样的，因此无论横写竖写，上下联都不可能完全一样规格，看上去

---

① 详见梁福昌：《越南人与中国对联》，载《对联》，1999年第5期。
② 详见余德泉：《越南对联考察散记》，载《对联》，2000年第5期。

就不大像对联。第二种对联是把每个音节的所有字母都排列在一个圆圈的范围内，确切地说，是用该音节的所有字母组成一个一定大小的圆形图案，形成一个字母团。① 这种对联使人联想到中国人在圆圈内写字，使人联想到过去穷人家春节写不起春联而用碗底抹上锅灰在红纸上拓上黑圈圈儿权当春联。由于对称整齐，所以很像汉字对联，而且别有一种韵致和美感。

二、日本的对联使用情况

在中日文化交流中，对联交流是其中一个重要组成部分。从传播时间、覆盖范围、对联数量、对联作家等方面来看，日本都非常引人注目。对联以汉字为依托，又是最能充分表现汉字魅力的艺术。从日本使用中国汉字之日起，就“命里注定”能够接受中国对联文化，并保持着与对联的一种无法割舍的关系。早在昭和八年，日本就出版过下永宽次的《中国春联集解》，这被认为是现今所见的最早的外国版对联专著。②

中国对联开始传向日本，大约是在唐代。著名唐僧鉴真大师东渡日本前后，日本派过遣唐使 19 次，其中有 13 次到达中国。随之同行的学者、僧人回国后，积极推行和宣扬唐代文化，包括汉文字、汉文诗、汉字书法等。据说日本圣武天皇就十分喜爱汉文和汉字书法，并有真迹流传后世，其《杂集》中，便有手书的偈语楹联：

洗心甘露水；悦眼妙花云

从对仗、音韵以及意境来看，这是相当成熟的作品了。

---

① 泉州穆斯林民居门上两侧有类似汉语对联的阿拉伯文对联，显然是一种受汉语对联影响的产物。它们也是一个一个的“字团”（实际上是一个一个的意义单位）。具体情况详见刘福铸：《谈异族语言文字的对联》，载《对联》，1992 年第 1 期。

② 洪晔辑：《对联之最》，载《对联》，1985 年第 1 期。

曾访问过中国的弘法大师（774—835年）曾撰《文镜秘府论》，此书是他于日本大同元年（806年）回国后应当时日本人学习汉语和汉文学的要求，用带回的唐代名家诗论书籍做资料编纂而成的。其中“论对”、“二十九种对”等内容，不仅是诗律基础，也是联律基础，至今还受到楹联界的重视。可以认为，《文镜秘府论》为对联在日本的发展奠定了理论基础。

中日两国文化交流，最初的渠道主要是佛教的流传。中国对联经过漫长的道路，至明清而鼎盛。中国明清时期正是日本兴建和重建寺庙较多的时期，于是以寺庙楹联为代表，出现一次大的对联交流。这一时间延续较长，自明末至清乾嘉年间，约有百年。其传播原因，一是明末遗民赴日，带去中国文化；一是康乾盛世，与东瀛交往频繁。日本角川书店的《日本名所风俗图会》丛书，共二十余卷，其中有不少寺庙楹联。其作者，一部分是中国“俗人”，如孙悦峰、程德逊、杨忠、冯际裕、攀升吉、魏之琰等；另一部分是中国僧人，如隐元、木庵、喝浪、即非、铁心等，他们多来自福建，特别是泉州一带。也可能有一部分联语出自日本僧人之手，只是资料不全，难以考证和认定。

中日对联文化交流的第二次热潮，是20世纪初。这一时期，两国有正式外交关系，互派使节，互建公馆；旅日华人增多，也建立了一些会馆。于是，公馆、会馆等处便仿国内体制，均有楹联。如：

放眼楼头，看海水南流，夕阳西下；寄怀天末，咏京华北望，零雨东归（黄遵宪题清驻日公使馆）

长风破万里浪；海日照三神山（黎庶昌题神户中国领事馆）

福地枕蓬壶，采药灵踪，仙去尚留秦代迹；好风停桂棹，扶桑乐土，客来重访赖公碑（陈文瑞题横滨中华会馆）

中外共车书，犹闻周代礼存，孔庭乐在；春秋良宴会，正值尧时日出，洛邑风回（李鸿章题神户中华会馆）

中日人士在频繁交往中，建立了良好的人际关系和深厚的友谊，比如孙中山、黄兴、蔡锷、秋瑾等旅居日本酝酿推翻清政府的活动，便得到日本各界的理解与支持，因此，题赠联是这一繁荣时期的重要特征。有华人题联赠日人的，如：

揽方壶员峤之奇，海气百重，此间自辟神仙府；踵舜水梨洲而至，齐烟九点，终古无忘父母邦（梁启超赠鸿三理三邦）

西谚曰血重于水；东古训唇齿相依（孙中山赠头山满）

也有日人题联赠华人的，如日本文学博士常盘大定 1929 年赠福建雪峰寺方丈的对联：

既见三球随物换；何无双木与年新

这一时期的高潮是孙中山先生逝世后的挽联盛事。据当时的记载，东京华侨联合会追悼大会，挽联“百数十副”。东京中日韩追悼大会，“挽联计千副，极尽大观”。国民党横滨支部追悼会，“高挂挽联挽幛，极大之会场，竟拥挤不堪”。神户各界追悼会，“场内张挂祭幛挽联，堂壁皆满”。①

20 世纪 80 年代后，中国对联文化进入振兴时期。因此，中日对联文化的交流也进入一个新的繁荣阶段。主要表现在：

一题孔庙。中国人有为日本长崎孔庙题联的传统，早在清朝乾隆年间，江苏人顾孝先就题过两联：

万世文章祖；历代帝王师

庙貌森然，蓬海肃陈俎豆；仪范卓尔，崎山尊祝衣冠

赵朴初先生也有题孔庙联：

教被寰宇光曲阜；泽流海外润长崎

国画艺术大师李苦禅先生逝世前，应日方请求，为长崎孔庙撰书了联语：

圣教无域泽天下；盛德有范垂人间

---

① 常江：《略论“楹联东渡”》，载《对联》，1990 年第 4 期。

二国家之间、城市之间、民间团体之间、个人之间的交往中，对联已成为友谊的纽带。日本鹿儿岛与中国长沙市结为友好城市后，建一纪念亭，中国联家撰书一联：

我从麓山携来衡岳千峰雨；谁在樱岛剪取楚天一段云

1989年5月，中国楹联家、建筑艺术家高寿荃先生在大阪举行了"即兴嵌名楹联书法展览"，这是我国楹联界第一次在国外举办的展览，共展出嵌名联三十五副。比如为日本著名作家池田大作写的嵌名联：

月照池田明似镜；心雕大作永如天

为立正大学文学教授、大书法家田渊保夫撰写的嵌名联：

菊田笑隐渊明士；天保珍藏夫子诗

为立正大学教授、日中交流中心代表三木友里先生的中国名字廖美理撰联：

美存华朴内；理蕴实虚中

接着，他为东京"天广"中国料理餐厅的雅座撰写了八副对联。而且，他还为"天广"撰写、书题和设计了现今世界上最大的一副楹联，面积达35平方米，成为联坛一大佳话。[①] 这副对联用在"天广"建筑物的外装修立面上，位于大门的正上方，仿汉白玉浮雕篆书而成。联语是这样的：

厨下烹鲜，门庭成市开华宴；天宫摆酒，仙女饮樽醉广寒

上联嵌业主名"下门"，下联嵌店名"天广"，而且"厨下"、"门庭成（若）市"、"华宴"、"天宫"、"仙女"、"广寒（宫）"等语汇，以及对联之形、之字，都无一不透着浓浓的中国文化韵味。对联传播即文化传播，由此也可见一斑。

① 应朝：《精湛的门联 精彩的门面》，载《对联》，1990年第4期。

三、圈内其他国家的对联使用情况

朝鲜半岛和中国文化的交流源远流长，汉字、汉文化对朝鲜和韩国的影响都很深，其中一个很明显的标志也是汉文对联的使用。

朝鲜对联如：

长城一面溶溶水；大野东头点点山（平壤大同江练光亭）

一水循环波更静；数峰排闼翠相连（成川降仙楼）

雪痕尚在三云陛；日脚初升五楼重（开城广化门）

韩国对联如：

古今尊至圣；中外仰先师（汉城孔庙）

只得山中趣；不闻城市喧（汉城民俗村亭）

国泰民安 ； 岁和年丰（汉城国立大学奎章阁）

扫地黄金出；开门万福来（汉城国立大学奎章阁）

犹如梦中事；却来观世音（仁川麻谷寺）

新加坡的人大多数有中国血统，华文又被作为第二语文，因此新加坡有着深厚的汉文化根基，对联使用很多，主要分布在会馆、宗祠、寺庙、园林建筑等处所。如：

福地洞天，问寰中几多净土；建谋参政，看座上无数春风（福建会馆）

南来旧雨迎新雨；安得他乡胜故乡（南安会馆）

惟楚有材，大厦于今要梁栋；因树为屋，故乡无此好湖山（湖南会馆）

椰林香近；梅岭争先（梅县李氏会馆）

凤管瑶星，千古神仙苗裔；虎符金节，一家兄弟屏藩（王丹凤题太原王氏宗祠）

凤翥龙蟠，艳传王者甄灵地；山环水绕，新拓华侨祝圣祠（戴凤仪题凤山寺）

万水汇归，环海银涛收眼底；金樽共赏，前山翠黛展蛾眉（虎豹别墅）

其愚不可及；斯趣有所为（郁达夫题愚趣园）

马来西亚也可以说是一个华人世界，中国血统的马来西亚人和华侨占了人口总数的76%。因此汉文化的深厚也就可想而知，对联自然也不少，如：

兴吾业，乐吾群，敬吾桑梓；安此居，习此俗，爱此河山（怡保兴安会馆）

嘉会合礼；应运生才（怡保嘉应会馆）

竹箭声华当代选；梅花消息故人来（柔佛梅县张氏会馆）

洞天开霹雳；南国有敦煌（怡保霹雳洞）

本无声而有声，钟声磬声梵声，声声梦觉；目有色却无色，山色水色月色，色色皆空（槟城极乐寺）

听风望月增禅意；玩水游山养性灵（竺摩法师题清水祖师庙）

伯德通天，欲祷祯祥先作善；恩功满地，要祈福寿预存心（马六甲三保庙）

净念昭彰，极乐国随心应现；业尘不染，菩提场信步登阶（柔佛净业寺）

州里桑麻开禹甸；总网财产学周官（新福州垦场公司）

此外，马来西亚还有春节征联的习惯。①

泰国的华人也不少，有中国血统的泰国籍人和华侨占全部人口的10%。从泰国历史上看，建国于17世纪后期的大城王朝，其御苑就是聘请中国技术人员，按照中国宫殿样式建造的，而且宫殿里布满了各种汉字对联。② 泰国不仅其中式宫殿中充斥着汉

① 荣连：《马来西亚牛年征联揭晓》，载《对联》，1997年第5期。

② 田广林：《中国传统文化概论》，第286—287页，高等教育出版社，1999年。

文对联，而且中式寺庙中也有汉文对联。如：

永保岩疆，施德厄海；奠安属邑，溥仁恩邦（曼谷大王宫）

龙势飞腾地；莲灯照耀天（曼谷龙莲寺）

龙树马鸣，心求佛果；莲宫桂殿，身种菩提（曼谷龙莲寺）

七度使邻邦，有明盛纪传异域；三保驾慈航，万国衣冠拜故都（大城三宝公庙）

吟到白头诗未老；饮无红面酒为仙（大城芭茵行宫）

佛法无边，笼锡寿富真愿人；卧佛假睡，洞察善信虔诚心（大城大卧佛寺）

广济苍生恩泽赫；博施赤子德威扬（天妃寺）

伐魏征吴，谁比一时事业；称王颂帝，执同千古馨香（关帝庙）

四、中国境内兄弟民族的对联使用情况

众所周知，中国多元一体的文化结构是由中国各民族文化既共生共存、共同繁荣发展又相互学习交流、相互取长补短所形成的。一方面，各兄弟民族的文化从古至今都一直滋养和丰富着汉族文化；另一方面，汉族文化也不断地影响着各兄弟民族文化的发展。对联在各兄弟民族中的使用，就是这方面的一个例证。

从历史情况看，蒙、满、回、藏、苗、侗、白、纳西、土家等民族都有重视对联、用汉语创作对联的传统。而且涌现出许多对联高手。如元代完颜崇实会写汉语对联，清代康熙、乾隆、咸丰皇帝是撰写汉语对联的高手。此外，还出现过满语对联。在精通对联的非汉族人中，还有一个大名鼎鼎的人，就是云南大理剑川向湖村的白族人赵藩。这位在清末曾到蜀地做过长时间官儿，而且口碑颇不错的少数民族，以一副成都武侯祠对联（“能攻心则反侧自消，从古知兵非好战；不审势即宽严皆误，后来治蜀要深思”）使其身后声名远播，饮誉海内外。除这副名联之外，赵

藩创作的对联还很多，而且自撰自书，不乏艺术珍品。有人评价其联“深者极奥衍，浅者极轩豁，高者极典重，雅者极千眠”、“声不一调，体不一格。”[①] 特别是他的有关为官做事的对联，更是让人警醒和钦佩，如：

身家所系性命所关切毋罔上营私报应从来最速；图圄之苦词颂之累但愿替人设想方便乐得多行

焚香告天，苟妄索案中一钱阴谴重矣；设身处地，敢不为堂下百姓平情理之

关防先自我心，但严约官吏丁胥犹其显者；毁誉悉凭人口，惟明判是非邪正庶无愧焉

从现实情况看，现在经常有关于民族地区对联创作活动的报道。如1986年内蒙古自治区巴盟曾举办过蒙汉文征联展览。[②] 藏族对联故事载有格达活佛所作对联：“放下屠刀风景这边独好；立地成佛江山如此多娇”等。[③] 特别是云南白族、纳西族等兄弟民族，更是热衷于对联创作。

白族、纳西等民族，由于历来崇尚汉文化，热心学习传播汉文化，逢年过节张贴对联也早已成了一种本民族的习俗。如云南剑川，虽为滇西高原的一个几乎纯为白族聚居的高寒山区，经济比较落后，但在文化上却深受汉族文化的影响，素有“文化名邦”的称号，对联创作异常活跃。在那里，能否作对联，成为衡量一个读书人能力大小的重要标准。如果教书先生不会写对联，就会被轰走。久而久之，这里的对联创作水平就普遍很高了，以至于被著名作家李准称赞为“全国第一”。[④]

---

① 李海章：《古今名人联话》，第290页，中国文联出版公司，1996年。

② 见《民间对联故事》，1986年第5期的“联界动态”。

③ 见《民间对联故事》，1987年第6期。

④ 李伍久：《对联与少数民族文化之开发》，载《对联》，1994年第4期。

白族人不仅用汉语写对联，而且在融合汉文化的过程中，产生了白语对联和汉语白语混合对联①。混联如：

羊吃松毛咬因咬（白语称羊为“咬”，松毛为“咬拂”）

蛇括韭菜格达格（白语称蛇和韭菜都为“格”）

纯白语联如：合乙移哩起五狠多桂埃桂；白妹着哩火多拨格因招因（花衣裳穿到刺丛里，上挂一下，下挂一下；白米放在屋上边，鸡吃，雀吃。）

白语对联虽在文学上不占什么地位，但可以反映白族人民对对联艺术的喜爱。他们把汉文化特有的对联艺术，部分地进行移植，使之“白语化”了。

丽江纳西族也有用东巴文书写的对联。东巴文是当今世界上硕果仅存的少数象形文字之一，位于丽江黑龙潭风景区的云南省社会科学院东巴文化研究所的门联就是用东巴文书写的。

纳西族除了用东巴文写对联外，还有用汉字写的对联。这种对联有两种，一种是借汉字记音的对联，但汉字本身并无意义；另一种是虽然借汉字记音，但汉字字面也自成意境，可称为双语合璧联，如：

汉字记音：吉锦居凰，库室库楼博；美盘堆玉，喜门喜容长

纳西语义：水泻山青，新年送吉岁；天光地亮，世上乐人生

汉字记音：辞旧汝财浩于壑；持本阔势安似牛

纳西语义：今年吉旦同一拜；合家祝愿寿千秋

据说纳西文人不仅能作双语联，还能作双语诗。②

国内一些兄弟民族之所以喜作对联，除了深受汉文化的影响外，还有一个重要的原因，就是不少民族的语言文字适合于写作对联。关于这个问题，刘福铸先生曾有过专门的探讨。他认为

---

① 杨春：《白语对联漫谈》载《对联》，1988年第6期。

② 刘福铸：《谈异族语言文字的对联》，载《对联》，1992年第1期。

“能写作楹联的语言首先应该是属于具有声调的汉藏语系语言”，同时“还必须具有类似汉字适合竖向拆开、整齐排列的文字形式”，而图画性较强的纳西族的东巴文和水族的传统水书以及彝文、方块壮字、方块布依字、方块侗字、方块白文、方块哈尼字、方块苗字、方块瑶字、方块傈僳音节字等，都是具有汉字特点或是直接仿照汉字而造的，因此它们也是适合于写作对联的①。显然，语言文字上的接近，为汉语对联在中国境内一些兄弟民族中的传播提供了得天独厚的条件和适于滋生的土壤。

① 刘福铸：《适合撰联的少数民族语言文字》，载《对联》，2002年第12期。

网络话语的特征及其浑沌学解释

李　明

网络话语的产生和存在，引起了很多语言学者的关注，但描写的多，解释的少。本文试从传统语言学和文化语言学的角度对网络话语的特点分别进行描写，然后试运用浑沌学的理论对其特点进行解释。

一、网络话语

人类历史上，每一项新通讯技术的发明都给人类的沟通方式带来了重大突破。从 1876 年贝尔发明了电话之后，紧接着广播、电影、电视、计算机与网络的出现，这些新科技的发明将地理上分散的使用者连结在一起，突破了传统人际沟通的疆域限制，产生了新的人际互动关系以及文化模式；这些新的沟通方式都是在一个虚拟的传播空间中产生的，并随着传播情境的不同，催生了不同的语言文化，网络话语就是网络的出现而产生的一种新的语言文化现象。

由于网络的即时、开放、虚拟等特点，网络上的语言呈现出和传统的文本语言很大的不同。Collot & Belmore（1996）两人针对网络沟通提出了一个“Talking in Writing”的概念，[①] 说明网络

---

① Collot，M. & Belmore，N. 1996 “Electronic Language：A. New Variety of English.”

语言是一种通过文字进行口语沟通的网络上使用的语言文字。它与书面语中所用的语言文字有很大的不同，具有明显的口语性，它既可以看作是口头对话的延伸部分，也可以看作是书写语言的延伸部分。它不仅重视言语者和被言语者（或作者和读者）之间的相互作用，还重视语言使用的情景背景。为了区别于传统语言学中提到的文本语言，我们称之为网络话语。

二、传统语言学视野下的网络话语特征

传统的结构主义语言学派将语言看成一个层级装置系统，其中词法和句法是这个装置系统中各个要素相连的关键环节。因此，用传统语言学的观点分析网络话语，绕不开对网络话语的词法和句法进行分析。

（一）词汇方面

网络话语在词汇方面最显著的特征是新词语较多。从来源上看，这些新词以自创新词为主，也有增加新义的旧词和外来词。

自创新词：又可分为三类。一类是随着新事物的出现而出现的专有词语，如：带宽、网关、电子商务、网恋、鼠标等，这一类已逐渐被社会所接受并进入到规范的书面语行列；另一类是为达到某种修辞效果故意改变一些汉字的写法，如：菌男（俊男）、霉女（美女）、酱子（这样子）等，这一类在网络上年轻人的口语、电视、电影或其他与网络紧密相关的纸质媒介物中都频繁出现。第三类是纯粹的字母、数字以及键盘符号或者上述几种符号与汉字掺杂使用的符号，如常见的被相当多人认可的：UR（you are）、CU（see you）、MM（妹妹）、GG（哥哥）、886（拜拜了）、[^-^]（对你微笑）等。

增加了新义的旧词：一部分是由于新事物的出现导致词义扩大的，如：桌面、窗口、地址、冲浪；一部分是为追求修辞效果而产生新义的，如：青蛙（长得很丑的男人。像青蛙一样腆着肚

子，鼓着眼睛），恐龙（长得难看的女人。一出现就把别人吓跑），大虾（网络高手。因沉迷于网络而弯腰驼背，形似大虾）。

外来词：网络话语中的外来词有明显的外借痕迹，即大多是从英文照搬过来或者结合汉语的习惯稍加改造而来的，如：Internet、CPU 、B2B、CA（权威认证）、OA（办公自动化系统）等。

从新词的构造来看，修辞法构词的数量最多，其次是简缩式构词，还有由新产生的一些词缀构成的新词，如：坛：论坛、体坛、乐坛、影坛、羽坛；族：丁克族、BOBO 族、SOHO 族、打工族、汽车族、上班族。

（二）语法方面

从传统的语法规则角度看，网络话语的语法呈现出明显的断裂感、零散化。从整体上来看，网络用语强调个人的特殊感受和瞬间反应，具有强烈的主观性、随机性、模糊性。

1. 复制效果明显

有人说网络话语是机械复制时代的产物。我们这里所说的复制，类似于语言学中所说的“类推”一词，但又有所不同，是指人们有意识地将一种结构规则复制推广到更多的语词或句子上去的过程。如《第一次亲密接触》是 1998 年在网上非常走红的网络小说，随着它的出版，与“某某的亲密接触”这一模式就成为随后出现频率最高的词汇之一。再如“我思故我在”这句笛卡儿的名言，经杨澜套用成“我问故我在”并作为她的书名出版之后，“我［ ］故我在”，就成了一个模式，经常被中间随意换一动词进行复制后出现在媒体和一些人的口语中。

2. 词类活用多

在网络话语里，如果根据传统的句法修饰关系判断词类，肯定会困难重重。如：“非常”，在传统的词类划分中是一个典型的副词，但在网络话语中，非常男女、非常夏天、非常爱情、非常可乐等一涌而来，让人感觉“非常”更像一个形容词。另外，其他的副词修饰名词的例子也非常多，如：他的脸很儒家；这个海归说话很美国！等。

三、文化语言学视野下的网络话语

“语言是一种文化现象，是文化总体的组成部分，是自成体系的特殊文化”①。在社会生活的变化中，有许多变化不仅涉及到语言，而且借助于语言实践的变化被构筑到一种新的更高的意义的程度。如：近年来，出现的将市场行为延伸到新的社会生活领域中去的高潮，如教育、医疗等，使这些部门都逐渐成为面向消费者的产品市场活动，这些部门的工作者的行为、社会关系以及职业身份都受其影响发生了相应的变化。如：学习者逐渐变成“消费者”或“客户”，课程也逐渐变成“课件”或“产品”②。通过这些话语的变化，我们也能深入理解到这些相关部门的工作关系和工作行为的变化。网络话语是网络带给我们这个社会的变化的反映，同时更是一个网络文化现象。网络的开放、虚拟等特点，为不同年龄、性别、职业、民族的人们提供了一个相对民主、平等的交流平台，网络的这种相对民主、平等特性，在网络话语中有充分的体现。

1. 主体民主化

网络的特点为参与谈话的主体提供前所未有的开放性的准入。无论你是富甲天下，还是一贫如洗，也不管你是身居要职还是一介草民，在网络上大家都是平等的，都拥有自己的话语权。网络的相对虚拟的空间和相对平等的交流方式，使人们撕去了那层伪装的面纱。你来到网上，你会来到一个完全平等的地方，我们不知道对方的身份、背景、样子，人们相互之间没有任何先入

① 张公瑾：《文化语言学发凡》，第48页，云南大学出版社，1998年。

② 诺曼·费尔克拉夫著 殷晓蓉译：《话语与社会变迁》，华夏出版社，2003年。

为主的偏见和想当然的隔阂和疏远，人们可以用我们最本质的东西相互交流，是话语和思想本身在决定一切，而不是现实生活中的权势、地位、待遇、印象等等这些影响和阻碍人们的心灵。网络称谓词可以说是谈话主体民主化的一个投影。在网络上，称谓词五花八门，应有尽有，它强调突出每个人的个性，而掩盖人们的年龄、性别、职业、民族、等级、尊卑等的差别。

2. 内容民主化

在《数字化生存》这本书里，作者尼葛洛庞帝谈到，数字化生存必将出现四个改变人类生活结构的特征：分散权力、全球化、追求和谐与赋予权力。电脑之间随机连接而形成的网络无形地废除了"中心"位置，这是机器制造的民主。

在2003年8月北京邮电大学举行的"网络文化与社会发展学术研讨会"上，童庆炳先生举了一个中国古代文化中的"天人合一"这个词语为例，他说：

我们只要通过"百度"检索一下，在0.001秒钟，就能检索出共有53900篇文章、报道等涉及"天人合一"。"天人合一"这个有独特内涵的中华古代文明的真精神，被进行了各种各样的重塑。有从哲学的角度来解释的，有从伦理学角度来解释的，尽管那解释不尽合乎古典原意。然而更多的是从别的角度来解释的，如说要建立"天人合一"的商业观念，如说"天人合一"是保健的真经，如说喝茶才是符合"天人合一"之道，如说生态学的基础是"天人合一"，如说建筑的基本理念是"天人合一"，如说科技的发展最终要达到"天人合一"境界，如说养生的最高境界是"天人合一"，如说三峡工程达到了治水的"天人合一"的新境界，如说"天人合一"与会计学有密切关系，如说"防非典"与"天人合一"密切相关……①

① "网络文化与社会发展学术研讨会"精华辑录 www.cctv.com 电视批判。

"天人合一"在中国古代文化中有其特定的文化内涵，但在网络上人们对它的解释则千姿百态，童庆炳先生还说：这些解释不都是消解式的，里面有许多现代的精彩的深刻理解。其实"消解"或"深刻"都不重要，重要的是这种解释的多元性是人们对传统的"中心"的破除，从而使人们在一个新的层面看待中心、权威、意志等问题。它也是现实事物和人们思维多元性的反映，是网络话语民主性的一个表现。

3．形式民主化

网络上的话语像是万花筒中彩色图景，对原有的很多规范语言只要多少做一点点转动，景观就完全变了。如：新词的大量产生，词类的毫无原则地活用，人们总是觉得它没有多少科学成分，不过是一些吃饱喝足的年轻人的鼓噪而已。然而这些现象也有很多逐渐由网上到网下，走入人们的实际生活的，这多少应该引起人们的一些思考！这种形式的非正式化也可以理解为形式的民主化。这一方面是由于受网络话语的口语性特点影响，另一方面是因为在正式化的情景中权力和地位存在着明显地不对称性。韩寒，上海松江中学的一位因反对传统教育模式而影响广泛的高中生，在他的《三重门》中这样写道："语文书里作者文章的主题立意仿佛保守男女的爱情，隐隐约约觉得有那么一点，却又深藏着不露；学生要探明主题辛苦得像挖掘古文物，先要去掉厚厚的泥，再拂掉层层的灰，古文物出土后还要保护，碰上大一点的更要粉刷修补，累不堪言"。从这些话语中我们也就不难理解为什么平白如话的非正式性的网络话语在中小学生以及大学生中颇受欢迎的原因。

四、网络话语的浑沌学解释

浑沌学理论是从研究非线性相互作用为起点而逐渐发展起来的。按照浑沌学的观点，我们看到的世界图像既是有序的又是无序的；既是确定的又是随机的；既是稳定的又是不稳定的；既是完全的，又是不完全的；既是自相似性，又是不自相似性的。浑沌学理论的提出，对文化语言学的发展提供了坚实的理论基础。它用来解释网络话语中的很多现象，将为人们认识网络话语提供一个不同的视角。

1. 整体性

整体观是浑沌学理论观察事物的切入点。浑沌学理论认为：语言是一个大量要素构成的复杂的非线性系统，需要以整体的、直观的方法来把握这个浑沌序，而不是传统的机械拆分的方法。网络话语是一种通过书写进行交流的口语，它是一个瞬时性的时间过程，一些语句只能在具体的场景中做整体的把握才能正确地理解其确切的含义。如：两个经常在中午一起吃工作餐的同事，这天吃饭时间到了，一个给另一个发了条信息，写到“够！（go的谐音，拼音输入法中‘gou’音的第一个汉字）”，另外一个一看，立即心领神会。用规范的词汇规则来分析，这是一个纯粹的谐音现象。但在使用者看来，也许它还蕴含着“休息时间到了、我干活干烦了”等不同的潜在含义。用浑沌学的观点来看，“够”这个符号的意义不是绝对的，也不是这个符号自身决定的，它的意义是由它周围的符号场共同提供给它的，包括我们所看不见的那些符号。事实上每一个符号都在一个整体的孕育空间中存在的。在网络话语中，那些奔放的语符就如同乐谱中度数相差很大的音符一样，在自由地跳跃，整个系统以整体协同的方式形成新的图像，而不是围绕在某一个要素的周围。所以，对于网络话语中出现的拟声、谐音、符号化词汇和很多不太规范的现象，如果从整体境况中去把握，也许会得到更正确的理解。

2. 不确定性和随机性

语言是对现实世界的反映，而现实世界的任何存在都是不断改变的，甚至每时每刻都在变化，不存在绝对的稳定态。在这种改变中，自然表现出极其多样性的存在方式，尤其是在一些特殊的临界点上，同样语言作为一个符号系统也具有极大的不确定性和随机性。在网络话语中，如“再见”一词，存在着“拜、拜拜、bye、goodbye、seeyou、CU、886”等很多种表示方法，谈话者什么时间用什么表达方法，完全是随机的和不确定的。另外，很多词类的活用、新词语的产生，也不是由人为规划和预测的，而是随机的、不确定的。

3. 动态性、多样性

非线性系统是一个开放的、突出系统中各要素普遍相互作用的系统，而不是封闭的、强调某一个中心作用的系统。语言就是一个典型非线性系统，是在时空中不断地运动着的系统，其具体的表现形式就是变异。萨丕尔在其《语言论》中也提到“每一个词、每一个语法成分、每一种说法、每一种声音和重音，都是一个慢慢变化着的结构，由看不见的不以人意为转移的沿流模铸着，这正是语言的生命”。① 由网络话语的产生、存在及其影响可以看到语言运转的动态性特点。

五、结语

我们进行网络话语的浑沌学解释，目的在于说明网络话语存在的合理性。但并不是说网络话语代表了语言的发展方向。正如萨丕尔所说：“任何重要的改变一开始必须作为个人变异存在，这不容置疑，但是不能就此说，单只对个人变异做一番详尽的描写研究就能了解语言的总的沿流。个人变异本身只是偶然的现象，就像海水的波浪，一来一去，无目的地游荡。语言的沿流是有方向的。或者说，只有按一定方向流动的个人变异才体现或带动语言的沿流，正像海湾里只有某些波浪的移动才能勾画出潮流

① 爱德华·萨丕尔：《语言论》，第138页，商务印书馆，1997年。

的轮廓。语言的沿流是由说话的人无意识地选择的那些向某一方向堆积起来的个人变异构成的。”[①] 网络话语也是如此，只有那些符合语言发展沿流的个人变异才能保留下来。

① 爱德华·萨丕尔：《语言论》，第154页，商务印书馆，1997年。

佛教语言之浑沌观

陈文俊

佛教系当今世界三大宗教之一，从佛祖释迦牟尼（公元前565—公元前485年）于公元前6世纪创立以来，已有约2600年的历史。现在，在本土印度，佛教几近消亡，却在中国大放异彩，可以说，是中国人对佛教的接纳才使得佛教获得了最广泛的发展。佛教的语言也深入到中国社会的方方面面，融入到大众的生活之中。

浑沌（chaos）的概念，在中国与西方，古已有之，是人们在缺乏科学知识的情况下，不得不凭借直觉，对事物或观念做出模糊的整体想象；而20世纪70年代兴起的浑沌学，即现代浑沌学所讲的浑沌则是一个精确描述的科学概念，且已形成了系统的理论与方法，并在自然科学上获得了应用价值。

是什么令我将“佛教”与“浑沌”联系在一起呢？法国学者亨利·阿尔冯在所著《佛教》小册子的引言中说道：“因为佛教正是在使印度思想的轮廓模糊不清的迷雾之中露头的，所以印度史学者们把它当作年代的标志；因为在这个变幻莫测、独一无二的国家，在这块宜于滋生最广泛、最大胆的诸说混合的土地上，佛教溢出了思想浑沌的氛围。”① 好像真是这样，佛教与其所诞生

① （法）亨利·阿尔冯著，张以群译：《佛教》，第1—2页，商务印书馆，2000年。

之地——印度都散发出一种神秘莫测的气质，使人们无法清晰、有序地去认识它，而往往是借助直觉从整体上去把握。这符合佛教所讲“顿悟”，又与浑沌的某些理论不谋而合。

张公瑾先生在对语言的文化性质和文化价值作全方位阐释的时候，发现语言的非线性特点十分突出，于是将浑沌学理论引入文化语言学的研究之中，对语言和文化进行分析，让浑沌学理论作为一种本体观和方法论来支撑文化语言学，使之获得更为广泛和深入的研究领域。

语言研究既然可以用浑沌学的理论与方法来进行，那么佛教的语言自然也可归为其类。佛教作为一门宗教学说，是文化的一部分；按照文化语言学的理论，语言也是文化的一部分。所以，佛教、语言都是一种文化现象，是文化总体的组成部分，它们之间是部分与整体的关系，具有自相似性。将佛教语言作为研究对象，是将佛教与语言两个领域结合起来且抽取交叉之点。既然二者都与浑沌有紧密关联，那么是否可以尝试一下从浑沌的角度来考察佛教语言的特点，暂拟为佛教语言的浑沌观。

需要说明的是：这里的“佛教”仅以发展到今天的中国历史上的、区域性的佛教为代表，不涉及印度本土佛教、藏传佛教及其他国家和地区的佛教；这里的“语言”也仅是从词汇和语义的角度来理解，没有涉及语音、语法、语言结构等方面的问题；谈佛教语言的浑沌观也不同于谈佛教的语言观，即不是谈佛教对于语言的看法，如佛教禅宗从“不立文字”到“放一线道”、“指和月”的语言观[①]，而是以佛教语言为材料，发现其浑沌的意义。

下面就从佛教语言的几个层面略作分析。不当之处，敬请指正。

① 于谷：《禅宗语言和文献》，第1—15页，江西人民出版社，1995年。

一、教义

佛教最基本的教义是“四谛”和“十二因缘”，相传是释迦牟尼在菩提树下成道所悟的内容。所谓“谛”，即“真理”之意。“四谛”的意思就是就是“四种真实的真理”，这四种真实的真理就是指“苦、集、灭、道”四者。“云何为四？为苦圣谛，苦集，苦灭，苦灭道圣谛。”① “苦谛”指人生的各种痛苦；“集谛”指引起痛苦的原因和根据；“灭谛”指灭除种种烦恼和痛苦之根本后，达到佛教所说的一种不生不灭，解脱与自由的理想的精神境界；“道谛”指为脱离“苦谛”、“集谛”的缠缚，达到“灭谛”这种理想的精神境界所需要的修行方法和实践道路。② “佛教教义的核心思想是四圣谛中阐述的普遍存在的苦”③，即生老病死皆是苦，然而个人苦的状况又各有不同。佛教为众生描绘的苦的世界既是有序的，又是无序的；既是确定性的，又是随机性的。人人在这个世界上都要经历生老病死十分有序的苦的阶段，无一例外，这是确定和必然的，是人生的序列和规律；然而不同的人具有不同的年龄、性别、籍贯，处于不同的阶级和阶层，拥有不同的经历和思想，而在对人进行分类比较时，这些客观存在的因素又呈现出相同、相似、相异的特点，交织着有序和无序的现象，所以面对生老病死，人们所受之苦就十分不同，苦的程度和方式也大相径庭，表现出无序和随机性。佛教“苦”的概念体现出浑沌的思想。

“十二因缘”是用缘起说理论观察人生而得出的，用以解释

① 《中阿含经分别圣谛经》。

② 赖永海主编：《中国佛教百科全书·教义卷》，第3—15页，上海古籍出版社，2000年。

③ （法）亨利·阿尔冯著，张以群译：《佛教》，第32页，商务印书馆，2000年。

人生痛苦的根源，以及说明如何才能解脱痛苦的教义学说。包括无明、行、识、名色、六处（眼、耳、鼻、舌、身、意）、触、受、爱、取、有、生、老死十二个环节。这十二个环节对于每个人也都是必经的，但个人的状况又都不同，有序中穿插着无序。还有佛教所谓“四缘”、“五果”、“五蕴”、“六因”、“十二处”、“十八界”等等，都是从人生的普遍现象着眼，但又必然存在着个人情况的无序状态。

“涅槃”集佛教教义之大成。佛典中有关于“涅槃”的阐释：“如灯涅槃，唯灯焰谢，无别有物，好是世尊，心得解脱，唯诸蕴灭，更无所有。”[①] 又有“涅槃者，贪欲永尽，瞋恚永尽，愚痴永尽，一切诸烦恼永尽，是名涅槃。”[②] 这个词模棱两可，它的特点恐怕就是无法分析。佛教把涅槃看作生死流转的结束，是一种摆脱了变化厄运的状态，信佛之人都要追求最终的涅槃，然而它们的途径又各不相同。所以人们追求涅槃的道路也处于有序和无序的状态之中。“涅槃”一词正是此中浑沌状态的最好表达。

此外，“瑜伽”意即制御，“轮回”（sams↵ra）是普遍流转，“羯磨”（karma）指具有超越人的认识的行为。都给人留下揣测的空间，充斥着不确定因素。总之，从佛教教义的语言看来，它正是用浑沌的词汇为人类构拟出了一个浑沌的世界。

二、宗派名称

宗派是宗教的组织机构，是宗教分化和发展的产物。佛教传入中国，魏晋兴起般若学，分为本无宗、心无宗、即色宗；南北

---

① 《俱舍论》第6卷，转引自姚卫群：《佛学概论》，第408页，宗教文化出版社，2002年。

② 《杂阿含经》第18卷，转引自姚卫群：《佛学概论》，第408页，宗教文化出版社，2002年。

朝又出现了以探讨专门经论为中心的众多学派，影响较大的有涅槃宗、成实宗、地论学、摄论学、毗昙学以及三论学；隋代产生了三论宗和天台宗；唐代产生华严宗、唯识宗、禅宗、律宗、净土宗和密宗。名称中已隐含了该派的宗旨、教义和修行的方向。以禅、密二宗为例：

禅宗，注重禅定，主张以禅定概括佛教修习的全部内容，自称“传佛心印”，讲求“顿悟”，主张“不立文字”、“识心见性”。这些词语充满了对人生智慧的思考，用一个“禅”字来概括恰如其分，用禅定来求佛法是为有序，而个人修为不同，慧根、悟性也不同，又呈现出一种无序的状态，有序、无序相互穿插，完成对佛法的领会。

密宗，就更加神秘了，自称是金刚萨埵受法身佛大日如来秘密教旨的传授，为真实言教，将咒术、礼仪和对本尊的信仰崇拜进行高度组织化，口诵真言密咒、手结契印、心作观想，分别名为“语密”、“身密”、“意密”，“三密”相应，便可“即身成佛”，所以我们看到的密宗佛像双眼总是闭合，时刻沉浸在思考之中。这样一来，参佛的道路就更增加了许多不确定性，用“密”字概括十分恰当。

三、人物名称

宗教除了有其固定的组织、教派外，还有需要人们用来信仰崇拜的偶像和服务偶像并传播教义的神职人员。佛教偶像和神职人员的名称也很符合浑沌的气质。

创始人释迦牟尼（S↵kyamuni）被称为“佛陀”（Buddha）、“佛祖”、“如来”；现在成为国人口头禅的“阿弥陀佛”是西方极乐世界教主，“阿弥陀”（Amita－buddha）意即“无量”；还有中国人喜欢的笑口常开的“弥勒佛”，“弥勒”（Maitreya）意为“慈氏”。“佛”是指能自觉又使众生觉悟且觉行圆满者，是佛教的最高偶像。其下有“菩萨”（Bodhisattva），又称“大王”、“大圣”，指修持大乘六度，上求菩提，下化众生，并能在未来成就佛果的修行者，中国有“文殊菩萨”、“普贤菩萨”、“观音菩萨”、“地藏菩萨”分别代表大智、大行、大悲、大愿。再有“罗汉”(Arhat)、“金刚”（Vajra）等，民间俗称有“十八罗汉”、“八大金刚”。

佛教在印度诞生之时，僧人称为“比丘”。在中国，掌管一所寺院的僧人称为“主持”、“方丈”；德高望重的僧人称为“长老”，普通僧人称为“沙弥”、“沙门”、“门子”等；僧人又被统称为“和尚”，女子出家被称为“尼”。

从偶像到神职人员的名称被吸收到汉语词汇之中，大多采取音译的方式，兼有意译、音译结合，这样的词汇历经时间的沧桑被流传下来，可见当时翻译者的智慧与用心，所选取的汉字感觉上很符合佛教的气息。我想这也许是浑沌的作用，将佛教文化与语言进行了一项对应的工作，前提是二者具有自相似性，二者可以同构。

四、仪轨名称

宗教的神秘很大程度体现在其仪式、礼节上。如要遁入空门，需要有一个“剃度”的法事，剃度仪式有导引、启白、请师、开导、请圣、辞谢四恩、忏悔、灌顶、剃发等程序[①]。在平常人看来实际的结果就是剃发，然而它不叫“剃发”而叫“剃度”，多了一层度人的思想，即引导向佛的人去接近和加入佛的团体，“度”就成了一种十分玄妙的东西了。

佛教有“开光”、“放生”、“打七”等仪式，是用生动形象又

---

① 赖永海主编：《中国佛教百科全书·仪轨卷》，第134页，上海古籍出版社，2000年。

高度概括的语言赋予一系列宗教活动。

开光，又称开明光、开眼、开明，就是新佛像、佛画完成后想置于佛殿、佛室时，所举行替佛开眼的仪式。《禅林象器笺》上说："凡新造佛祖无像者，诸宗师家，立地数语，作笔点势，直点开他金刚正眼，此为开眼佛事，又名开光明。"经过开光后的佛像具有宗教意义上的神圣性，受到佛教徒的顶礼膜拜。开光时，将佛像安好，先诵经及咒语，奉请佛菩萨安座，然后才请高僧为佛像开光说法。依据《黑谷灯语录》是："开眼者，本是佛匠雕开眼，是事开眼；次僧家诵佛眼真言，诵大日真言，而成就佛一切功德，此为开眼也。"①

放生，出于大成佛经，是佛教徒基于众生平等的慈悲精神以及轮回生死的因果观念，提倡救济众生的一项仪式。其理论来源于《梵网菩萨戒经》中所说："若佛子以次心故，行放生业，一切男子是我父，一切女人是我母，我生生无不从之受生。"②

打七，又称"结七"，指七天中集中精力修行。目的是集众限期念佛，在短期内得到较好的修行成果③。

这类词语虽然代表着具体的行为动作，即宗教仪式，但给人的感觉却不止于此，人们通过此类仪式所要完成的心灵上的净化在这些词语里也有体现，词语的真正意义在于开发人们的内在智慧，也是词语本身浑沌色彩的体现。

佛教讲修炼，僧人要"打坐"、"参禅"，自然不能等同于我们普通人的"坐"、"立"等动作，多了一层虚无、空幻且能够静心思索，清理思想的东西。

佛教讲"取经"，本是一项求法的仪式和行动，今天我们将

① 圣凯：《中国汉传佛教礼仪》，第83页，宗教文化出版社，2001年。
② 圣凯：《中国汉传佛教礼仪》，第87页，宗教文化出版社，2001年。
③ 圣凯：《中国汉传佛教礼仪》，第93页，宗教文化出版社，2001年。

它的词义扩大为“向别人好的方面学习”，实际是将一种精神上的境界物化为通俗具体的行为。

五、经典名称

释迦牟尼在世之时，佛教没有成文的经典，佛陀的言教是通过听闻者的口口相传而流播的。佛陀入灭之后，举行僧众大会，由一人当众背诵释迦牟尼生前的教说，并由与会者审核通过，这种编撰经典的方式称为“结集”，又称“会诵”，结果形成了经、律、论三藏。“经”为契经类经典，即释迦牟尼及其佛门弟子口说的教法；“律”为戒律类经典，是佛祖制定的节律条文；“论”为释义类经典，是对经藏中所收佛理的义理做出的阐释与发挥。所谓“藏”，即汇编，含有“收藏”、“包摄”之意。三藏按教乘分又可分为小乘三藏和大乘三藏。“小乘”又名“声闻”，意为听闻佛陀言教而觉悟的人；“大乘”，即能运载无量众生到达“涅槃”境界的大的舟乘。

无论是“结集”、“经”、“律”、“论”、“藏”及“大乘”、“小乘”，都是包含性十分强的词语，给人一种整体感受，使人们接触佛教时就会不自觉地从整体上去把握佛教所传达的东西。此外，人们涉足佛教经典只能从具体的某经、某律、某论开始，如我们所耳熟的《大藏经》、《法华经》、《金刚经》等，但由于部分与整体具有自相似性，部分包含着整体的若干信息，从一处开始也可略窥全局。

六、佛偈

佛教用语往往给人以变幻莫测、虚无缥缈之感，显示出多元性和随机性。佛偈正是佛教用语的直接体现。

佛曰：“苦海无边，回头是岸。”包含着无限的胸襟和智慧，今天已成为人们的口头用语。

禅宗宗师在向大众说法或接待学者的时候，往往根据听众的组成成分和文化水平选择不同的语言，即所谓“看风使舵，因病与药”[①]。显示了很大的随机性和自由发挥的空间。

如禅门中机锋应对有一个常见的话题，即参学者问宗师如何是此山之“境”：

问：“如何是夹山境?”

师曰：“猿抱子归青嶂里，鸟衔花落碧岩前。”[②]

问：“如何是凤栖境?”

师曰：“千峰连岳秀，万嶂不知春。”

曰：“如何是境中人?”

师曰：“孤岩倚石坐，不下白云心。”[③]

问：“如何是白马境?”

师曰：“三冬花木秀，九下雪霜飞。”[④]

看似答非所问，但自然山水都是禅僧们最重要的参禅对象和话题，信手拈来，好像随意，实则必然。

再如慧能法师的著名诗偈：

普提本无树，明镜亦非台。

本来无一物，何处惹尘埃[⑤]。

是与忠实继承了达摩禅法的神秀法师的偈言：

身是菩提树，心如明镜台。

时时勤拂拭，勿使有尘埃[⑥]。

---

① 《碧岩录》，第7卷，第65则，《外道良马鞭影》。

② 《景德传灯录》，第15卷，《澧州夹山善慧禅师》。

③ 《景德传灯录》，第17卷，《洪州同安常察禅师》。

④ 《景德传灯录》，第20卷，《兴元府青剉山和尚》。

⑤ (唐)释慧能撰，张文修编著:《坛经》，第39页，北京燕山出版社，1995年。

⑥ (唐)释慧能撰，张文修编著：《坛经》，第33页，北京燕山出版社，1995年。

作对比的，实际上是对达摩以来禅门思想的批判。

神秀将身视为“菩提”，心视为“明镜”，取自释迦牟尼在菩提树下顿悟成佛的典故，实际代表参禅者的“身心合一”。认为人的身心应当与作为“尘埃”的污染对立起来，所谓“明镜”，指心“百物不思”、“寂然不动”的状态，“尘埃”则指心念活动。很明显，神秀主张的是二元论的思想。在他看来，要想入道成佛，必须离垢趋净，离垢趋净的具体方法就是“勤拂拭”，亦即通过坐禅观心和平日的克己修行来驱遣妄念，而这正是达摩以来禅学的基本主张。慧能则不然，他所主张的是本体上的一元论。偈言所谓“本来无一物”，是说心体为“本无”，即为“本无”，所以本身即清净不染，根本无需“拂拭”。心在“体”上虽为“本无”，但在“用”即表现形式上却是念念相续的。人心不可能绝对地杜灭心念活动，相反的，这有念之“用”倒是本无之“体”的唯一存在方式。所以“用”上的有念不等于“体”上的不清净。基此，慧能提出的入道途径就是随缘任运、顺其自然。①

两首诗偈都是用事是而非、矛盾纠合的语言传达出悟道的境界，表现的却是两种截然对立的思想观和方法论。神秀主张的是二元论的思想，倡导积极修行、相生相克的理念；慧能主张的则是本体上的一元论，采用的是不取不舍、随缘任用的方针。但都体现出佛偈语言的简练、模糊、象征性的特点，要表达对人生的看法，不必阐述道理，也不必举例说明，只消用象征性的词语构建出一种境界，让人体悟和感受，这就是佛教语言的浑沌性。正是佛偈语言的多元、随机性才更体现了佛教看待世界的广阔视野和深邃的智慧。

---

① 李壮鹰：《禅与诗》，第7—8页，北京师范大学出版社，2001年。

七、结语

一、佛教语言较之一般日常用语，其动态的、不稳定的、随机性的因素更多，体现的也更加明显。佛教语言为我们描绘的世界更显得无序和不确定，这便是佛教语言的浑沌现象。因此，更需要我们以直觉为起点来进行整体把握。

二、语言被佛教赋予特殊气质之后，在与文化的层次自相似性上更有特点。“在现实世界中，有许多事物的部分常常呈现出与整体相同或相似的特征，这就是部分与整体的自相似性。因此，部分中包含着整体的若干信息，了解了部分就可以了解整体的若干情况。”[①] 佛教是一种文化，语言也是一种文化现象，是文化的一个组成部分，通过对佛教语言的研究，我们可以得到大量关于佛教的文化信息，这就是部分包含着整体的信息所致，这就是佛教语言与文化的自相似性。

三、认识到佛教语言中的浑沌现象，就应当把握住佛教语言中的浑沌观，用浑沌的理论与方法来研究佛教语言，不仅对于佛教研究、语言研究，甚至是其他学科语言、类型语言的研究都有价值和借鉴的作用，将使宗教学、语言学、浑沌学的研究领域更加深入和广泛，并增添更加丰富的内容，这项工作有待有识之士去开辟。

---

① 张公瑾：《文化语言学发凡》，第93页，云南大学出版社，1998年。

隐喻的文化特性

张　磊

人类对隐喻的研究可追溯到古希腊时期，亚里士多德等哲学家从修辞的角度对隐喻的本质和功能进行了系统的理论探索。在其随后的2000多年间，隐喻研究一直是哲学家和语言学家们的热点话题，并产生了许多有影响的理论，如："对比论"（comparison view），"失协论"（incoherence view），"交互论"（interaction view）和"概念隐喻理论"（conceptual metaphor theory）等。这些理论依照它们研究角度的不同，大致可分为两类：前者为隐喻的修辞观（传统观点）和后者为隐喻的认知观（现代观点）。

隐喻的修辞观将隐喻视为一种纯粹的语言现象，是语言运用中对正规语言的偏离和变异，是润饰辞藻的一种修饰手段，主要起语言装饰作用。进入20世纪70年代，随着语言学、心理学和认知科学的发展，Lackoff等人从认知的角度研究隐喻，提出了概念隐喻的理论，认为"隐喻不仅仅是语言修辞手段，而且是一种思维方式——隐喻概念体系。"是以一类事物来了解另一类事物的认知历程或构思方式，是人们在思想中对于不同的事物特征建立联系的方式或机制，被人们称为隐喻的认知观或"当代隐喻理论"。这一理论的提出改变了隐喻研究的思维框架，建立了一种新的语言学范式。

尽管概念隐喻理论将隐喻提高到思维的高度，将之当成一种认知能力，甚至是最主要和最基本的认知能力，但思维是深层的，我们不得不利用表层的语言来捕捉它的活动，语言便成了研究概念隐喻的直接见证。

本文将在简要介绍该理论的基础上，以英语和汉语中的隐喻现象作为例证来探讨隐喻与文化的关系。

一、概念隐喻理论

何谓隐喻？哲学家、文学家和语言学家们从不同角度对隐喻的概念加以界定，阐述和分析了隐喻的本质和功能，但大都将隐喻看作一种语言现象和文体现象。Lackoff 和 Johnson（1980 年）站在认知的角度从功能和结构两个方面对隐喻的概念加以解释。

从功能上看，“隐喻的本质就是用一种事物去理解和经历另一种事物”。其中最重要的词是“理解”和“经历”，它们将隐喻引出语言领域。因此，“隐喻不仅仅是语言的问题，它更是思维的问题。各种思维活动，不管它是关于情感的、关于社会的、还是关于人格的、关于语言的或者关于生与死的，都与隐喻相关。隐喻对于想象和对于理性来说，都是不可或缺的。”

依据这一观点，隐喻不再仅仅是一种语言现象，更是人类认知和建构世界的一种思维方式；这种思维方式具体表现为一种由旧知向新知的递归扩展，由已知向未知的延伸和渗透，熟悉化与非熟悉化或创新化的波浪式连续转化的过程。我们称这一方式为隐喻性思维方式或隐喻思维方式，它是人类认知世界的最基本的方式。而人类对隐喻思维方式的习得来源于人类自身的身体经验。Lackoff 和 Johnson（1999 年）指出了这一习得过程：“我们日常经验中的相关性不可避免地会引导我们获得基本隐喻，它是身体、经验、大脑和心智的产物，只能通过体验获得意义，这样就把主观判断与感觉运动经验连接起来。我们能自动和无意识地获得这些思维隐喻模式，而且一定要利用隐喻进行思维。隐喻的体验性说明它们不可能是任意的，而是具有一定理据的。”因此，在我们的语言中出现了这样的比喻：针眼、河口、山脊、山腰、桌子脚、椅子背等隐喻性的命名方式，这也说明了人类是以自我为中心用“体认”的方式来开始认识世界的：他们首先认识到自我，而后才认识到周围的事物，进而认识到较为远处的事物，在此基础上开始认识到抽象的概念。

从结构上看，“隐喻是两个概念域之间的映射”。正如 Lackoff 和 Johnson（1980）在分析概念隐喻 Love is a journey. 时所说的那样：“这个隐喻是根据旅行的经验来理解爱的经验。说得更技术一点，这个隐喻就是从源域（旅行）到目标域（爱）的映射。”

这一定义给我们展示出隐喻的产生就是概念或意象从源域（original domain ）向目标域（target domain）的映射（mapping）过程。映射的基础就在于源域概念和目标域概念之间有一系列存在上和认识上的对应关系；二者之间既相互独立，又具有潜在的相似性。隐喻的理解就是两域之间的语义迁移和潜在相似性的激活。例如，我们常说的“互联网是信息高速公路。”就包含了这样一个映射过程。源域是交通运输，目标域是网络。在映射过程中，用货物隐喻信息，司机隐喻用户，燃料隐喻电源，公路隐喻传输路径，运输工具隐喻计算机，目的地隐喻信息网站，路上障碍隐喻技术故障。

在概念隐喻看来，隐喻是作为概念并系统性地存在于我们的头脑中，即隐喻的概念体系。该体系可分为两个层次：概念隐喻（隐喻的深层结构）和隐喻语言（隐喻的外在表现）。前者是原领域和目标领域间的系统性映射，后者是概念隐喻的具体体现。例如：

Look，how far we have come.

It’s been a long，bumpy road.

We can’t turn back now.

We may have to go our separate ways.

We are at across road.

We are spinning our wheels.

Our relationship is off the track.

The marriage is on the rocks.

按照传统的理论，上面的每个句子都是一个隐喻，而概念隐喻理论认为这里只有一个隐喻概念：LOVE IS A JOURNEY. 上述例子都是这一概念在语言上的具体体现。由此可以看出，隐喻从本质上说是概念性的，而不是语言性的。同时，上述例句也显示出隐喻的映射是系统地从一个认知域向另一个认知域进行的。

因此，在概念隐喻理论看来，“隐喻是一种很平常的手段，我们下意识地、自动地使用着它，使用起来毫不费力，因此对它往往毫无察觉；隐喻又无处不在，不管我们思考什么，隐喻总是充满我们的思想；隐喻又是人所共知的，我们在儿童时代就已经自动地获得了理解和使用隐喻的能力；隐喻又是常规的，它是我们日常思维和语言中的一个完整的组成部分；隐喻又是不可替代的，我们用隐喻的方式来理解自己和世界，这是其他的思维模式做不到的。”（Lackoff & Johnson, 1980）

二、隐喻性思维的文化贡献

隐喻性思维产生于原始的诗性思维，是一种原生的和被动的创造性思维。当代德国著名哲学家卡西尔，从认识论和人类文化的来源着眼，称之为“基于神话和诗歌的象征语言的思维方式”。（卡西尔，1992年）

在远古时代，原始人类对世界的认知包括对可见世界和不可见世界的认识和感悟。他们对可见世界的认识是生动形象、具体精微，充满细节和感情的。因此，语言也就充满具体性和细节性较强的词语，而抽象概括的词语相对少。而他们对不可见世界的探索是凭借直觉的感悟，即“心视”。用具体细节性的语言来反映心视性的或者感悟性的世界认知。在这里，隐喻表达的一个重要功能似乎就是，可以对不可直言的意义或者意识进行曲折的喻指表达。原始人类在认识不可知的世界和抽象概括的事物时，就会自然而然地要走向隐喻思维，即用生动具体的言语形象地喻指不可知的或者不可直言的感悟性存在物，其言语就会富有诗意的隐喻表达。隐喻表达实际上是原始人类对世界进行诗性认知编码的反映。原始思维对世界的隐喻认知虽然天真幼稚却仍然是一种系统性的认知。

然而，正是通过这种天真幼稚的隐喻思维人类拥有了世界，在这个世界里，人类用体认的方式命名了整个世界并赋予他们人格。于是，花鸟鱼虫会思想，高山大海会唱歌，墙有耳，石能言，神人相通，充满奇迹和神秘。正是通过这种天真幼稚的隐喻思维人类拥有了探索世界的利器，从这里开始，人类用以具体喻抽象，以已知喻未知的方式感悟了整个世界。所以，我们便有了信息高速公路，人生的舞台；也正是在通过这种天真幼稚的隐喻思维认识和感悟世界的过程中，不同地区的人们编织了内容迥异而范式相同的多姿多彩的原始创世神话。在这些神话中，人们用“以己度物”的理解方式并用象征的手法叙述着世界的起源，比如，在基督教的观念中，亚当的皮肤类似土地，骨骼类似岩石，血液像海洋，头发像草原，思想则像云朵（卡西尔，1992年）。在印度圣典吠陀经中，记载了世界产生的另一种说法。众天神以天神普鲁沙的身体作祭品，把他切成许多块。从他的双唇产生了婆罗门（祭司），双手产生了刹帝利（武士），大腿产生了吠舍（农夫），双脚产生了首陀罗等四种姓。从普鲁沙的心智产生了月亮，从他的眼睛产生了太阳；火出自他的口腔，风产生于他的呼吸，空气形成于他的肚脐；他的头成了苍天，他的耳朵造就住诸方，他的双腿成了大地。这些创世神话“是以自然的人化和人化身于自然为基础的，是人与自然的统一；人与自然之间存在着的同源同质和同构的关系。”（耿占春，1993 年）这些创世神话是原始人类以隐喻的方式认识世界的一种表达；它创造了人类的原始文化并成为人类后继文化的源泉以及创作范式。

三、隐喻生成的文化理据

文化对着隐喻生成的影响表现为两种方式：显性的方式和隐性的方式。

从显性影响来讲，文化作为一种知识系统为隐喻的产生提供了充分的依据。根据文化的认知观点，参与一个群体的文化，一个人必须要有命题知识和程序知识。命题知识指的是代表命题的信念。例如，在旧中国，妇女的地位是最低的。因此，在出嫁前要服从父母，在出嫁后要服从丈夫，这些都是“知道什么”的陈述。程序知识是一种“知道怎样”的信息。这些信息从观察人们是怎样做日常的事，如何解决问题中被推断出来的。以烹饪为例，“菜里放酱油就会香”，这是命题知识；但是“什么时候放，放多少”是程序知识。因此，文化中原有的命题知识和程序知识影响着人们运用隐喻去理解世界。例如，中国古人原有的命题知识是世上万物都是天地阴阳二气交合的产物。在他们的观念里，云是地上的阴气与天上的阳气交合形成的状态，雨则被认为是两者交合的结果，云雨是天地这两大造物者的交媾的行为。基于这种命题知识，“云雨”就被用来隐喻男女合欢。同时，文化的最基本的概念与隐喻的概念系统是一致的，中国是饮食大国，“吃”文化在中国语言中留下深刻的烙印。“吃是承受、是获取”这个隐喻系统在如下得到了体现，“吃惊”、“吃官司”、“吃不消”、“吃不住”、“吃罪不起”、“吃软不吃硬”、“不吃那一套”、“吃一堑长一智”、“吃香”、“吃亏”、“吃苦头”、“吃冤枉”、“吃得开”、

"吃里爬外"、"吃工资"、"吃利息"、"吃国家"（钟小佩，2000年）。

隐喻作为人类认知世界和建构世界的一种基本方式，其现实基础是人们自身的体验和生活经验，而这种体验是在特定的社会文化环境中形成的，隐性地影响着人们的思维方式和认知方式，并最终制约着隐喻概念的生成。

在日常生活中，由于人们在高兴时总是有直立的姿势，难过的时候总是低着头。因此，无论是西方还是东方，人们都有了"上意味着高兴，下意味着难过"的概念体系，并形成了下面一系列的隐喻表述：

兴高采烈	in high spirits
打起精神	boost one's spirits
心情沉闷	feel down
垂头丧气	be low
萎靡不振	in low spirits
意志消沉	fall into a depression

四、隐喻理解的文化介入

隐喻认知是在一种约定的社会文化模式的约束和指导下展开的意义推理和概念建构过程；文化因素为隐喻的理解提供一种潜在的宏大背景和框架。在隐喻的理解过程中，作为心理沉淀的文化背景潜意识的影响着人们的价值观和思维方式，并进而确定了隐喻理解的取向。

美国2000年的《时代周刊》（Time）曾以一位福建青年为例报道了中国非法移民在美国的艰难经历。文章的正副标题如下：

JOURNEY TO THE WEST

An illegal Chinese immigrant embarks on a long and dangerous Odyssey from Fujian Province to the promised land of America.

文章的正标题JOURNEY TO THE WEST使人联想到中国古典小说《西游记》的寓意：孙悟空和唐僧等人历经磨难，意志坚定地去西天求取“真经”。因此，该标题也就蕴含了一位中国福建青年像孙悟空和唐僧等人那样，不畏艰险，凭着坚定的信念和毅力到美国寻求真理的寓意。同时，文章的副标题也包含了两个隐喻：Odyssey和the promised land。众所周知，《奥德赛》（Odyssey）是著名的古希腊史诗，具有丰富的文化含义。作者把《奥德赛》所构建的概念结构和心理空间映射到福建青年所构建的概念结构和心理空间中去，使福建青年具有了奥德赛的一些特征和特点：一位不畏艰险，历经险阻，返回“家乡”的“英雄”。而the promised land则让人联想起《圣经》中犹太人摩西在“上帝”的指引和帮助下，为了到达上帝赐予犹太人的“希望的土地”（the promised land）而长途跋涉的经历。这一隐喻使人联想到福建青年就像摩西那样义无反顾地听从上帝的指引，历经千辛万苦，目的就是要到美国这块“希望的土地”上来。作者通过构建“JOURNEY TO THE WEST”，“Odyssey”和“the promised land”等一系列隐喻，将中国和美国放入一个冲突的框架中。在这一框架中，中国被描写成“无真理”、“迫害人民”的国度；而美国则被描绘成“真理所在的地方”、“充满希望的地方”。该隐喻所反映出的作者的思维趋势和文化取向鲜明可见（段荣，2002年）。

由此可见，隐喻的理解是一个动态的过程，并不是一个单向的从源域向目标域的机械映射过程，而应是源域和目标域的概念之间的对话过程。对话过程包括两个步骤：一是来自两域的概念结构和意象图式之间的相互作用、相互制约，体现为概念结构的相互整合；二是社会文化背景的影响，体现为对隐喻含义的最后选择（由于语境和文化背景的差异，隐喻的含义往往不是一个，而是一个喻义集，因此，喻义的最后选择要依赖于社会文化背景知识和语言环境的指定）。因而，这一过程应具有开放性、双向性、流动性和渗透性的特点。

隐喻的理解过程其实就像“凤凰涅槃”一样，是“语义的自我毁灭过程”，但同时也是“语义的新生过程”。在此过程中，隐喻的字面意义“毁灭”了，而在这“毁灭”的过程中，新的意义也就诞生了。在语义的“毁灭”和“新生”过程中，人们头脑里的社会文化背景知识为不同域之间的概念匹配提供了充足的语义支持；并引导着概念整合的方向，使隐喻的意义逐渐明晰，从而最终确定隐喻的含义。

五、隐喻的文化表达

隐喻作为语言现象，是储藏、传承、发展文化的载体，必然蕴含着丰富的文化；然而，这种表达既有跨越民族和文化的共性，也有不同民族和文化之间的差异。

由于人类认知经验的共性和他们赖以生存的客观世界本身的相似性以及人类社会文化背景也存在着种种相似之处，因此，尽管不同民族使用的语言系统迥异，但基于共同的认知结构，扎根于不同文化中的隐喻便可能重合，形成“文化共核”。正是由于有了这种“文化共核”，才产生了类似的隐喻概念，才使理解不同文化中的隐喻成为可能。例如：

a thunder of applause 雷鸣般的掌声

in black and white 白纸黑字

Walls have ears 隔墙有耳

be red with anger 气得脸通红（徐萍，2000 年）

同时，隐喻作为语言现象又体现着文化的差异，具有民族性和约定性。由于不同的语言社团使用不同的语言，他们对世界的认识也不尽相同。反之，世界通过语言的折射，使操不同语言的社团对同一概念的认识产生这样或那样的差别，因此，体现着文化的冲突和差异。不同的文化沉淀在隐喻中留下不同的痕迹。例如，在阿拉伯语中，往往用水来隐喻爱情。“I kissed her mouth, holding her necks on both sides of her head, and drank deeply as a thirsty man drinks from the cool water of a pond.”还有诗对失恋做了这样的描述：“like camels in the desert, nearly dying of thirst even while carrying water on their backs.”有些隐喻化的语言对于非本民族人来说是不可思议的。例如：英语说没有 love with my heart，汉语也说“用我的心去爱”，然而中美洲的马亚语却说“用我的肚子去爱”，而某些非洲语说“用我的肝去爱”，西太平洋上的马绍尔语竟然说“用我的喉咙去爱”（李国南，1995 年）。有时，由于民族文化心理、风俗习惯及价值取向不同，同一喻体在不同文化中的隐喻意义大相径庭。如，在英语与汉语中，都有大量的与白色（white）有关的隐喻，但却拥有截然不同的含义。在英语中，有关白色的概念隐喻往往或多或少的包含好的含义，如 the white collar, a white lie, a white elephant, to whitewash 等；而在汉语中，多有贬的意义，如：白丁、白匪、白骨精、白脸奸臣、白色恐怖等（张 蓓，1998 年；曹务堂，1999 年）。

六、结束语

如上文所述，隐喻是在彼类事物的暗示之下，感知、体验、想象、理解和谈论此类事物的语言现象、心理现象和文化现象。就其实质而言，它首先表现为语言现象，却暗示着更为深意的心理现象，而任何心理现象都是文化现象的深层次展示。因此，从本质上来讲，隐喻是一种文化现象。而人类对隐喻从修辞格到认知方式的认识转变，正是基于人类对其中文化信息的日益关注。

每一次语言学思潮的更替，都不是前一思潮的延伸和继续，而是一次思维框架的转换（张公瑾，1998 年）。进入 20 世纪 80 年代以来，语言与文化的关系一直是语言学家们的热点话题；而隐喻作为一种语言表达的变体，一种对客观现实世界的语言表达方式，反映了人们对现实世界的认识。因此，隐喻所具有的认知力，给我们提供了认识语言与文化关系的新视角。

社会文化结构与女性文字的发展

王 锋

一、问题的提出

文字是语言的书写符号，是人与人之间交流信息的约定俗成的视觉符号系统。文字的功能是记录由声音构成的语言，使其传送到远方，流传到后代。众所周知，语言是全民共有的，没有阶级性。一般认为，文字也是一个民族或社会全民所有的文化工具，它和语言一样，没有阶级性。尽管在特定时期和社会中，文字一度被统治阶级所垄断，被统治阶级则被剥夺了学习和使用文字的权利，但这并不能改变文字没有阶级性的性质。

但另一方面，人们也注意到，人类文字的应用情况是很复杂的。这主要是由于人类创造的文字形式千差万别，且各民族使用文字的历史条件和文化环境也各有特点，此外，文字有着鲜明的文化属性，它与民族文化之间有着千丝万缕的联系。这些情况，人们很早就已认识到了。此外，还有一些特点是过去很少注意到的。这里主要谈三个方面：第一，人类社会的构成是复杂的。一个社会通常是由许多社会阶层构成的复杂结构，简单地将其划分为统治阶级和被统治阶级两个社会层次是不够的。一些阶层共同构成占优势的主流社会，而另一些阶层则构成占劣势的底层或边缘社会。文字没有阶级性，但文字的使用情况与社会阶层有密切关系，则是客观存在的历史事实。第二，文字是一种重要的文化资源。在尚未出现电视、广播等现代媒体的社会中，只有借助文字，一个复杂的社会才能有效运转。从这个意义上说，文字是掌握话语权和实现统治的重要工具和途径。第三，不同的民族或社会可以使用同一种文字，同一个民族或社会也可以使用多种不同的文字。但问题在于，不同的文字有着不一样的社会声望，在政治、经济和文化上的重要性各有不同。因此，各个社会阶层对不同文字重要性的评价以及对文字资源的争夺，造成了文字使用的社会差异。

文字使用的社会差异是普遍存在的。主要表现在，文字作为最重要的一种文化工具，在特定社会中，一部分社会阶层通过某种手段垄断文字的使用权，压制甚至剥夺其他阶层学习和使用文字的权利；在使用多种文字的社会中，占优势的社会阶层则垄断具有高度政治、经济和文化地位的文字，漠视、歧视甚至排挤和压制地位低的文字。

以中国大陆为中心的东亚地区，封建社会时间漫长，儒家思想影响深远。在生产关系上，表现为占有土地的封建地主或领主对农民的剥削，而在社会文化生活上，男权对女性的压迫则是其重要特征之一。以封建宗法制度为核心的男权社会，维护父权、夫权对女性的优势地位，压制和剥夺女性的社会、经济和文化权利。其中最值得关注的是，男性社会垄断了汉字这一文化工具，剥夺了女性学习、使用汉字的文化权利。而东亚地区出现的几种女性文字，也与这种封建文化统治有密切关系。对几种女性文字的研究，有助于加深人们对文字文化属性的认识。

二、女性文字简介

目前在学术界看法较为一致的女性文字主要是女书。此外，日本假名以及朝鲜谚文（训民正音）在其发展过程中，一度也主要为女性所使用，具有女性文字的特点。这几种文字都是在汉字的基础上发展而来的，属于汉字系文字。现简单介绍这几种文字。

女书。女书流传于湖南省江永县，是在汉字基础上发展起来的一套自成体系的文字。从形体上看，女书字呈由右上略向左下斜的长菱形，和汉字的方块形迥异；没有横、撇、捺、折、勾、长竖，只有斜、弧、短竖、小圆点、小圆圈等笔画，和汉字笔画也有很大不同。目前通过对女书原件材料的全面整理，归纳出2000个左右的字符（包括异体字），其中常用字符700多个，这些字符绝大多数是由汉字变形而成的。女书用一个字代表同音和近音的多个语词，是一种由“同音假借”高度发展而形成的表音文字。

女书最吸引人的特点是它仅在当地的妇女中流传使用，男子不学也不认，故被当地人称为“女书”、“女文”或“女字”。与此相对应，当地妇女则把男子使用的通用汉字称为“男字。”当地妇女一般采取五言和七言（主要是七言）韵文的形式，写成女书作品，用来传递信息，表达思想，抒发自己的喜怒哀乐。女书主要被当地妇女用于表现女性生活的苦楚，诉说她们的思想和感情。当地的妇女以女书文字为纽带，建构了一个独特的女性群体世界。传授与学习女书文字，创作和唱读女书作品，是当地妇女最重要的社会活动和精神活动方式。在劳动生产、社会交往、婚丧嫁娶、宗教节庆等生产、生活活动中，女书都充当着重要的角色。当地妇女盛行结拜“七姐妹”，她们用女书写下“姐妹结交书”，平时也经常在一起唱读女书，互诉心事。到女子出嫁前，新娘的女性亲朋云集女家祠堂，齐声唱读女书，对新娘表示祝福和依恋之情，称“坐歌堂”。婚后三天，亲友又赠以三篇纸的女书诗文，叫“贺三朝书”，并在新郎家唱读。送的贺三朝书越多，越说明新娘聪明能干、朋友多，娘家人就越有光彩。一些妇女在死后，也常以女书作品为殉葬物。对当地妇女而言，女书作为一种文字，其社会交往的功能并不突出，女性更多的是将其作为追求精神生活、交流情感体验的一种方式。如一首女书歌中所唱："新华（当地地名）女子读女书，不为当官不为名。只为女人受尽苦，要凭女书诉苦情。"通过这套属于自己的文字系统，女性才能自由、无拘无束地表达自己真实的生活和心理感受。女书不再仅仅是一种书写语言的符号系统，更是女性社会生活特别是精神生活的核心和纽带，是当地特有的女性文化的载体和凝聚体。女书这种独特的文化性质是令人称奇的。

而从民间关于女书创制的传说看，内容都大同小异，如《九斤姑娘女红造字》、《盘巧姑娘造字》、《荆田胡氏皇妃传书》等故事，都说是一个心灵手巧的姑娘，借助女红图案，将汉字进行变形造成女书，用来和姊妹、亲人传递信息和交流情感。其值得注意的有以下几点：（1）上述传说都说女书形体与女红图案有关；(2) 女书符号与汉字有关，但为掩人耳目，进行了变异改造；(3) 创制女书是为了女性间的情感、信息交流，以保护女性自身利益，这是女书社会功能的一种体现。女书的创制，对于阶级社会中备受歧视和压迫的妇女来说，无疑是她们追求自我保护和精神生活解放的重要文化成果。

无独有偶，在日本平假名和朝鲜谚文（训民正音）的发展历程中，它们也曾一度被视为"女性文字"而被歧视。在日本、朝鲜的历史上，女性同样受到父权社会的种种禁锢和限制，加上儒家思想的影响，妇女的社会地位一直是很低的。长期以来，日本、朝鲜都使用汉文，以汉文为官方书面语言。而接受教育、学习汉文长期以来只是上层阶级的特权，能否用汉文写作一直是上等人有教养的标志。绝大多数女性完全被剥夺了受教育的权利，也就不可能掌握汉文。在日本，汉文在很长时期内只是被少数皇家贵族和僧侣所掌握。到七八世纪，开始出现假名。此后假名虽然获得很大发展，但地位一直很低。当时男性社会除在公共的正式场合使用汉文外，还热衷于用汉文创作文学作品，假名则受到男性的歧视。相反，不懂文字的女性在接触了假名以后，因其结构简单、书写简便，很快就掌握并迅速在女性群体特别是上层贵族妇女中推广开来。平安时代，日本称汉字为“真名、男手、男文字”，把平假名称为“假名、女手、女文字”。虽然男性不屑于使用平假名，但日本女性却凭借其聪敏智慧，用平假名进行创作，创造了辉煌灿烂的女性文学。约在公元1000年前后，女作家紫式部创作的长篇小说《源氏物语》和清少纳言的随笔集《枕草子》，被誉为平安时代日本文学的双璧，产生了巨大的社会影响。其他一大批女性作家用“女手”进行创作，也取得了巨大的成就，极大地推动了平假名的规范统一和社会地位的提高。在女性文学的影响下，男性才开始逐渐使用平假名，但此后很长时期内，仍将其视为没有教养的文字。只有日本女性一直坚持使用并使之不断发展，成为一套规范、纯粹的表音字母。

谚文（训民正音）是朝鲜在汉字基础上创制的拼音文字。朝鲜世宗李祹创制谚文以后，进行了一系列的推广，但上层统治阶级普遍掌握汉文，并以汉文化为尊，一直抵制谚文的推行。李朝第十代王燕山君甚至在公元1504年下令禁止教习谚文，并焚毁谚文书籍，史称“谚文禁乱”，谚文受到沉重打击，逐渐被朝鲜主流社会所排斥。17世纪以后，尽管朝鲜男性社会普遍歧视谚文，但朝鲜女性在接触了谚文后，很快就能熟练掌握，并在女性群体中迅速推广，谚文也因此被称为“雌文字”或“女文字”。当时，除了女性自己书写谚文外，一些男性在以女性为书写对象时，也使用谚文。从书写内容看，包括各种约束女性的条文如《戒女书》、妇女之间的“谚简”（书信）、闺房歌辞、小说作品等，都用谚文书写。谚文问世后，最初只局限在宫中或贵族女性中使用，但随着它在女性群体中的不断推广及其生活化、实用化，它逐渐得到了社会的认可，最终成为全体国民的正式文字。在它的发展过程中，女性所起的作用是举足轻重的。这一情况和日文平假名极其类似，也再一次证明了各民族妇女在参与社会文化生活过程中体现出的伟大创造能力。

从这几种女性文字的发展过程中，可以看到一些共同的特点。首先，妇女在受汉文化深远影响的父权制社会中地位低下，受到种种限制和歧视。而汉字系文字在汉文长期使用的情况下，也是一种低级的、没有权威甚至是受排斥和歧视的文字。这是造成妇女使用汉字系文字的普遍的文化环境。其次，上述几种文字都是表音文字，女书虽然字形结构仍嫌复杂，但其同音通假的高度发展，极大地降低了认读文字的难度。至于平假名和谚文，更是简明实用，易于掌握，这是几种女性文字得以迅速推广的重要原因。第三，女性创造或使用文字，主要目的是表现自己的生产和生活，特别是真实的心理感情，是女性在被限制、被压抑的社会环境中一种重要的精神活动方式，体现了女性渴望参与社会生活、追求精神享受的要求。女性文字的形成和发展，是特定历史条件和文化环境中女性自我意识和主体意识初步觉醒的产物，是女性在历史上的伟大创造之一。

三、男权社会中女性文字的形成和发展

在人类历史上，妇女曾经创造了辉煌的文明。但进入父权社会以后，男性成为经济生产的主要力量，并取得了在政治、经济以及社会生产和生活的各个领域的统治权，女性则成为被排挤、被压迫和被制约的对象。男性制约了女性的衣食住行等自然活动，制约了女性社会生产、社会参与、社会交往等社会活动，甚至还进一步制约了女性的价值观念、审美观念、情感表达方式等精神活动，女性的情感生活和精神生活被极度地限制、压抑和扭曲。这是父权社会的普遍现象，而以儒家思想为基础的汉文化，

对妇女社会生活、情感生活和精神生活的限制和约束尤其具有典型性。

在儒家文化中，女性的活动范围是“女子居内，深宫闺门，阍寺守之”[①]，女性的活动内容是“妇主中馈，惟事酒食衣物之礼耳。”女性的行为规范是“臣受命于君，妻受命于夫”[②]。“妇人从人者也。幼从父兄，嫁从夫，夫死从子。”[③]“女子无才便是德”则完全是男性强加于女性的价值观念，从“楚王好细腰，国人多饿死”中可以看到以男性为中心的审美观念对女性行为、价值取向的左右。女性从身体上、精神上都受到男性社会的歧视：“头发长，见识短”，“唯小人与女子为难养也”。这些道德规范和价值判断，从小就被灌输给女性，构成一张巨大而沉重的网，将女性包裹、束缚在其中，极大地摧残着女性的身心，压抑着女性的肉体和精神世界。

在情感、精神的表达上，女性同样是远离中心、备受压制的边缘群体。除了极少数的贵族妇女，绝大多数女性都被剥夺了受教育的权利，她们被排斥在语言文字系统之外，不能借助语言文字来参与社会生活，表达自己的感情和思想。所谓的“女子无才便是德”，这里的“才”并不指其他，实际上就是指女性掌握文字、并用文字进行创作的能力。在中国封建社会历史上，像李清照一样能够较为自由地表达思想感情的女性，实在是凤毛麟角。翻开古代的历史典籍，关于女性的记载大多限于贞女烈妇。正因如此，“在两千多年的历史时间和九百多万平方公里的生存空间中，大部分女性除去在被规定的位置、用被假塑的形象出现、以被强制的语言说话外，甚至无从浮出历史的地平线。谁也不知道

① 《礼记·内则》。

② 董仲舒：《春秋繁露》，521页，中华书局，1975年版。

③ 《礼记·郊特牲》。

她们卸妆后是否在生存，在如何生存……”① 深受汉文化影响的日本和朝鲜，女性的生存状况和中国十分类似。

在这样的男权社会中，女性文字的形成和发展可从以下三个方面来认识：

第一，受特定历史和文化条件的影响，这些社会中同时使用着多种文字，包括汉文和其他汉字系民族文字。这些文字的地位和价值（即“社会声望”）有高下之分。文字有着社会属性和文化属性，同时更是一种重要的文化工具和文化资源。前面已经谈到，在电视、广播出现之前的人类社会中，文字是实现统治和掌握话语权的重要工具和途径，特别是文化统治方面，文字的重要性是无须赘言的。由于汉文的深远影响以及它所代表的汉文化的重要价值，在中国的许多民族地区以及朝鲜、日本、越南等国，汉文长期以来被用作官方的书面语言，并作为统治工具和权力的象征被上层统治阶级所垄断。和汉文相比，汉字系文字普遍被上层主流社会视为不登大雅之堂的“生字”、“土字”、“俗字”，并受到主流社会的歧视和排斥，朝鲜谚文、日本假名和中国女书都是如此。即便是由朝鲜统治者自己创制的朝鲜谚文，其社会地位依然远低于汉文，并受到长期的压制和排斥。

第二，男性社会对汉文以外的文字的歧视，客观上给女性学习这些文字提供了环境和空间。和女性被歧视、限制、压抑的社会生活和精神生活相适应，几种女性文字的社会地位一度也是非常低下的，它们长期（或某一发展时期）遭到男性主流社会的歧视，并被限制在女性社会中使用。这种歧视和排斥主要来自普遍掌握和使用汉文的男性社会。但也正是这种歧视心理，给女性学习使用这些民族文字提供了一个宽松的环境。掌握汉文的男性社会普遍认为，妇女们学习使用一种低级的文字无伤大雅，并不能

① 孟悦：《两千年：女性作为历史的盲点》，载《上海文论》，1989 年 2 期。

对男性主流社会构成威胁；这些低级的文字，正好配给“头发长，见识短”的女性来使用，对高高在上的男性社会而言，也是一种心理上的极大满足。出于这样的心理，男性对妇女学习这些文字既不过问、也不干涉。女书、假名、谚文的流传使用过程中男性的宽容态度，正是这种文化心理的反映。这与男性社会对女性学习、使用汉文的种种限制形成了鲜明的对比。

第三，女性自我意识的觉醒是女性学习、使用文字的内在精神动力。随着社会的发展，女性长期被压抑的自我意识也逐渐觉醒，她们有了表现自己生活、思想感情的强烈愿望。于是，这些文字就很自然地在女性社会中流传开来，并得到很好的发展。从这个意义上说，女性文字的形成和发展看似偶然，实则必然。其中，上述几种文字对汉文的劣势、女性在主体文化中处于被排斥和歧视的地位，是女性文字产生、发展的特定文化环境。社会阶层的二元结构和两种文字并用的情形，构成了一种耐人寻味的对应关系。

四、与“女性文字”相对应的“男性文字”

与女性文字相对，是否存在所谓的“男性文字”呢？目前学术界还没有类似的提法。但是，在特定的历史阶段和人类社会中，主要为男性所使用的文字是存在的。事实上，在长期的奴隶和封建社会阶段，男性基本垄断了汉文的学习和使用权利，除了少数的贵族女子和士大夫家庭的女性外，普通女性基本没有学习和使用汉文的机会和权利。当然，由于汉文影响深远，且传播广泛，以上的情况也并不是绝对的。但汉文长期以来仅为男性所使用，则是客观的历史事实。而在上述女性文字流传使用的地区或历史时期，汉文曾一度被称为“男字”（女书流传地区）、“真名”、“男手”、“男文字”（日本），都从一个侧面反映了汉文的这一重要特点。

如果说汉文还不是典型的男性文字，那么，像藏文、傣文等少数民族文字，则可以称得上是名副其实的男性文字了。其中又以傣文最为典型。傣族是一个信奉佛教的民族，全民信仰南传上座部佛教（即所谓的小乘佛教）。傣文和佛教关系密切，一般认为，傣文是在随小乘佛教传入的印度婆罗米字母的基础上发展而成的。傣文主要用来书写佛教典籍和各种民间文学作品，其中以西双版纳傣文（又称“傣仂文”）影响最大，在泰国、老挝等国也被视为“经典文字”。小乘佛教的传统是男子到了一定年龄，都要到佛寺中过一段时间的僧侣生活，少则三五年，多则十余年，主要学习傣文以及佛教经典，一般到成年后即还俗为民，也有少数人成为终身僧侣。长期以来傣族地区没有学校教育，做和尚是傣族男子接受教育的唯一途径。而傣族女性是没有接受佛寺教育的资格的。这样，就造成了傣族男子普遍掌握傣文，而傣族女性基本都是文盲的局面。只有极个别的女性通过家庭中还俗的男子的传授，零星学会一些傣文。因此，男性对文字的垄断程度是十分突出的。

五、结语

从以上的分析可以看到，文字本质上虽然没有阶级性，但在具体的应用过程中，很多文字在特定的历史阶段，确实存在为部分社会阶层所专用的情况。这是由于文字是人类社会重要的文化工具，也是实现政治、经济、文化利益的重要文化资源，占有优势地位的社会阶层往往垄断了地位较高、文化资源最为丰富的文字，而处于劣势的社会阶层往往被剥夺了学习文字的权利，或只能使用地位较低、文化资源较为缺乏的文字。本文中对“女性文字”和“男性文字”的分析，就反映了人类社会结构对文字应用格局的影响，这也是文字文化属性的一种表现形式。

达斡尔族聚居村落双语状况调查分析

——据齐齐哈尔市河西村语言调查材料

何　冰

一、齐齐哈尔市梅里斯区达斡尔族人口分布及经济状况

（一）人口分布状况

达斡尔族是我国北方具有农业文化传统的一个古老民族。现有人口13万左右，主要分布在黑龙江、内蒙古、新疆三个地区。人口分布总体上呈大分散、小聚居的特点。齐齐哈尔市梅里斯区是目前达斡尔族主要的聚居地区之一。现该地区达斡尔族人口总数为12，008人。早在350多年以前，由于沙俄的侵犯达斡尔族人被迫从黑龙江流域迁到目前所居住的嫩江流域，以村屯的形式定居下来。达斡尔族所建的早期村屯有170多个。清代大量人口被调遣边疆驻防，而后又有一些人被迁居外地．解放后，汉族人也陆续由关内迁入该地区。现今达斡尔族村落中达斡尔族人口比例多在30%以上，个别村庄达到80%以上。下表为目前齐齐哈尔市达斡尔族区各村人口分布状况。

区名	村名	总户数	达族户数	占总户数%	总人口	达族人口	占总人口数%
梅里斯	莽格吐	255	204	80.00	1370	1005	73.35
	三间房	127	67	52.75	614	314	51.14
	西地房子	188	47	25.00	914	245	26.80
	额尔门沁	181	79	43.46	894	539	60.29

续表

区名	村名	总户数	达族户数	占总户数%	总人口	达族人口	占总人口数%
梅里斯	扎布哈	170	29	17.05	735	147	19.52
	河　西	93	75	80.60	416	355	85.33
	地房子	169	89	52.66	777	485	62.41
	奈门沁	126	68	53.96	643	352	54.79
	哈　拉	306	165	53.90	1150	850	73.91
	齐齐哈	372	135	36.29	1763	810	45.94
	西哈雅	130	51	39.23	710	255	35.91
	阿　拉	99	67	67.67	390	286	73.83

(二) 经济状况

达斡尔族人早在黑龙江中上游流域居住时，就以从事农业、牧业、猎业、渔业等生产活动为主。17 世纪中叶迁入嫩江流域以后，仍然保存着农牧渔猎相结合的生产结构。农业生产是“轮歇游耕，广种薄收”，“种在地上，收在天上”的自然生产形式。畜牧业比较发达，家家户户都饲养牛、马等。猎业生产有近千年的历史，主要盛行于清代。19 世纪中叶至 20 世纪初，随着土地的开发和山林集镇的出现，猎场缩小，野兽减少，致使猎业生产逐步衰落，最后，也只成为少数达斡尔人季节性的临时活动。林业生产主要是放木排。17 世纪 80 至 90 年代，修建瑷珲、墨尔根、齐齐哈尔三城所需的木材，主要是由达斡尔人放木排供给的。渔业是达斡尔族人的传统产业，渔业生产收入是主要的经济来源之一。还有一部分达斡尔人从事运输业。

清末民初以来，由于各民族人口的变迁，达斡尔族原有的产业结构受到冲击。农业的比重增大，农业收入成为主要经济来源。牧业、猎业、渔业生产的商品化程度明显提高。

(三) 河西村概况

本次调查所到的河西村为卧牛吐镇管辖的村落，位于齐齐哈尔市东北约33公里处，东傍阿伦河，西面为丘陵地区，是一座东西走向的村落。因位于阿伦河西岸，因而得名河西村。达斡尔语称该村为“敦达洪古如”（DONDAHUNGUR），含义为“中间岗”（因村西的岗是由北而向南走向的20华里的长丘陵地带，村位于其中段而得名）。河西村现有人口416人，其中达斡尔族人口占85.33%，其他多为汉族。河西村是现今为数不多的几个达斡尔族人口密度较大的村落之一，也是达斡尔族语言保存相对较好的村落。

二、河西村不同年龄段达斡尔族人语言使用情况调查材料分析

据对河西村语言调查材料所进行的统计发现，河西村有60%以上的村民为双语人，即熟练使用汉语（包括书面语）、达斡尔语（以下简称达语）两种语言，其余40%基本了解或是根本不会说达语，主要用汉语交际。

1. 根据年龄阶段划分，村中达斡尔语的使用状况可分为以下几种情况（30岁以上）

年龄阶段	调查人数	达语掌握情况			
		熟练	不太熟练	听懂不会说	不会
31—40	8	8			
41—50	32	31		1	
51—60	8	8			
60以上	4	4			
共计	52	51		1	

11—30 岁

年龄阶段	调查人数	达语掌握情况			
		熟　练	不太熟练	听懂不会说	不　会
11—20	31	9	7	13	2
21—30	20	13	2	5	

10 岁及 10 岁以下（被调查者共 7 人）

被调查者编号	1	2	3	4	5	6	7
熟　练							
只 可 听			+	+	+		
不　会	+	+				+	+

由上表不难发现，30 岁以上村民几乎人人熟练掌握达语，相对来看，11－30 岁村民中熟练掌握达语的人数的比例明显下降。其中 21－30 岁中，熟练使用达语的人数占这一年龄段调查总人数的一半以上，11－20 岁中，熟练使用达语的人数不足1/2。10 岁以下，则无人熟练使用达语，最多可以听懂简单语句。

2. 常用语言使用比例统计（占抽样调查人数的百分比）

	30 岁以上（%）	21 岁—30 岁（%）	11—20 岁（%）	10 岁及 10 岁以下（%）
经常使用达语	98.0	65.0	22.6	
经常使用汉语	96.2	100	100	100

常用语言比例的统计有利于从总体上把握语言使用者的语言使用情况。在河西村，10 岁及 10 岁以下，完全用汉语交流；11－20 岁，熟练或不十分熟练使用达语者，针对不同情况使用不同语言，与长辈多使用达语，平辈之间多用汉语；30 岁以上，

多以说达语为主，因本村中有一些汉族人也会说达语，所以也可与他们用达语交流，与不会说达语的晚辈或其他外族人说汉语。

“一种语言的使用群体中有 30%的儿童不再说和学习母语，该语言被认为是濒危语言。”① 达斡尔语虽为一种没有文字的语言，但在经历了不同历史时期的变迁后仍然保存至今，目前在聚居村落中仍行使着重要的交际职能，但随着社会的发展，与外界来往的增强，更多的年轻人、儿童已经不再学说达语。达斡尔语也同样面对着濒危的问题。

3. 汉字使用情况

达斡尔族是平均受教育程度相对较高的民族。河西村目前 40 岁以上的人基本为初中毕业。全村 70%以上的人可以用汉字自如表达，13%左右只可以写一般书信，极少有人不会写汉字。随年龄变化，年龄越小，汉字掌握情况越好。

三、语言使用现象解析

（一）文化涵化对语言使用情况的影响

多文化社会中的主体文化往往会渐渐涵化其他非主体文化。达斡尔族最初接受汉文化是在清代，从习得满语，接受满文化开始。当时，达斡尔族通过满语间接接触到汉族的文学作品，进而接触到汉文化。达斡尔族没有自己的文字，但却重视教育，又与满族有非常密切的关系。所以，也更具接触汉文化的条件。随后，汉族的大批流民不断进入东北地区，道光二十年（1840 年），东北地区的汉族居民至少已有 300 万。汉族成为东北地区居民中的主要成员。他们广泛分布于东北各地，形成了以汉族生产生活方式为主的社会环境，在社会交往中，不仅仅语言文字自

---

① ［俄］Ольга Теленкова：Тихо умирают языки .Эхо планеты . No 14 . Апрель 2003 . cep 33 .

然而然成为主要交流工具，其他风习也往往占有支配地位，以潜移默化的形式影响着其他民族。东北达斡尔族人也逐渐接触到汉语、汉文化。辛亥革命以后，齐齐哈尔蒙旗师范学校、黑龙江省第一师范学校等学校的创办，为达斡尔族子弟的升学创造了条件。到九·一八事变前夕，已有达斡尔族学生升入北平师范大学、北平俄文法文文学院、上海美术专科学校等高等院校。还有人远到日本留学。学校教育的发展为汉语、汉文化的推广起到了重要的作用。新中国成立后，小学教育开始普及，最初的学校教育，虽然可称为汉文教育，但在教学时，往往是汉语和达语兼用。到本世纪 80 年代中期，一些纯达斡尔族村屯的小学教育，虽是教授汉语文，但往往在授课时，间或使用达语以便于学生更好地掌握。到 90 年代后期，这种现象才逐渐减少。如今，学校教学完全使用汉语，加之随着社会的发展与进步，与外界环境的广泛接触，汉语使用的重要性日益明显。语言的有用性对语言的发展有重要的影响。这是目前达斡尔语掌握程度衰弱的一个重要因素。

（二）达斡尔族自身的文化观念的开放性对达汉双语现象的形成起着重要作用

达斡尔族本身就是一个可塑性非常强的民族，自古就有吸收外来民族文化的传统。其文化构成总是带有历史年代色彩的动态性。如清代前期，达斡尔族就较多地受到了当时南部一些民族的影响，达斡尔语不仅“多类蒙古”，嘉庆年间“能汉语者亦多”，以达斡尔族为主的呼伦贝尔满布特哈，原来“居就水草，转徙不时，故以穹庐为室。”[①] 但在满汉等强势农业文明的强烈影响下，嘉庆年间“渐能做室，穹庐之多不似昔时，风气一变”。对满族文化主动地吸收致使达斡尔族人取得了空前的政治地位，学满文，吸收满族的思想观念、道德意识，而使达斡尔族的文化构成

① 佟冬：《中国东北史》，第 1784 页，吉林文史出版社，1998 年。

有了历史的变异。可以说，保存至今的作为民族文化载体的文学艺术、观念形态都是这一时期成熟起来的。在汉族人大量迁入东北之后，这种文化观念的开放性在达斡尔族接受汉文化的过程中同样起着重要的作用。对于他民族的文化的吸收和借鉴对达斡尔族的自身发展也起到了重要的作用。

四、保护语言文化生态的重要意义

世界上的语言也同自然界的生物一样，生存于一个生态系统之中。这个生态系统是由丰富多彩的人类语言与社会文化所构成的。随着目前社会的发展，语言的生态环境也同自然环境一样发生着一系列的变化。语言的生态问题被越来越多的人认识和关注。

“语言是一种文化。世界上各民族都在适应特定环境的过程中形成自己的语言和文化”①。一个民族特有的文化无不淋漓尽致地反映在该民族的语言里，一种语言的消失意味着它所代表的文化随之消失。因此保存一种语言也就意味着在保存一个民族的文化。达斡尔族同其他民族一样在漫长的历史变迁中孕育了自己特有的语言与文化，从达斡尔族的语言文化中我们也不难发现该民族认识和改造客观环境的历程及民族本身的世界观、价值观、宗教观念等等。每一种语言都不是固守着自己的体系向前发展的，都是在不断吸收和借鉴其他语言的某些因子而日益丰富起来的，都具有各自特有的价值因素。语言并无优劣之分，保护语言和其所承载的文化是人类应有的责任。

① 张公瑾《语言的生态环境》，第2页，《民族语文》，2001年第2期。

傣语族称地名考释

戴红亮

族称是一个族群或民族内部认同的标志，同一民族各族群的族称往往具有很大的相似性，而不同的民族的族称差异则通常较大。在我国，许多少数民族族称经常保留在地名中，因此对这些族称地名进行分析和考释，不仅可以弄清楚一些民族或族群的命名之由，而且对未识别民族归属的鉴定、民族迁徙和民族关系诸方面的研究也有一定的参考价值。本文以傣语地名中的族称为例，分析与族称地名有关的一些问题。

一、傣语地名中的民族族称

“族名也是一种社会现象，是人们认识民族的产物。从族名上能够看到人们对某一民族的认识，以及民族关系上的某些特点。”① 在许多少数民族里，族名通常保存在地名之中，这样我们就可以通过族称地名来研究某些民族，尤其是未识别族群的历史情况。西双版纳地名中有相当一部分地名是民族族称，这些地名有自称、他称之别。语种有傣、哈尼、布朗语等，其中傣语记载的族称地名最多（有些族称现在改为汉语记录，我们在此也一并涉及）。这些族称地名不仅可以帮助我们研究西双版纳历史上

① 戴庆厦：《社会语言学教程》，中央民族大学出版社，1993 年。

民族的分布、迁徙、变迁，而且还可以帮助我们研究历史上各个民族之间的关系和地位。我们先将部分族称地名列表如下。

傣语国际音标	汉语译音	备　注
baan^{3}kɔ^{6}	曼各	哈尼族，系傣、布朗族对哈尼族的贬称。
xɔn^{1}haan^{4}baan^{3}nɔiː^{6}	昆罕小村	昆人中一个名叫“罕”的部落，系布朗族一个支系。
hɔ^{3}baan^{3}tsaaŋ^{6}	伙曼掌	汉族象村，傣族人称汉人为“伙”。
baan^{3}dɔk^{2}maiː^{2}	曼罗迈	新花人，外地“罗族”，即花人，用钱向土司买得傣族族称。
kɔn^{1}haaŋ^{4}	光寒	富裕的哈尼族，“kɔn^{1}”为“kɔ^{6}”的阳声高化音。
pu^{4}saa^{2}hoiː^{3}xɛk^{1}	布下回显	布下人，未识别民族。
kɔŋ^{4}xɔn^{1}ʔaaŋ^{1}	广昆安	“一个叫昆人的部落居住的山”，未识别民族。
xɔn^{1}lɔ^{4}	昆洛	昆人中名洛的部落。未识别民族。
xɯ^{4}tseŋ^{4}xaa^{3}	嘿景哈	哈尼族居住城的壕沟
pu^{4}loŋ^{1}	布龙	以前有布龙人在河边居住
pu^{4}lao^{4}	布老	以前曾有布老人居住河边
hoiː^{3}pu^{4}kɔ^{2}	回补过	补过人居住地
kɔ^{6}lek^{5}nɔiː^{5}	哥令囡	奴隶的哈尼族
pu^{4}puŋ^{2}	补蚌	咸水泉边的补过人
pu^{4}kɔ^{2}	补过（勐腊瑶区瑶族乡）	村以前居住过补过人。
hoiː^{3}phaa^{1}si^{1}	回帕西	回族箐
pu^{4}kɔ^{2}	补过（勐腊县勐腊镇）	民族称，即首创之意，据传，很久以前人户很多，是勐腊最早定居的土著民族，当地的寺和佛塔是他们创建的，傣族尊称他们为首创民族。

续表

傣语国际音标	汉语译音	备　注
dɔi^{1}mu^{4}sɤ^{4}	垒木色	拉祜族山
tseŋ^{4}xu^{1}	景科	克木人城，很久以前，此山脚下有一个克木人居住的城镇。
xɔn^{1}kɤ^{6}	昆格乡	昆人中的“格”部落，乡以民族部号名。
kɔ^{51}ak^{1}xam^{4}	各拉砍	界碑处哈尼族村
baan^{3}pen^{4}	曼品	品，品人村，自称为品人的村子
baan^{3}tɔŋ^{4}la^{5}	曼短拉	拉，拉祜族
paa^{2}lau^{4}ʔaai^{3}ni^{6}	坝老爱尼村	吉佐，哈尼族一支系的称谓
	卡普科山	卡普：拉祜族对布朗族人的别称
	布里河	布里人，未识别民族。
nɔŋ^{1}vaa^{5}lum^{2}	佤族村陷落塘	佤族居住的陷落塘
	蒲满村	布朗族自称“布朗”，傣、拉祜称他们为“满”，意为居住山上的民族。哈尼称布朗族为“阿别”，汉族称其为“蒲满”。
kɔŋ^{4}Sam^{1}taa^{5}	三达山	三达人，未识别民族
hoi^{3}pɯn^{6}	本人箐	本人，未识别民族
	阿克老/新寨	阿克人，未识别民族
	普文	云南大理地方政权称为步腾部
xɔn^{1}jaaŋ^{4}	欢养	傣族对“欢”人的他称，未识别民族，原32欢住景讷区，后因战争失败出走26欢，剩下6欢迁至勐养。
	麻黑寨	因以前有贬称“麻黑”的少数民族居住过。
	卡咪	一种少数民族自称
	沙仁山	“沙仁”，族称，壮族支系
	苦聪山	因住苦聪人得名
	普渡各角	“普渡”系哈尼族对补蚌人的称呼

二、与族称有关的几个问题

(一) 关于几个未识别民族的族称问题

西双版纳地名还保留着许多民族的旧称以及许多未识别族群族名。如“dɔi¹mu⁴sɤ⁴ 丢木色”中“mu⁴sɤ⁴”是布朗族对拉祜族的一种别称，“布朗族称傣族为‘暹’，称哈尼族为‘果’，称拉祜族为‘蒙舍’，称汉族为‘乎’”。① 傣族也跟布朗族一样，称拉祜族为“mu⁴sɤ⁴”。通过这一地名我们就可以了解到拉祜族的旧称，甚至可以通过考证这一族称的来历了解拉祜族其他的情况，而这些族称现在即使连当地老人都已经不知晓了。傣语地名中更为重要的是保留了大量的未识别民族的称呼，如“tseŋ⁴xu¹”中的“xu¹”、“xɔn¹jaaŋ⁴”中的“xɔn¹jaaŋ⁴”、“pu⁴kɔ²”等；这些族称可以概括为三大类，一是以“xɔn¹”为词头的族称；二是以“pu⁴”为词头的族称；三是其他形式类，如“kɔŋ⁴sam¹taa⁵”中“sam¹taa⁵”等。第三类地名分散而且之间的差别很大，看不出他们之间的联系。第一和第二类地名集中而且当地还留有许多关于这些民族的传说，我们主要以这两类族称地名为研究对象。

“来源相近的不同民族，族名上往往有相似之处。所以，从族名的比较研究中能够看到某些民族在历史上的关系。”② 上述以“pu⁴”开头的族群与德昂族、布朗族、佤族族称关系密切。布朗、德昂族（或崩龙、布龙）、佤族（自称布牢或布伦）等自称也都是以“pu⁴”为词头，意义都是“住在山头上的人”，这些未识别族群中“pu⁴”意义也是一样。在傣语中

---

① 《民族问题五种丛书》云南省编辑委员会编《布朗族社会历史调查》（二），第2页，云南人民出版社，1982年。

② 戴庆厦：《社会语言学教程》，第73页，中央民族大学出版社，1993年。

“pu^{4}” 有“山”的意义，这个词与壮侗语族其他语言没有同源关系，在傣语中只有西双版纳、元江和金平话中有这个词。我们怀疑傣语的“pu^{4}”有可能是专为称呼孟高棉民族而借用的一个词，一开始是个族称，“山”义则是根据这些民族居住的特点衍生出来的，因为在西双版纳傣语中以“pu^{4}”作为“山”义的，一般都与这些族称相连，而单说“山”时则多使用“dɔi^{1}”或“kɔŋ^{4}”。我们注意到在说“拉祜山”或“三达山”时，傣语使用的是“dɔi^{1} mu^{4} sɤ^{4}”、“kɔŋ^{4} Sam^{1} taa^{5}”而不是“pu^{4}”，这进一步说明傣语的“pu^{4}”有可能是专用词。在泰语中，“山”也有好几种表达形式，如“phu^{1}”、“khaw^{5}”、“dɔj^{1}”等，其中“phu^{1}”与傣语的“pu^{4}”实际上是一个词，这说明“pu^{4}”当是傣泰民族迁徙到东南亚之后对“孟高棉语族民族的总称”。西双版纳地名族称中还有一个以“xɔn^{1}”为词头的族称，这些未识别族群都居住在景洪县景讷和勐养镇内，汉语翻译时有的译为“昆”、“困”、“空”，有的译为“欢”，在傣语中字音字形则一样。这些族群原住景讷区内，历史上传说与傣族曾发生过激烈的战争，最后战败出逃，剩下六欢迁至勐养杂居。地名调查时据大渡岗区昆罕小寨的人说，他们是布朗族的一个支系。在另一处“xɔn^{1}”族群调查时，当地人说“xɔn^{1}”是布朗语“村寨”之义。50年代社会历史调查时，他们也称自己为布朗族，“景糯属‘卡三西双欢妈麻’的一部分。后来，召片领灭了‘卡三西双欢妈麻’。但是，景糯并没有被征服，还有城叫‘景广童’，自称‘欢喊’（即布朗族——整理者原注）。”① 另据张凤岐《云南民族识别综合调查报告》称，他们的语言有可能属于孟高棉语系的布朗语支。这说明以“xɔn^{1}”为词头的族群为孟高棉语族是可信的。因此我们认为以“pu^{4}”、“xɔn^{1}”开头的

① 傣族社会历史调查（七），第1-2页。

族群都是孟高棉语族民族的支系。“pu^{4}”是大多数孟高棉语族的自称，反映的是他们历史上尚未分离时对自己民族的认同，而“xɔn^{1}”则可能是孟高棉某些支系的一种自称，反映的是这些民族或族群独立发展后的内部认同。

（二）民族族称与民族迁徙

西双版纳有一支未识别族群称为“pu^{4}kɔ^{2}”，其傣语意义是“首创的山里人”，意即“pu^{4}kɔ^{2}”人是当地最早的居民，这与当地的各个民族的传说相一致。在西双版纳，不论是什么民族都说“pu^{4}kɔ^{2}”人是勐腊（也有说是西双版纳）的最早居民。这个传说也反映在傣族一些风俗习惯中，尤其是祭祀祖先的习惯，有一些仪式只有“pu^{4}kɔ^{2}”人、克木人和布朗族人祭祀完后，傣族人才能正式祭祀，过去磨歇盐井一直为傣族所控制，但克木人仍然是磨歇盐井的主祭祀人。据说是因为井神是克木人的祖先，非子孙祭祀，盐井就不会生产。在封建农奴制度下，“pu^{4}kɔ^{2}”人、克木人（属于孟高棉语族的一个支系）和布朗族人平时地位比傣族低，但在某些风俗活动中，他们却具有与领主平起平坐的权利。我们上面已经考证过“pu^{4}kɔ^{2}”是孟高棉民族的一个支系，这说明孟高棉民族是西双版纳的最早居住的民族，而傣族是后迁徙来的。

西双版纳傣语称汉族为“hɔ^{3}”，老挝和泰国语中则都有两个词指称汉族，一个是“hɔ^{3}”，一个是“tsin^{2}”，“hɔ^{3}”指早期的汉人或从云南去的汉人，“tsin^{2}”则指晚期的汉人或从其他地方去的汉人。罗美珍老师认为这是傣族在迁徙前与福建人密切交往的结果，“西双版纳傣语称汉族为‘hɔ^{3}’。傣族把从云南迁至泰东北的汉人也称为‘hɔ^{3}’，但称华人为 tshin^{2}（即秦）。在广东潮汕的闽人被人称做 hoʔ^{7}lau^{3} 即‘福佬’。这‘福佬’的‘福’字，闽方言读作 hoʔ^{7}（有的方言丢失塞音尾 -ʔ 声调并入第 3 调），与傣泰语称汉人的‘hɔ^{3}’相近。由此可见在古代傣、泰先民与闽人在广东有过频繁的接触，后来将其视为汉族。”① 如果这一推论正确的话，也可以说明傣、泰民族是从两广迁徙来的。

（三）族称反映的民族关系

“族名有自称和他称的区别。自称是本族对自己民族的称呼，他称是别的民族对这一民族的称呼。自称均为褒义，而他称中则有贬义的。”② 解放前，傣族在西双版纳无论是在经济上还是政治、文化上都处于优势地位，而其他民族则处于劣势地位，傣族对其他民族一般都使用蔑称。一般在其他的民族或族群前加“xaa^3”，“xaa^3”在傣语中意为“奴隶”，这个词充分显示了傣族与其他民族之间的关系。但在各民族内部，傣族对每个民族称呼又有差异，一般称布朗族各支系民族为“布”或“满（傣族对布朗族的专称，意义也是居住在山上的人）”，带有贬义；而称哈尼族为“$kɔ^6$”，布朗族也称哈尼族为“$kɔ^6$”。“$kɔ^6$”在布朗语中意为“奴隶”，傣族为借称，这反映了各民族之间的微妙关系。这种关系实际上也是这三个民族在历史上民族关系的真实反映。在历史上布朗族与傣族关系密切，而与哈尼族关系疏远得多，“阿卡人不与其他民族杂居，尤其是傣族，他们说：‘我们的古礼不能与傣族在一起住，更不能通婚，尤其是在我们祭祀时，决不能让傣族的人通过我们的村寨，否则就不吉利了’”。③ 哈尼族地位也比布朗族低得多，如哈尼族平时须称布朗族和傣族为“阿爹”、“阿叔”之类。但傣族在许多重大祭祀活动中却要请布朗族首先祭祀，然后自己才能祭祀。布朗族也跟从傣族信仰小乘佛教，布朗语中更是大量借进了傣语词汇，傣族传说称布朗族和傣族是兄

① 罗美珍：《从语言角度看傣、泰民族的发展脉络及其文化上的渊源关系》，第6期，载《民族语文》，1992年。

② 戴庆厦：《社会语言学教程》，第72页，中央民族大学出版社，1993年。

③ 傣族社会历史调查（一），第54页。

弟关系，布朗族是哥哥，而傣族则是弟弟。

（四）景颇族、回族族称考

解放后，傣族对其他民族的称呼基本上都随从汉称，如布朗族改称“pu^{1}laŋ^{4}”，哈尼族改称“xaa^{5}ni^{6}”。只有四个民族从旧称，这四个民族是“phaa^{1}si^{1} 回族”、“hɔ^{3} 汉族”、“xaaŋ^{1} 景颇族”、“i^{1}lɔ^{4} 基诺族”。“i^{1}lɔ^{4} 基诺族”是民族自称，“hɔ^{3} 汉族”可能是傣泰民族对福建广东汉人的称呼。景颇族在傣语中称为“xaaŋ^{1}”可能与其使用的铁制工具有关，这个词首先应该是德宏傣族对景颇族的称呼，“xaaŋ^{1}”在傣语中意为“生铁、铸铁”。景颇族世代过着刀耕火种的生活，铁制工具应该是他们比较明显的特征。而回族的“phaa^{1}si^{1}”则意义不明。“phaa^{1}”在傣语中为“岩石”义，“si^{1}”义项较多，有“辰（地支）”、“颜色”、“擦”、“锉”等义。两者的组合很难说明回族的族称意义如何，我们怀疑“phaa^{1}si^{1}”中的“phaa^{1}”其正音为“phaa^{3}”，“phaa^{3}”在傣语中有“布”、“纺织品”、“披巾”、“被褥”等义项。“phaa^{3}si^{1}”就是“有颜色的纱巾”义。回族男女在服饰上都有明显的标志，男人戴白色帽子，女子则佩带黑色纱巾，傣族用服饰称呼回族完全是有可能的，因为在少数民族中使用服饰称呼其他民族实在是一件十分平常之事。我们在分析傣语地名语音特点时提到，在傣语中经常存在低调高化的现象，由“phaa^{3}”变为“phaa^{1}”完全是可能的。

立法语言的语体风格

韩殿栋

语言的语体风格，是人们为了适应特定的交际场合或达到某种交际目的，在语言运用中形成的格调、气氛和色彩。法律语言以其特有的文风和格调，已经被公认为是一种相对独立的语体。立法语言作为法律法规内容和条文的书面表现形式、法律语言的重要组成部分，在语体风格的选择上必然会形成自己的特色。

概括地说，立法语言的语体风格主要包括以下四个方面：

一、准确规范

准确规范是立法语言的灵魂，是法律本质的内在要求。有时即使一字、一词、一个标点之差，都可能影响到法律的正确实施，后果不堪设想。英国法学家、著名法官曼斯斐尔德勋爵曾说过："世界上的大多数纠纷都是由词语引起的。"这话不无道理。19世纪末，苏伊士运河通航后，地处红海之滨的埃塞俄比亚王国成了西方列强觊觎的一颗明珠。1889年，意大利趁埃塞俄比亚请求外援之机，与之签订了《乌查里条约》，其中的第七条是这样写的：埃塞俄比亚万里之王陛下在与其他列强或政府所发生的一切交涉中，可以借助于意大利国王陛下的政府。在条约的意大利文本中，"可以"却写成了"必须"。埃方没有觉察这一词之差。条约生效后，意大利通过媒体大肆宣扬："埃塞俄比亚从今日开始受意大利庇护。”埃政府当然不干，遂宣告废除该项条约，随后意、埃之间爆发了一场战争。这中间的是非曲直似乎很难用三言两语说清，但这场国际纠纷肇始于条约上的一词之差却是毋庸置疑的。“可以”和“必须”从词义上看是有区别的：“可以”带有或然性，意味着我可以借助你，也可以不借助你，决定权在埃方；“必须”却带有强制性，表示非此不可，没有选择余地[①]。

首先，立法语言的准确规范体现在用词的精当贴切上。这就要求立法语言在遣词造句方面要尽可能地精确。为此，要仔细辨别词语的含义、性质、适用范围和褒贬色彩，严格选择词义相近和差别细微的语词，认真选用内涵精确的法律用语或其他专业术语，慎用没有明确外延概念的模糊语词，这样才能使法律条文所表达的内容准确无误、通达规范[②]。汉语里的同义词、近义词非常多。法律用语中也存在大量的同义、近义、同音词。诸如权利、权力，人犯、犯人，公民、人民，拘留、拘役，过失、过错等等。有些近义词，乍看起来差别不大，仔细考究，含义就有不同。这些都应该引起法律工作者（尤其是立法工作者）的高度重视。在立法时，一定要严加甄别，谨慎使用。比如“罚款”与“罚金”。在构成成分上，二者有一个共同的语素——“罚”，且都含有“处罚”之意；“款”和“金”又属于同义词，都表示现金。然而，“罚金”是我国刑法中的一种刑罚，适用于犯了罪的人，必须由人民法院依法做出判决才能使用；而“罚款”则是我国民事诉讼法、行政法、经济法、民法中的一种处罚手段，适用于尚不构成犯罪的违法行为人，可以由人民法院，也可以由有关行政机关，如公安机关、工商行政管理机关、金融、税务、海关

① 潘庆云：《跨世纪的中国法律语言》，第86页，华东理工大学出版社，1997年。

② 吴兆民：《试论立法语体风格》，第34页，载《人大研究》，2003年第3期。

等部门做出决定，并予以执行。再如“二审”和“再审”。虽然两个法律术语都表示对案件的第二次审理，但在法律语言中，这是两个截然不同的法律概念。“二审”也叫“上诉审”，是上一级人民法院依照上诉程序对一审法院的判决、裁定进行第二次审理的诉讼活动；而“再审”则是依照审判监督程序，对已发生法律效力又确有错误的判决或裁定进行的重新审理，对此案件，上诉法院可以审理，也可以指定原审法院重新审理。[①] 像这些表面相似而实质不同的词语，在使用时，必须精心辨析，把词义搞准确，力争使其“各得其所”。因此，坚持用词的准确性和规范性，可以说是对立法语言的一个最基本要求。

其次，“确切”与“模糊”相得益彰。词语具有确切义和模糊义两方面的特点。模糊语言学用模糊学的理论与方法研究语言现象，其模糊性在语义上表现得尤为突出。像早晨、傍晚、长短、快慢等词，都属于模糊词语。立法语言的模糊性，指的是为了高度概括有关的法律事实，充分反映客观事物的复杂性，防止以偏概全，有时不得不使用一些模糊语词。它与立法语言的准确性是相辅相成、辨证统一的。其实质是以字面的模糊性为手段，达到使法律规范准确的目的。[②] 例如《中华人民共和国宪法》（以下简称“宪法”）第三十三条第三款规定：“任何公民享有宪法和法律规定的权利，同时必须履行宪法和法律规定的义务。”条文中的“任何”是模糊的，“任何公民”具有最大的概括性。这里虽然用了模糊语词，而所获得的表达效果却是准确的。其他如“情节严重”、“数额巨大”、“酌情处罚”等模糊语词在法律条文中也俯拾皆是。但有一点需要特别注意，运用模糊语言是以表

① 孙懿华、周广然：《法律语言学》，第 99—100 页，中国政法大学出版社，1997 年。

② 王洁：《法律语言学教程》，第 45 页，法律出版社，1997 年。

意准确为目的、为前提的。在立法工作中，凡属对法律事实、法律行为的叙述说明和对具有法律意义内容的认定，都要清楚明白，不能含混不清，必须使用含有确切义的词语，不能使用模糊词语。在立法语言中，有意识地正确使用模糊语言，该准确时不含糊其辞，该模糊时不失分寸，可以有效地提高语言表达的概括能力与准确程度，既可以包容社会上纷繁复杂的现象与行为，也可以给一些条文的司法解释留有回旋余地。①

二、严谨周密

严谨周密是立法语言科学性的重要体现。日常生活中，人们常说“法网恢恢，疏而不漏”，这既是对健全完善整个社会法律体系的良好企盼，又是对严密完备各个具体法律法规内容结构的一种追求。

首先，立法语言的严谨周密，要求语言表达上精确完整、合乎事理逻辑，使用词语准确妥帖，不仅名实相副，而且要搭配合理，用于表述同一事物的概念应名称统一、前后一致。数字和时间用词也要统一规范，应当明确什么情况下用数学数字，什么情况下用语文数字。《中华人民共和国刑法》（以下简称“刑法”）第二十条第一、二款规定：“为了使国家、公共利益、本人或者他人的人身、财产和其他权利免受正在进行的不法侵害，而采取的制止不法侵害的行为，对不法侵害人造成损害的，属于正当防卫，不负刑事责任。正当防卫明显超过必要限度造成重大损害的，应当负刑事责任，但是应当减轻或者免除处罚。”丝丝入扣的阐述使我们对“正当防卫”有了一个明确的认识。不可否认，我国的部分法规在表述上仍有不尽如人意的地方。还以《刑法》为例，《刑法》第二百九十四条第二款规定：“境外的黑社会组织的人员到中

① 王洁：《法律语言研究》，第37页，广东教育出版社，1999年。

华人民共和国境内发展组织成员的，处三年以上十年以下有期徒刑。”这里的“境外”在语义上令人费解，如果是指外国，就应使用“国外”而不应使用“境外”；如果是指港澳台地区，就应当说“中国大陆境外到中国大陆境内”，而不能说“境外到中华人民共和国境内”，否则就有诱导分裂国家之嫌。因为港澳台地区在国际法上属于“中华人民共和国境内”，而不属于“中华人民共和国境外”。因此，这里的“境外”用的欠妥帖，不严密。①

其次，立法语言规范内容必须逻辑完整，该规范的内容规范完备，该说明的事项叙述周全。做到条理分明、言之有序、布局合理、结构紧密、层次清楚，防止顾此失彼、缺乏照应，甚至前后重复或矛盾。《中华人民共和国刑事诉讼法》（以下简称“刑事诉讼法”）第四十六条规定：“对一切案件的判处都要重证据，重调查研究，不轻信口供。……”这句话的意思并不难懂，但仔细推敲，确有令人费解之处。所谓口供，是指犯罪嫌疑人、被告人的供述和辩解，《刑事诉讼法》第四十二条将其规定为七种证据之一。说“重证据，重调查研究，不轻信口供”，给人的感觉是口供不在证据之列，审讯犯罪嫌疑人、获取口供也不算调查研究。再如，《关于办理淫秽物品刑事案件具体动用法律的规定》：中有“制作淫秽录像带 5—10 盒以上，应依照刑法第一百七十条的规定追究刑事责任”。这里的“5—10 盒以上”明显不合数理，因为“以上”、“以下”、“之前”、“之后”等逻辑关系的数理起点只能是确数，而不能是约数。只有“之间”、“之中”、“之际”等逻辑关系才能和约数对应。②

透过正反两方面的例子，我们不难看出，我国的立法语言在

① 刘大生：《浅谈立法语言规范化——立法语言失范化之评判》，第 11 期，第 5 页，载人大研究，2000 年。

② 同上。

严谨周密方面做得还远远不够。从某种意义上说，法律是一条准绳，它告诉人们什么是违法的，什么是合法的，而执法者也正是用这条准绳评判是非，作出裁决的。因此，严谨周密应该成为立法语言的基本格调。

三、简明凝练

简明凝练是立法语言的客观要求。我国法律卷帙浩繁，条文何止千百，简洁的语言表达尤为重要。晋代杜预在《奏上律令注解》中说："法者，盖绳之断例，非穷理尽性之书也，故文约而例直，听省而禁简。"宋代散文大家曾巩也有过精辟的阐述："号令所布，法度所设，其言至约，其体至备，以为治天下之具。"可见，我们的前人早就注意到了法令的精约和完备。

简明凝练，就是用最少的文字表达出尽量多的内容，做到"文约而意丰"。立法语言比其他语体的语言更需要讲究简练。

首先，简明凝练表现在对法律法规名称、章节条款项目的设置上要做到简洁明了、实事求是，根据所要规范的内容要求合理安排，力避贪大求全。《法国民法典》、《德国民法典》、《美国联邦宪法》、《中华人民共和国合同法》都是个中的典范。

其次，力争用最少的语言表达最丰富的内涵，避免冗长浩繁、重复累赘，切实做到言简意赅、字字珠玑，以节省立法资源。这在《宪法》中体现的尤为突出。这里仅举几例，《宪法》第十四条第二款："国家厉行节约，反对浪费。"第三十四条规定："中华人民共和国年满 18 周岁的公民，不分民族、种族、性别、职业、家庭出身、宗教信仰、教育程度、财产状况、居住期限，都有选举权和被选举权；但是依照法律被剥夺政治权利的人除外。"第四十三条："中华人民共和国劳动者有休息的权利。"

四、庄重朴实

庄重朴实是立法语言权威性和务实性的生动体现，二者并行不悖、互为表里。立法语言要有一种严肃的意境、庄重的气势，要充满理性的光芒、思辨的色彩，同时还要营造出一种规规矩矩、朴实无华的氛围。在修辞上要有庄严美、整洁美、精炼美、明确美，杜绝“朦胧美”、“含蓄美”、“悬念美”、“曲折美”。[①]

立法语言的庄重性，不仅是公文语体的客观要求，更是法律工作的高度严肃性所决定的。因此，在用语方面，必须注意与语体色彩的协调。应当合理选用中性词，摒弃褒义词和贬义词，要尽量使用精确的法律术语，不宜使用口语、俚言俗语或方言土语，同时应当避免出现带有政治色彩的词句。法律和政治关系密切，政治情绪往往影响立法语言的走向。这可以从“神圣不可侵犯”、“光荣义务”、“保卫祖国”、“镇压反革命”等用语中得到证明。因此，要保证立法语言的科学性、庄重性，就必须摆脱政治情绪的羁绊，使其成为一套独立的工具系统。[②]

立法语言中朴实的语体风格，是指立法语言大量运用消极修辞，避免使用积极修辞，采取的是那种少用华丽辞藻而务求淡泊清新的格式。其目的在于使人清清楚楚、明白无误地懂得立法者的真实意图。古人说：“信言不美、美言不信”。文学上的夸张语言和比喻、双关等修辞手法为立法语言之大忌。立法语言还要注意摈弃那些深奥古僻的语词、诘曲聱牙的语句。以此构成立法语言朴素清淡、平易明快的语体风格。如《宪法》第四条第一款：“中华人民共和国各民族一律平等。国家保障各少数民族的合法

① 刘大生：《浅谈立法语言规范化——立法语言失范化之评判》，第9页，载《人大研究》，2000年第11期。

② 同上，第8页。

的权利和利益，维护和发展各民族的平等、团结、互助关系。禁止对任何民族的歧视和压迫，禁止破坏民族团结和制造民族分裂的行为。”《民法通则》第八十三条：“不动产的相邻各方，应当按照有利生产、方便生活、团结互助、公平合理的精神，正确处理截水、排水、通行、通风、采光等方面的相邻关系。”这样的语言表述简明扼要、通俗规范，即使不加解释，普通人也能明白。

以上四个方面，既有区别，又有着密切的内在联系，它们相辅相成、互为条件，共同形成立法语言的语体风格。理解和掌握立法语言的语体特色，是熟练驾驭法律语言和正确司法的先决条件。

伴随着我国经济的崛起和依法治国步伐的加快，立法工作者面临着前所未有的挑战。立法是法治的“源头”，我们要立良法，就要在“源头”上做文章。其中很重要的一点，就是要加强立法者的语言修养。语言学是一门博大精深的学问，立法语言的研究刚刚起步，对这方面的探讨还有待进一步深入。最后，让我们记住前英国上诉法院院长阿尔弗雷德·丹宁爵士在回顾他长达半个世纪的法律生涯时所说的一句话：“要想在与法律有关的职业中取得成功，你必须尽力培养自己掌握语言的能力。”

语序研究中的几个问题

田　智

语序、词序是传统语言学的概念，随着语言研究的不断扩展和深入，它们的内涵和外延也在不断变化。目前，立足于现代语言学，有关语序或词序的内涵和外延及其分类，语言学界还没有形成一致的认识。为了方便讨论，本文采用的语序概念是指“词、短语、句子、句群、段落和篇章中语素、词和语句的排列次序”，语序是重要的语法手段，也是重要的修辞手段。[①] 语序可以进一步分为词内语序(即词序)、句子语序(即句序)和篇章语序(即篇序)三个层次。词序是指词、短语内部的语素、词的排列次序；句序是指句子成分的排列次序，分为句内语序和句际语序两类；篇序指篇章内各语言单位(尤指句子)的先后排列次序。本文主要讨论词序和句内语序，它们各自的使用特点，以及它们之间可能存在的关系。

一、词序

(一) 基本词序

定中/中定结构是语序类型划分的重要参项。格林伯格(Greenburg)把这种语序类型分为所有者与中心名词的语序 NG/GN、形容词与中心名词的语序 NA/AN、关系从句 NRel/RelN 等

---

① 刘子智:《语序在修辞学中的地位和作用》，第 365 页，河南人民出版社，1997 年。

参项。根据这些参项，可以把我国语言分成与谱系分类法相近的几类语言。为了能在词序上区分不同语言之间的细微差别，还可以进一步划分这些参项。这是因为在许多语言内部，定中/中定结构并不统一，有不少例外，而这些例外往往是进一步划分语言类型的重要依据。就形容词而言，不同形容词的性质和分类上的差别，导致了它们在修饰名词时的用法不同。例如羌语形容词分为两类：可作定语也可当谓语的形容词和只能作谓语的形容词。前者能直接修饰名词，后者必须把形容词名物化后（即带有格标记后）才能作定语。

在词序变换中，标记常常具有特殊的用法和作用。在有些语言中，定中/中定结构既可用无标记的原形，也可用有标记词序。在这种情况下，有标记词序通常是在变换原形词序基础上加标记。如果只是在原形词序上加标记，就会显得多余、不够经济。然而，有些语言却常使用看来多余的标记，这是人们对同一事物认识的角度造成的差异。例如载瓦语的人称代词作领属成分有两种结构："人称代词（单数）+名词"和"人称代词（复数）+ e^{55}（助词）+名词"。因为在载瓦语使用者的观念中，复数相对单数是新的词法信息。[①] 此时，语言经济原则退居次要地位，从属于载瓦语使用者的认知方式。壮侗语领属语修饰名词时多使用NG结构，在汉语的影响下，又产生出新的结构"G+标记词+N"。从结构关系上看，标记的使用，多是为了适应新结构（即被破坏的原形结构）的需要。这样既保持了原有结构，也照顾了新生结构，一举两得，使新旧结构和谐共存。

（二）多个定语的词序

从语言结构内部系统看，定语性质的不同，会导致多个定语成分在修饰名词时次序上的差别。这种差别具体体现在形容词、

① 黄行：《我国少数民族语言的词序类型》，载《民族语文》，1996年第1期。

领属格、指示代词、数量词和关系子句共同修饰名词的位置及关系上。这种差别受语言结构内部机制的约束。词序的变换还会受其他外部因素的影响，比如在语言交际过程中，有的修饰成分由于受语义、句法、语用的限制，位置是固定的；而有的修饰成分因交际的需要，根据信息负载的大小，可以改变它们的位置。比如羌语的形容词，根据信息焦点的不同，形容词之间的位置可以变换。在特定的语言环境中，在羌语的多个形容词修饰成分里，其中两个可以前置于中心词之前，一个后置于中心词之后；也可以把所有的形容词都前置于名词之前。不过，每一个修饰成分之间要有停顿。[①] 又如在哈萨克语多重定语中，存在“数词 bir－形容词－名词中心词”和“形容词－数词 bir－名词中心词”两种词序结构。前者为一般的用法；而在后者中，bir 的数量意义已经弱化，成为了一种句法标志，在功能上强调前面的形容词所表示的事物和特征的意义。在哈萨克语的多重定语中，形容词在句中的语序主要受制于语义和语用等心理因素，即越是反映事物最主要、最本质特性的形容词，距离名词中心语越近。[②]

二、句序

（一）标记及其分类

语序可分为两类：无标记和有标记。无标记语序是语言在句法结构中最基本的语序，表达的是最自然的语法、语义和语用的范畴，在使用方面受限制最小。有标记语序是为了表达某些新的信息或者范畴，在无标记结构中加上一些新的成分或变换原有结构而形成的新结构，它在使用方面比无标记结构受到的限制比较

① 黄成龙：《羌语名词短语的词序》，《民族语文》，2003 年第 2 期。

② 王远新：《哈萨克语名词修饰语的语序特点》，《民族语文》，2003 年第 6 期。

大。[①]

有标记又可分三小类：变换词序、单加介词、加介词和变换词序的双重标记形式。介词可分为前置词、后置词与框式介词。那些所谓的无介词语言多半可归入后置词语言，后置词是用所谓格助词或格后缀来介引动词间接题元的。前置词和后置词的差别主要表现在独立性的强弱上。前置词一般有比较强的句法独立性，多是独立的词，不少语言的前置词可以悬空；而后置词一般黏着性强，语音更容易弱化，很少有悬空情况发生。[②]

在句序层面上，情况有所不同，标记主要运用变换词序、双重标记形式两类。至于单独的加介词标记对无标记词序来说，只是形成了冗余。为方便说明，我们把主要句序变化形式分为三大类，原形、无介词标记变换和有介词标记（或格标记）变换。

（二）标记在不同语言语序变换中的作用

印欧诸语言和阿尔泰诸语言的句序变化形式多属于有介词性标记（或格标记）的句序变换。前者一般采用屈折手段，后者则主要使用附加成分法。两个语系语言的句序变换方式只有一种，即双重标记，句序并不作为重要的语法手段，也没有太多的限制。以词序和虚词为主要语法手段的汉藏诸语言，在句序发生变化时会通过引进虚词作为语法上的补偿，从这个意义上说，语序和虚词这两种语法手段具有互补性，有标记的语序变化充分反映了这一特性。这种互补性有两个特点，即它们的互补具有非绝对性和局限性。具体地说，非绝对性是指句序的改变并不一定都会引入虚词，汉语主谓谓语句是这一特点的典型；局限性是指尽管虚词作为一种改变句序的补偿手段在句中使用，但句序的变化形

① 黄行：《我国少数民族语言的词序类型》，载《民族语文》，1996年第1期。

② 刘丹青：《汉藏语言的若干语序类型学课题》，载《民族语文》，2002年第5期。

式仍然十分有限，并不会因为虚词的引入导致句序像印欧诸语言、阿尔泰诸语言那样灵活，即句法成分在引入虚词标记后，句序形式仍十分有限，只是固定在几种有限的形式上。

汉藏诸语言和阿尔泰诸语言中都存在着有标记的语序变换，但标记与语序的变换在这些语言中的关系和地位并不一样，主要可以划分出两种关系：①语序为因、标记为果。这主要出现在汉藏语系等分析性语言中，即在语序变换时引入标记作为语法结构的一种补偿手段，此时标记居于附属地位。②标记为因、语序为果。由于印欧诸语言、阿尔泰诸语言本身标记就很发达，标记处于主导地位，不存在无标记的语序变换，语序的变化自然就比较灵活。正因为标记在不同语言中的地位有差异，就造成了这两种语言在带标记语序变换时会有各自不同的特点。印欧、阿尔泰诸语言在语序变换时，因为其标记的一定往往能穷尽语序变换的所有形式；而汉藏诸语在变换时形式极其有限，语序本身受到其内部结构的制约，又常常引入介词弥补语序变换后对句子造成的破坏。

（三）无标记语序变换

无标记语序变换主要是表现在分析性语言中，即在变换语序时并不引入介词（或格标记），只是句子成分单纯的位移。相对原形句序来说，无标记句序变换可以看成是原形句序的扩展和引申，它遵循句子的结构规律移动各成分来改变句序。比如，在我国的许多 SVO 型语言中，句序变换时往往都能推导出 OSV、VOS 两种形式，这两种形式的共同点就是成分的移位仅仅发生在一个成分上，其他两个成分保持原来的位置关系。语用上，OSV 以前置 O 至主题位置把 O 主题化，突出、强调 O，原来的主谓位置关系保持不变。VOS 通过把 S 后置于宾语位置实现 V 的主题化，原有的动宾关系没有改变。这两种句序的语法位置关系也最大限度地维持了原来的句序关系，句序的变换只破坏了主谓、动宾中的一种关系。上面这类句序变换方式遵循着保持结构、破坏最小原则，在SVO语言中，句序变换的形式倾向于使用相对原句序破坏最小的句序形式。

若一个句子尽量多地使用句子成分，句子就越复杂，各成分间的约束性就越强，此时，就能看清楚成分间的亲疏关系。采用不同语序的句子，使用的成分数量和排列次序是有差异的，由此可以从这些差异分析出语序变换的特点。不同的词序形式，扩展性是有差别的，定语和状语的使用是扩展性表现的两个方面。从汉语SOV、OSV这两种较常用的无标记句序变换形式中，可以看到定语在修饰S、O时是有限制的，即在S上不能加较复杂的定语。这是不同于原形SVO和其他带标记句序的地方。还可以看到，汉语在SOV、OSV使用句中不带结构标记的时间状语时位置是两可的，既可放在O、S之间也可放在S、V之间。原形SVO句中时间状语位置只能放在S与V之间，“把”字句和“被”字句也如此。由上可知，句中状语只能放在V前。这也让我们看到了状语的使用也是与不同的句序方式有关。如果再把状语进行细分，这种特点会表现得更突出。

另外，扩展句子（增加其成分的量）的对立面就是精简句子的成分。若句子在提炼后意思完全改变或是不能成立，这就说明此种句序方式是存在“缺陷”的，应属于“伪句序”，它极有可能只是一种修辞方法而非语法手段。汉语中便存在此种现象，如下面的句子：

一锅饭吃了十个人。→＊饭吃人。

一辆汽车坐了五个人。→＊车坐人。

一匹马骑了两个人。→＊马骑人。

上面右边经过提炼的句子都不能成立，这至少能说明把上述左边句子总结为OVS句序是肤浅的，并没有抓住其本质。汉语中还存在“两面性”动词，主语和宾语可以互换，但基本意义不变。此时，主语和宾语的施受关系已经颠倒了，严格来讲，动词词义已发生变化。在使用扩展成分的方法来考查其语序特点的同时，也同样可以采取提炼浓缩的方法。

三、词序与句序的关系

类型学上的规则是从语言共时研究中归纳出来的，并不能全面反映出语序发展的趋势和方向，现在看来是非常典型的语言类型特点，也许到将来某一时刻会变成非典型的特征。这样归纳出来的词序和句序关系并不稳定。有人对 OV 与 VO 语言类型的所有格位置、关系从句、形容词位置关系的基本倾向从语言结构和认知语言学角度进行了分析，认为这些定语性质的短语词序是与其句序相和谐的（即有密切关系）。[①] 从认知的角度看，词序和句序的表达方式不一定都来自同一种认知方式，即词序与句序也不一定要一致。反映一种语言的认知内部也不一定完全一致，因为人类认知事物的方式是多角度、多方位的，如果只是拘泥于一个角度，显然不能全面、准确地认知客观的世界。认知中存在的矛盾也不会影响认知方式内部的和谐关系。同一认知方式可能产生不同的语序。比如，在汉语和英语中皆存在表现出明显的“先主后次”的认知顺序，汉语中有“弓箭”、“领袖”、“国家”等词，英语中也有 milk and water、bread and butter、mother-in-law 等；在主次顺序上两种语言之间也存在着基于文化思维认知差异的不同表达顺序，如汉语中自古就有的“民以食为天”的思想决定着汉语“膳宿”、“食宿”的组词顺序；而英语中则采取了相反的顺序——bed and board（“膳宿”），遵循的是人类先寻觅栖身之所再寻觅食物的思维顺序[②]。有人认为形名短语主要用哪种语序与语

---

① 金立鑫：《对一些普遍语序现象的功能解释》，载《当代语言学》，1999 年。

② 卢卫中：《词序的认知基础》，载《解放军外国语学院学报》，2002 年第 5 期。

言的形态是否丰富、动宾语序无关。比如白语和克伦语都是动宾型语言，但选择完全相反的语序：白语只用“形+名”一种语序，而克伦语只有“名+形”一种语序。[①] 词序与句序的相关可能是两可的，可相关也可无关，反映在不同语言中，就是一些语言词序与句序高度统一，另一些语言词序与句序则呈现出不统一的状态。

四、语序研究方法

我国的语序研究主要涉及词序和句序两个方面，主要采用语序类型分类法、三个平面语法观和认知语言学的方法分析和解释语言中复杂的语序问题。

格林伯格曾以世界不同语系的30种典型语言为样本，考察了各种语序、词法、句法类型的分布，归纳出45条倾向性很强的语言共性。关于语序类型的研究，格林伯格选择了四个语序基本因素作为分类的参项[②]：小句成分的语序-VSO/SVO/SOV、位置词的前置和后置-Pr/Po、领格名词与中心名词的语序-GN/NG、形容词和名词的语序-AN/NA。上面这些参项所显示的语言现象之间往往具有蕴涵关系，比如以VSO为优势语序的语言，总用前置词；若SOV语言领格名词位于中心名词之后，那么，形容词也位于名词之后。此后许多语言学家在格林伯格理论的基础上对一些语言语序的蕴含共性做了深入研究，并试图从语言的功能机制对语序类型的蕴含关系做出解释。

在语言的发展过程中，由于结构类型会发生演变，因此，在语言的共时结构系统中就可能出现一些不和谐的现象。要合理解

① 戴庆厦、傅爱兰：《藏缅语的形修名语序》，载《中国语文》，2002年第4期。

② 〔美〕伯纳德·科姆里（B. Comrie）著，沈家煊译：《语言共性和语言类型》，第114页—115页，华夏出版社，1989年7月。

释这些与语言类型不和谐的现象，就应当把发生学研究和类型学研究结合起来。从这个意义上讲，语言的发生学研究和类型学研究是可以互相参照的。当然，还有其他造成词序不和谐现象的因素，目前可以提出的假设有三种①：（1）不和谐的词序可能是保留了古代语言未变的语序。(2) 语言发展中产生了新的句法结构类型，从而使原有的语序类型发生了变化。Barber（1993）认为，英语 SVO 语序的出现，是因为它的形态系统大量简化，已无法标识句子的基本语义角色，因此必须借助于语序这个手段。(3) 不同类型语言之间相互影响的结果。例如，西宁、甘肃临夏等地的兰银官话在与藏语等 SOV 语言的长期接触过程中，产生了跟话题化无关的 SOV 语序。这种语序越靠藏语区越明显，常被人们称作"藏式汉语"。②

结合三个平面理论研究语序的特点是，摒弃了以前单独从语法层面分析句子结构的做法，即在分析句子的同时兼顾语义与语用，更加全面地分析句子结构。这种做法有利于探讨并发现制约语序变换的因素。

新兴的认知语言学试图从人类的基本认知程序出发，结合一般的交际原则来解释语言的结构原则。它的方法主要是通过人类认知程序和语句线性顺序的对比，从中发现异同并据以概括出普遍现象和个别特点。它着重探讨语序怎样反映认知程序，即语序是如何临摹认知程序的。心理学家认为，生理构造决定感知和语言。通过人们对平面多嵌套框产生的不同视觉效果，认知语言学家认为不同的运动或认知过程反映在语言中就形成了不同的语序。但事实上，人类的感知和语言并不会因为同样的生理构造而

---

① 屈承熹：《汉语的词序及其变迁》，载《语言研究》，1984 年第 1 期。

② 刘丹青：《汉语方言的语序类型比较》，载《现代中国语研究》〔日本〕，2001 年创刊第 2 期。

大致相同。句法结构有时并没有理据，有些语序现象是没有办法用认知原则来解释的。袁毓林曾指出临摹原则并不灵验，因为“语言作为一种一维线性的符号系统，在映现无限多维的概念空间时，失真是必然的结果；前者可以从认知上做出解释，后者则带有很大的任意性。句法规约是抽象的，受语言结构本身的系统性制约，所以是没有理据可言的。”①

就目前的研究情况而言，语序研究方法的深度和广度都需要加强。从深度上看，需要在现有研究方法的基础上继续完善和发展已有的理论，这需要提高人们的认识水平；从广度上看，应当进一步尝试和探索不同的方法，并扩展认识问题的角度和方式，尝试从其他角度来研究语序问题，这需要不断更新视野。多角度考察说明语序形成的制约因素，“语序不是一种自足的手段，必须联系许多方面加以综合考察，才能得出符合实际的结论。”②事实已经证明，试图通过一条原则来说明某种语言中的那些例外难度很大。综合法就成了一个非常重要的思维方法，它一般综合几种现有的方法研究；但使用各方法的比例是有差别、有层次的，它不是几种方法的简单叠加，而是各方法有取舍的合理组合。

① 刘鑫民：《80年代以来的汉语语序研究》，载《语言教学与研究》，2001年第5期。

② 《关于语序的几个问题：第五次语法学修辞学学术座谈会发言摘要》，载《语言教学与研究》，1995年第3期。

现代汉语中的英语外来字母词的汉化

王宇冀

当今世界各国之间的交流日益频繁，字母词也随之跨越了国界的限制，使人们的交流更加便利。近年来，汉语吸收了大量的英语字母词，即由拉丁字母或拉丁字母加汉字构成的词语。在汉语社区中交流时，使用一些汉语文化社区的人所知晓的国际社会所共有的事物或观念的英语名称，不仅表达直接、准确，而且可使语言简单明了。与其他形式的英语外来词相比，字母词具有简约的形式。根据语言经济原则，字母词的存在反映了人们使用语言时的求简心理。在英语国家中，人们大多习惯使用英语中的专用名词缩略语或术语缩略语。这无疑有利于语言表达的简洁性。如果把英语中的缩略语翻译成汉语，就需要较多的汉字，例如：

世界贸易组织（the World Trade organization——WTO）

研究生入学考试（Graduate Record Examination——GRE）

亚太经合组织（Asia - Pacific Economic Cooperation——APEC）

石油输出国组织（Organization of Petroleum Exporting Countries——OPEC）

磁盘操作系统（Disk Operating System——DOS）

美国职业篮球联赛（National Basketball Association——NBA）

获得性免疫力缺乏综合征（Acquired Immune Deficiency Syndrome——AIDS）

脱氧脱糖核酸（deoxyribonucleic acid——DNA）

个人计算机（personal computer——PC）

中央处理装置（central processing unit——CPU）

重要人物（贵宾）（very important person——VIP）

托福（test of English as foreign language——TOEFL）

只读性多媒体光盘（compact disc——CD）

X 射线电子计算机断层扫描（机扫描仪装置）（computerized tomography——CT）

网络电话（网上电话）（Internet Protocol——IP 电话）

信息技术领域（information technology——IT 界）

集成电路卡（智能卡）（integrated circuit——IC 卡）

这样使用不符合人们使用语言的简洁习惯，因此，直接把这些英语缩略语用到汉语语句中。如：加入 WTO，报考 GRE 等等。而 DNA 早已在汉语里扎根了，除了专业人士在正式的学术场合外，很少有人会费劲地说出它的全称“脱氧脱糖核酸”。篮球爱好者会直接用 NBA 而不是美国职业篮球联赛①。

字母词有了固定的使用群体，不少字母词在社会上已有一定群众基础与社会效应，即使没学过外语，甚至对外文字母不熟悉的人，在日常交际中，也常常使用字母词，如“买张 CD”，而不能说成“买张只读性多媒体光盘”，“VCD”的使用比“影碟机”更普遍。这些没有汉字的说法的概念，从侧面说明了它们在汉语中存在的必要性②。

---

① 韩庆果：《英语新词及其汉译研究》，载《解放军外国语学院学报》，2003 年第 6 期。

② 王全瑞、王成志：《也谈汉语中的字母词问题》，载《河西学院学报》，2003 年第 4 期。

一、英语字母词的类型

汉语中的英语字母词主要有两种类型：英语外来字母词，例如："UFO"、"B 超"；非英语外来词的字母词，例如："V 字领"、"T 型人才"、"X 型人才"，严格说来，这种词应称为"英文字母词"。英语外来字母词比非英语外来词的字母词多，比如还有：

e 时代、AA 制、BP 机、IQ（智商）、ID 卡、OA（办公室自动化）、FBI（美国联邦调查局）、NMD（国家导弹防御系统）等。

从下面四个不同的角度，可以对英语进入汉语的字母词进行不同的分类：

1. 字母数量上

可以分为单字母词素和多字母词素。例如："X 光"中的 X，"SOS 儿童村"中的 SOS。单字母词素和多字母词素的字母数量尽管不同，但都被看成一个单纯词。这说明，两个字母或两个以上字母的组合，不管它们在英语中意义怎样，一旦进入汉语词汇，一律被看作一个单纯词。

2. 语言功能上

英语字母词可以分为可成词字母语素和不成词字母词素：

(1) 可成词外来语素是指既可单独成词，又可独立成为一个语素的语素。这种外来语素在孤立状态时，语素与词的身份合一，在参与新的造词时以词素身份出现。如"KTV"本身是个词，而在"KTV 包房"中做语素。

(2) 不成词字母词素一般和其他词素组合成词后，才能独立使用，例如："A 盘"中的 A；"B 超"中的"B"；"ABC 武器"（核生化武器）中的"ABC"；"AC 米兰"中的"AC"。

3. 根据词素类型和组合位置的不同

汉字词素和字母词素构成的字母词分为字母词素在汉字词素的前面、汉字词素在字母词素前面和字母词素在中间汉字词素在前后三种类型。例如“T 型人才”、“B 超”、“BP 机”、“T 恤”、“IP 卡”、“IC 卡”；“维生素 A”、“卡拉 OK”；“三 K 党”。就目前使用的范围来看，纯字母词和汉字词素在字母词素前面这两种类型的数量比较多。

4. 根据汉语中的英语字母词的表意情况，可分为四种类型：

(1) 字母为英语外语词的开头字母，意义与英语原词相同，例如：“CD (compact disk 只读性多媒体光盘)”、“CT (computerized tomography X 射线电子计算机断层扫描)”等；

(2) 表示顺序位次或代号，没有实际意义，例如：“维生素 A. B. C.”等；

(3) 表示字母形体义，例如：“T 恤衫”、“V 字领”；

(4) 表示字母形体的引伸义，例如：“T 型人才”、“X 型人才”。

二、英语字母词的汉化

根据外来词的汉化程度的轻重，外来词可以分为五个层次，即语音上的汉化但保留其被借方书面形式、演变为类似汉语语素的语素并保留其被借方书面形式、音译且使用汉语的书面形式、谐译、意译。字母词只涉及前两个层次。

(一) 对英语字母词的改造

这类词语发展迅速、数量众多，因而引起了人们的广泛关注。值得注意的是进入汉语中的英语字母词经过了一定的加工和改造。这种加工改造分为两种形式：一是改造英语外语词进行音译、意译、借形的系统，如“BP 机”、“B 超”等，这些字母词在保留部分字母的同时，还具有音译、意译等汉字成分，所以，其“汉化”的部分显而易见。另一种是完全借英语外来词的形，叫做纯字母词。例如“CT”、“MTV”等，这些纯字母词看来好像没有任何“汉化”现象，其实不然。

1. 语音上，外来纯字母词同其他借词方式相比，最接近英语原词，但是由于不同语言间语音系统有别，外来纯字母词的语音还是发生了变化。首先，外来纯字母词的每个音节基本都具有汉语特有的声调特征，比如“KTV”中的 K 读作 kèi，T 读作 tì，V 读作 wēi，而英语原词的读法是没有音高变化的。还有个别字母词与英语词在音节数目上不同，比如“UFO”在汉语中读作 yōu ǘifu ōu，是四个音节，而英语中读作［ˈju: fou］，是两个音节[①]。

2. 语义上，外来纯字母词和英语原词的语义系统不同，所以词义的表现形式也不相同。比如“ABC”在英语中是多义词，有三个义项：①字母表；②某一方面的基础知识；③按字母顺序排列的火车时刻表。在汉语中则是个单义词，只有一个义项，即“某一方面的基础知识”[②]。

3. 语法上，受到汉语语法体系的约束，外来纯字母词一般都不再具有英语原词的各种形态特点，比如“ABC”在英文中有所有格和复数形式“ABC’s”、“ABCs”，在汉语中却没有这类语法现象。纯字母词和英语原词在语音、语义、语法上的这些区别，是汉语使用者对其改造的必然结果，是字母词在汉语中存在的必经之路[③]。

（二）外来单音节语素的形成

外来单音节语素的出现是汉语语素演变的结果。汉语语素一直是以单音节为主的。单音节语素在汉语语素的总数中占绝对优势，同时又有极强的构词能力，可以繁衍出成千成万的词语。多音节语素是由两个或两个以上的音节表示的语素，这类语素主要

① 魏慧萍：《汉语外来词素初探》，载《汉语学习》，2002 年第 1 期。
② 同上。
③ 同上。

是外来语素。多音节语素在使用中会简化并蜕变为语言结构中的单音语素。

人们最初在语言实践中造词的时候，词一产生就在理论上具有了语素的资格，并不是先造出一个语素。但英语外来词的创制与最初造词的情形不同。英语外来词不是凭空创制的，而是用汉语的语言材料或借用英语字母书写形式对已经存在的英语词进行“二次改造”的结果，即给英语词更换语音形式，并在意义方面做相应调整。这与汉语利用现成的固有语素创制新词相似，不同的是，外来语素从别的语言中借入汉语中，经过改造变得更加适用后，才成为汉语造词的一种语素。可见，英语外语词经过“汉化”，直接以语素身份参与造词或逐渐脱离原来的造词环境参与新的造词活动，就成了汉语中的外来语素。

如“卡拉 OK”在“我们去卡拉 OK”中它是作为一个词来使用，充当了一个句子成分；在“我们去 OK”中，压缩成“OK”后仍是作为一个词来用；在“我们去唱 K”中，它由一个四音节的外来词压缩成一个音节“K”。由“卡拉 OK”到“K”，具有了相当于一个词来使用并充当句子成分的要求。只是这时还不能就此认定“K”是一个单音节语素了，还要看它是否重复出现。表示“卡拉 OK”义的“K”只出现在“唱 K”中，说它是语音的缩略形式较为恰当。现在，人们不仅说“唱 K”，也还说“K 一下”、“K 起来”、“K 一个晚上”，具有了比较重复、灵活、多样的组合与搭配。但是，这样说的人群范围仍然很小，还不是真正地词化。由繁到简，由复到单，这只是一个外在、形式化的标志①。

语素是语言的最底层单位，是最小音义的结合体，是最稳定

① 苏新春：《当代汉语外来单音语素的形成与提取》，载《中国语文》，2003 年第 6 期。

的语言成分，所有的语言运用都是在它的基础上来组合、衍生、运行的。要判定一个外来单音语素的形成，就必须认定这个本来纯粹是记音的汉字也有了表意的作用，本来有几个音、几个汉字来表示的意义凝集在一个音、一个汉字上；这个音、这个汉字要最终具有表意作用，完成与意义的结合，也必须具有在不同场合、不同环境中稳定表意、重复使用的功能。

外来单音语素一般都选用汉字来做形式载体。使用汉字，不用字母，这是外来单音语素化的一个前提，甚至可以说是一个必备条件。当前出现了不少字母词，字母词或独用或与汉字夹用，如NBA、UN、SOS或IT业、B超、IP卡。字母词作为一个完整的词来使用是可以的，这时它实际上就是一个复音节语素。但要成为单音节语素，以单个字母作载体是难做到的。像“唱K”中的K，虽然已经表示了“卡拉OK”的意思，但最终成为汉语语素还有难度。一方面是因为汉语自身的原因，如单音语素的单音节与汉字的方块形，单音语素的意义范畴与汉字字形的表意性，都表现出了完全的一致性。另一方面是由于字母文字的单个字母的表音作用太强，表音过程中的拼合性太明显，单个字母不可能与某个具体意义建立稳定的对应关系。

三、结论

简洁性是英语字母词形式上最突出、重要的特点，但许多字母词对大多数汉语使用者来说，并不易懂，存在认识上的模糊性或偏差，甚至不可理解。英语的缩略语根植于英语文化，有着完整的形式与其对应，是词义原有形式的精简加工，这不同于汉语中的外来字母词。汉语中外来英语字母词就是一个单纯的字母词，而不是缩略词，大多数汉语使用者并不知道这些字母词的英语原形，这也无疑增加了汉语的词汇量。语言的简洁性固然很重要，但增加陌生的简洁形式，也造成了记忆上的负担，使交流无法简洁。符合人们联想式的、成网状的逻辑思维、记忆模式，这样的思维本质上是简洁的，英语中缩略词符合这样的条件。但借入汉语英语字母词对汉语人而言，只有形式上的简洁没有本质上的简洁性。外来字母词本质上就是一种语言变体，满足人们的某些需要。如 WTO 在普通人群中的使用满足了其求新的心理需求，在专业研究领域中的普遍使用则方便了他们与国际沟通交流。所以 WTO 这类专业术语词也就面对两种不同的前途，即在普通民众中由于其时新性随着时间的推移必然会过时而被弃用，但在专业研究领域中还会长期的存在下去。推而广之，大多数的英语外来字母词可能随着时间的推移将被淘汰。归其原因，外来字母词尽管存在一定程度上的汉化，但如果要完全融入汉语固有的体系，就显得还不够。纵观汉语借词的历史，外语借词汉化程度越高，融入汉语的可能性越大，生命力越强。

空间方位与人类的文化观念及认知心理

——方位词研究综析

张 燕

当人类从浑沌、蒙昧的远古时代第一次睁开智慧的双眼时，大自然给予他们的第一个视觉刺激就是空间，映照在人眼中的世间万物呈现变幻无穷的空间关系。对于物体之间方位关系和空间距离的认知和把握是原始人类不可缺少的生存条件之一。列维·布留尔的《原始思维》讨论了原始人的空间观念，认为人类很早就具备了空间观念，即较原始的对于空间关系的感知和把握①。在此基础上人类发展出较为高级的、抽象的空间概念。我们从原始社会的众多遗留物上可以体味出人类的这种空间方位意识：崖画有的绘于终年不见阳光的北面，有的迎着初升的旭日，有的则朝向西下的夕阳。这种将不同内容绘于不同方位的做法表明在原始人心目中空间方位具有某些神秘的含义。在后世的文明人当中空间方位也具有丰富的文化蕴含，如坐东朝西，葬南葬北，都有种种讲究。可见空间方位在各族人民的心目中从来就不仅仅是单纯的空间概念，它还跟各族人民的思想观念、宗教信仰、风俗习惯、日常生活等息息相关。

人类赋予空间方位的这种神秘性促使许多学者不惜花费大量

---

① 列维·布留尔：《原始思维》，第103—109页，商务印书馆，1981年。

时间和精力去研究它并取得了显著的研究成果。随着文化语言学与认知语言学的发展，空间方位与人类的文化观念及认知心理等联系起来，进行综合研究成为一种新的趋势。

本文拟从以下几个方面对我国语言学界近年来的方位词研究做一简单综述：一是方位词的认识及定义；二是方位词的研究状况，分为结构主义语言学界、文化语言学界及认知语言学界和少数民族语言学界四个领域的相关研究成果；三是小结；四是就本项研究的发展趋势做一简单拟测。

一、方位词的认识和定义

（一）一般认识和定义

关于方位词的词类和范围，汉语语法界争议颇多。李静熹考察了众家之说，认为从意义上下定义，方位词是表方位的词，即表空间和时间的方向和位置的词；从功能上下定义，方位词是后置词，即附着在别的语言单位后面组成表示处所或时间的名词、方位短语①。广义的理解，方位词还包括借用人或动物器官及事物的名称来表方位的一些词语，如“头、面、心、脚、腰、尾、角、畔”等②。

按词的构成方式，方位词可以分为单纯方位词、合成方位词、对举式方位词等③。如下表。

另外，还有重叠式方位词“上上下下”、“前前后后”、“里里外外”、“内内外外”等。

李静熹还将单纯方位词分为“单义方位词”和“多义方位词”。“东、西、南、北、左、右、前、后”只表示基本方位意

① 李静熹：《现代汉语方位词研究》，第10—11页，博士论文，2001年。

② 赵薇：《现代汉语方位词研究》，第3页，硕士论文，2000年。

③ 黄伯荣、廖序东：《现代汉语》（下册），第12页，高等教育出版社，2000年。

义，即表示方位词本身拥有的方位意义，包括空间方位意义和时间方位意义，这些方位词叫“单义方位词”；“上、下、里、内、中、外”除了表示基本意义外，还有跟空间有关的派生方位意义和引申义，这些词称为“多义方位词”①。吕叔湘先生早在《方位词使用情况的初步考察》一文中就指出：“每个方位词所表示的意义包括有两种，一个是‘定向性’，一个是‘泛向性’。‘定向性’指方位词的实际方位，‘泛向性’指方位词的引申用法。”李静熹总结多义方位词有 10 种引申用法：方位词表范围、方面、概数、程度、强调、情况、过程、状态、另外、各种附加义等。②

单纯方位词	合成方位词						
	前加		后加				
	之	以	边	面	头	对举	其他
上	之上	以下	上边	上面	上头	上下	
下	之下	以下	下边	下面	下头		底下
前	之前	以前	前边	前面	前头	前后	眼前
后	之后	以后	后边	后面	后头		
东	之东	以东	东边	东面	东头	东西	
西	之西	以西	西边	西面	西头		
南	之南	以南	南边	南面	南头	南北	
北	之北	以北	北边	北面	北头		
左			左边	左面		左右	
右			右边	右面			
里			里边	里面	里头	里外 内外	头里
外	之外	以外	里边	外面	外头		开头
内	之内	以内					

① 吕叔湘（吴之瀚）：《方位词使用情况的初步考察》，载《中国语文》，1965 年第 3 期。

② 李静熹：《现代汉语方位词研究》，第 10—11 页，博士论文，2001 年。

(二) 文化语言学的认识和定义

空间方位概念是原始人类较早掌握的概念之一。我们完全可以想象，我们的祖先是从认识空间和自己开始认识世界的，因此空间概念和身体部位是人类原始思维的出发点。Clark 曾风趣地说“各民族对客观世界有着类似的看法和感受，人们根据相似的经历对某事作出结论，这也许是因为大家都是直立行走的生灵并且生活在同一个世界的缘故。”[①] 生活在同一个世界上，人类面对的客观现实相同，大脑的生理构造也相同，具有共同的思维能力，一定能获得基本相同的概念结构。几乎每个民族都有一组表示空间方位的词语，形成各自的方位词语义场。

但是语言作为一种文化现象，又受制于各自的文化，包括文化的各个层次——底层的心理文化、中层的制度文化，以及表层的物质文化。[②] 而且语言本质上就是一种自成体系的特殊文化，是人类文化整体中的一个重要组成部分。[③] 各个民族文化不同，对空间方位的认识和表达自然不同。

语言还具有文化价值，张公瑾先生提出“语言文化价值理论”，“语言系统中凝聚着所有文化的成果，保存着一切文化的信息，因此我们有可能通过语言了解和认识、分析各种现象，进而探索文化史上的未知状况”，“语言表层的文化价值主要指词汇部分”。[④] 因此，研究一个民族的空间方位概念，就可以透视该民族的历史文化、民族心理、思维方式、价值审美观等，进而可见该民族的文化特质。正像程琪龙指出的“语言必定反映人们生存的特定地域环境、时代气息等各种社会、文化的特征。人类语言

① Clark, H. H. Clark, E. V: Psychology and Language: An introduction to Psycholinguistics , P534, Harcourt Brace Jovanovic, 1977。

② 邢福义：《文化语言学》，第 8—9 页，湖北教育出版社，2000 年。

③ 张公瑾：《文化语言学发凡》，第 48—51 页，云南大学出版社，1998 年。

④ 同上。

无不打上社会文化的烙印。最为明显的是语言的概念信息系统。文化特征，或者说语言的文化信息主要表现在语词中，它和概念信息系统有直接关系。"①

可以说，空间方位概念像一种文化基因，进入到文化的诸多领域，衍生出独特的方位文化。方位文化兼有语言符号与文化符号的双重属性，自然成为中国文化语言学的重要研究视点。

（三）认知语言学的认识和定义

近年来许多学者从空间认知角度研究跟方位有关的语言现象。本文仅讨论跟空间方位密切相关的空间隐喻。

隐喻，并非汉语辞格"隐喻"，而指英语辞格"Metaphor"，它涵盖除"明喻"以外的所有汉语比喻方式。② 西方隐喻研究历史悠久，传统隐喻学研究将隐喻看作词语层次上的一种修辞方式，将隐喻的功能看作是一种"附加的"、可有可无的"装饰"。同时认为隐喻就其结构和形式来看，都是正常语言规则的偏离。现代隐喻学则不这样认为。20 世纪 80 年代初期，Lakoff &Johnson 在 Mentaphors We Live By 一书中提出"隐喻概念体系"的新理论，认为"隐喻"不仅是一种语言形式，而且是人们思维和行为的方式，即"概念隐喻"或"隐喻概念"（Conceptual Metaphor or Metaphor Concept）。并且将隐喻概念分为三类，其中之一是方位性隐喻（orientational metaphor）。③ 方位性隐喻（orientational metaphor），又叫空间隐喻（spatialization metaphor），即用诸如上下、内外、前后、开关、深浅、中心—边缘等表达空间的概念来

---

① 程琪龙：《认知语言学概论——语言的神经认知基础》，第 33 页，外语教学与研究出版社，2001 年。

② 李国南：《辞格与词汇》，第 41 页，上海外语教育出版社，2001 年。

③ Lakoff，G& Johnson：M. Metaphors we live by，P4—6，University of Chicago Press，1980。

组织另外一种概念系统。[①] 在这种隐喻中，喻体是表示方位的词，如 Happy is up（幸福等于向上），本体 happy 具有了喻体 up 这一方位性语义特征。

空间隐喻源于人的直接体验，是以人自身肌体的（physical）和文化的（cultural）体验为基础的。“上”与“下”，“前”与“后”，“高”与“低”，“内”与“外”等空间方位概念是人类最根本的身体体验，是人类与大自然相互作用形成的最基本概念，也是人类最早熟悉的、有形的、具体的、常见的概念。人们总是借助这类具体的空间方位概念或关系去喻指一些抽象概念或抽象关系，甚至某种难以捉摸的心理状态。正如 Lakoff &Johnson 指出的：简单的方位性概念是可以被直接理解的，这些表示方位性概念域的词都可以用来表示其他概念域，例如时间、动作、抽象概念等。[②] 不仅如此，我们大部分概念是根据一个或多个方位性概念隐喻建构的。[③] 这正符合人类社会和人类认知能力的发展规律：人类最初认识的事物往往是有形的、具体的物体，当认知进入高级阶段，它就获得了参照已知的具体事物的概念认识和对待无形的、抽象的、难以定义的概念的能力，于是借助于表示具体事物的词语表达抽象的概念，形成了不同概念之间相关联的隐喻语言。

由于人类认知的这一普遍规律，许多语言中的空间隐喻表现出极大的相似性。如由于地球的引力，地球上的人都是垂直行走的，人体于是有上下，物体有高低，水面会上升等，从多次对物质世界的相似感知和经验中人们抽象出了垂直结构，进而将其运

① 转引自束定芳：《隐喻学研究》，第 133 页，上海外语教育出版社，2000 年。

② Lakoff，G& Johnson：M. Metaphors we live by，P56，University of Chicago Press，1980。

③ Lakoff，G&M. Turner：More than cool reason—a field guide to poetic metaphor，P17，The Univesity of Chicago Press，1989。

用到其他非空间概念：比如“上”通常与好的、强的、高的、多的、优秀的、积极的事物相联系，而“下”常与消极事物相联系。另一方面，身体体验又不能独立于特定的文化和社会之外，所以不同文化的空间隐喻还存在差异，表明不同民族各具特色的认知方式和文化特征。

二、方位词的研究状况

该部分分四方面：一是结构主义语言学界的方位词研究状况；二是文化语言学界的方位词研究状况；三是认知语言学界的方位词研究状况；四是少数民族语言界的方位词研究状况。

（一）结构主义语言学界的研究状况

在现代汉语语法研究上，至20世纪80年代初，方位词主要是一个语法问题，通常放在词类或句法平面上研究。在一些语法教材里谈到名词时必定会谈到方位词，涉及到的基本上都是方位词的语法界定和语法功能、方位词的结构分类、方位词的基本用法和引申意义等。文炼的《处所、时间和方位》（1957年）是当时一本全面讨论方位、处所、时间问题的专著。该书提出的许多观点至今仍具有重大理论意义。吕叔湘在《方位词使用情况的初步考察》（1965年）中依据约10万字的语料对方位词的使用情况作了详细的统计考察，发现反义对立的单音节方位词“上/下”“里/外”的使用情况是不对称的，这一发现为汉语方位词的语法研究提供了重要线索。另外，邹韶华的《现代汉语方位词的语法功能》（1984年）对现代汉语方位词的语法功能作了较全面的分析，也发现了一些过去很少为人注意的语法现象。

齐沪扬的《现代汉语空间问题研究》（1998年）是一部全面探讨现代汉语空间问题的专著。该书着眼点并不是空间方位本身，而是把空间方位放到句法分析的系统中进行考察，这是与以往方位研究的最大不同点。该书着重探讨现代汉语空间位置系统，将空间范围的概念引进位置句研究。作者认为现代汉语位置句中的空间范围有“点、线、面、体”之分，主要通过方位词表达，而位移句的空间范围都是“点”，因此不必加以细分。这些观点都极有启发性。

其他研究成果有储泽祥《现代汉语方所系统研究》（1998年）、邢福义的《时间方所》（1995年）、张其昀《运动义动词“上”、“下”用法考辨》（1995年）、李静熹《现代汉语方位词研究》（2001年）等。

（二）文化语言学界的研究状况

1. 汉语界研究状况

汉语界该项研究的特点是从古文字字形、字意入手，以传统文化为背景，分析方位词丰富的文化蕴含，从而折射出汉族人的审美态度及价值观念等。

首先，对“东、西、南、北”的研究有：杨琳（1996年）、张德鑫（1996年）、周晓陆（1996年）、周前方（1995年）等。他们的论文引经据典，把“东、西、南、北”放到中华传统文化的汪洋大海中，以分析字形和字义为始，探讨方位词与宗教信仰、阴阳五行、丧葬习俗、神话传说、建筑风格以及政治制度等的关系，描绘东、西、南、北除方位之外的五彩缤纷的文化色彩。

其次，对“前、后、左、右”的研究基本沿袭“东西南北”的研究思路，且“左右”的研究往往结合“东西南北”的研究。不同的是“左右”的尊卑问题十分复杂，不同朝代、不同场合何者为尊都不同，张蔼堂（1987年）指出“左右”尊卑的复杂性。有的作者凭有限的语言材料就得出“汉语尊右卑左”或“汉语尊左卑右”的片面结论，体现出不严谨的治学态度。对此，一些文章多以“商榷”的形式进行纠正（如张蔼堂，1992年）。值得提出的是张德鑫（1996年），他对古籍中关于尊左和尊右的大量语料进行分析归类，认为两者的区别主要在于使用范围不同，并指出何处以右为尊，何处以左为尊，为“左右”的尊卑问题提供了很有价值的答案。陈奇猷的《古人在座次尊卑上有什么规定和讲究》（1995年）也值得参考。

关于“上、下、里、中、内、外”的此类论文比较少，有汪维辉（1999年）等。因为这些空间概念都与身体部位密切相关，都是由表身体部位的名词转化来的，所以更多的是从空间隐喻角度进行研究的。

2. 汉语与其他语言对比研究状况

英国语言学家Lyons指出：特定社会的语言是这个社会文化的组成部分，每一种语言在词语上的差异都会反映使用这种语言的社会的事物、习俗以及各种活动在文化方面的重要特征。[①] 认真地挖掘和比较不同语言的方位词就会发现其表现出来的种种文化差异。

陈满华（1993年）、赵雄（2001年）、陈红（2002年）等论文注重异质文化现象的对比研究，这是值得肯定的。但是许多对比研究仅限于方位文化的表层和一些明显的问题上，往往停留在现象的描述和罗列，对其内涵缺乏更为深入的阐释。有的作者甚至以片面的结论为出发点进行对比研究。如丁鹏、王冬梅（1998年）以“汉语表达中以左为尊”的片面认识为参照，对比汉、维两种语言中“左右”方位。曹建南（2000年）、詹朋朋（2000年）在列举日语的左右尊卑现象时观点相背，日本人到底尊左还是尊右，让人迷惑。

（三）认知语言学界的研究状况

1. 外语界研究状况

外语界首先引入西方隐喻理论，一时成果蔚为壮观。林书武

① Lyons, J: Semantics. Cambridge University Press, 1977。

(1994年、1997年)、胡壮麟（1997年)、严世清（1995年）较早介引西方隐喻理论，这几位先生为我国的隐喻研究工作作出了很大的贡献。在这之后，又有很多论文出现，表明我国外语界对隐喻现象研究的兴趣和研究的水平正在逐步提高。其中赵艳芳(2001年)、束定芳（2000年)、程琪龙（2001年）等先后有专著出版。

空间隐喻虽然在隐喻学中具有重要的地位，但赵英玲在《英语空间性隐喻的特性分析》中指出：国内外对空间性隐喻着墨不多，虽然莱考夫《在 Mentaphors We Live By》一书中谈及了空间隐喻，纳吉（William nagy）在其博士论文《Figurative Paterns and Redundancy in the Lexicon》中也列举了一些空间隐喻，但两者都仅从宏观上论述了隐喻，以及与隐喻有关的语言的喻化现象和喻化思维，尚未对空间性隐喻本身展开深入系统的研究[①]。我国外语界重视空间隐喻的研究并取得了一定的成绩。张辉（1998年）指出空间概念在人类认知中的重要的地位。林振坤（1998年）强调空间向时间的隐喻。陶文好（1997年、1998年、2001年）以及谌华玉（1998年）特别关注“up”、“down”、“in”、“out”、“over”等几个方位介词的隐喻现象，研究趋向具体化、专题化。

2.汉语界研究状况

汉语界也进一步借鉴西方的隐喻理论和研究成果，进行汉语隐喻的研究工作。

一些学者如戴浩一、谢信一、廖秋忠、刘宁生、方经民、崔希亮等先生，他们都从空间认知的角度研究跟方位有关的语言现象，使之成为近年来汉语方位研究中的新倾向。他们的研究分为三类：一是把人类的空间认知能力的研究扩展到语言研究，如戴浩一（1988年)、谢信一（1989年)；二是从认知的角度探讨方

① 赵英玲：《英语空间性隐喻的特性分析》，载《外语学刊》，1999年第3期。

位词的用法，如龙治芳（1987年）、周烈婷（2000年）；三是从认知的角度探讨跟方位有关的句法分析，如刘宁生（1994年）、崔希亮（2000年、2001年）。他们的观点对本文所涉的汉语空间隐喻的研究有极大参考价值。如方经民先生提出“方位参照”，并把它分为“外物参照”、“整体参照”、“自身参照”等。

本部分着重谈汉语中跟方位词有关的空间隐喻的研究。汉语界空间隐喻的研究更加深入，不仅仅局限于空间概念向时间概念的隐喻。李宇明（1999年）、蓝纯（1999年）运用汉语中大量语料证实空间方位在人类认知及语言中的重要作用。史锡尧（1989年）王祥荣（2000年）将心理学的研究成果引入语言学从而有力地证明空间方位在人类语言中的基础地位。

另一方面，汉语空间隐喻研究更加具体化，“上—下”概念空间隐喻（垂直性方位隐喻）、“前—后”概念空间隐喻、“左—右”概念空间隐喻、“内（中、里）—外”概念空间隐喻（又叫容器隐喻）、侧位（旁、侧）概念空间隐喻等都有所涉及，如李瑛的两篇论文①。由于“上—下”垂直的概念无论从物理世界的角度还是从心理世界的角度对人类都具有重要意义，学者们历来重视这一对概念的研究，此时再从空间隐喻的新视角加以关注，所以关于“上—下”（垂直性）概念的研究成果就较多，有周统权（2003年）、王祥荣（2000年）、杨云（2001年）、倪建文（1999年）等。这些论文结合汉族客观的物质基础及具体的民族文化环境，阐述汉语中“上下”空间隐喻的系统性及民族特色，剖析其形成原因，同时借鉴前人成果对“上”“下”形式和意义上不对称的现象作出解释。

3. 汉语与外语的对比研究状况

---

① 李瑛：《“上下”地域空间隐喻初探》，载《重庆交通学院学报》，2002年第3期；《“前后”域空间隐喻初探》，载《四川教育学院学报》，2002年第7期。

空间隐喻是一种普遍的语言现象和认知方式。各种语言在空间隐喻上都有一些相似性，王松亭（1999 年）、王广成（2000 年）、杨静颖（2000 年）通过对比汉语、英语、俄语等语言中的空间隐喻论证了这一点，为我们研究语言提供了范例，也为各民族、各文化之间交流架起了桥梁。

唯物主义辩证法告诉我们，事物之间具有普遍性，每个事物又有它的特殊性。不同文化的空间隐喻具有特殊性，反映不同的民族性、社会性。张凤（2001 年）对比俄语和汉语；高合顺（2002 年）、于善志（2002 年）对比英语和汉语；赵华（2002 年）、崔健（1999 年）、沈贤淑（2002 年）对比韩语和汉语；证实各种语言中的空间隐喻存在共同点和不同点。

显然，比较语言仍限于汉、俄、英、韩等几种外语，研究范围没有进一步拓宽，而且有些论文仅指出空间隐喻的不同，限于现象的描述，对现象背后的动因没能解释清楚，这对论证空间隐喻的多样性无疑是个遗憾。

（四）少数民族语言学界的研究状况

少数民族语言中的方位词研究成果散见于各类语言简志及相关论著中：《中国少数民族语言简志丛书》（1980 年）、马学良（1991 年）、罗常培（1996 年）、林向荣（1993 年）、叶舒宪和田大宪（1998 年）等。少数民族语言研究也注重对比研究，常将少数民族数民族语言与汉语中空间方位进行对比，如胡坦（1996 年）对比藏、汉语；丁鹏、王冬梅（1998 年）对比汉、维语；崔健（1999 年）、沈贤淑（2002 年）、赵华（2002 年）对比汉、朝语。

但是相比而言，我国少数民族的空间方位研究还是少且零散，且往往集中于某几个民族语。各族的文化不同，空间方位起源不同，由此产生的空间隐喻也不同。举个简单的例子，各族的“东西”方位一般是根据太阳的“升、落”形成的，而“南北”

却复杂得多，与各族的地理环境、生活习惯和宗教信仰等密切相关。而且并不是各族语言中都有“东西南北”方位词，如土家语就没有。有的民族还有一套独特的方位词来表方位，如嘉戎语。而这些都没有专门的论著加以讨论。显而易见，少数民族的空间方位研究是个有待开采而且值得开采的研究领域。

三、小结

纵观方位词的研究现状我们可以发现以下几个特点：

1. 结合认知语言学与文化语言学理论的研究成果较多。
2. 汉语的研究成果较多。
3. 汉语与英语、俄语的对比研究成果较多。
4. 少数民族语言研究成果较少。

方位词是一种世界性的语言文化现象，从方位文化的研究性质来看，它具有跨学科的性质。空间方位概念与文化学、语言学、宗教学、认知心理学乃至地理学都有千丝万缕的联系，所以对它的研究是一种跨学科、跨文化的研究。随着新兴学科文化语言学和认知语言学的发展，有了严谨缜密的理论指导，这一研究更是引人注目。

在很长一段时间内，对中国方位文化的研究常偏重于汉族方位文化的领域，研究中也重视比较研究的方法，但常借助于英语、俄语等几种外语语料，偶有与少数民族语言进行对比的。可见对少数民族的方位文化关注之少，这显然与少数民族语言文化的多样性极不相称。

的确，我国少数民族空间方位研究是处于滞后的状态，研究范围狭窄，只集中在有限的几个点上，没有有力的研究方法，具体材料多而理论概括少，缺乏必要的、专门的、系统而深入的分析和论述。语言研究应当包括少数民族语研究，少数民族语是个丰富的宝藏，当务之急是借鉴外语和汉语的研究理论和经验来开发这个宝藏。文化语言学和认知语言学的一些理论方法对少数民族语言中空间方位的研究具有启发作用。如“文化语言学的弄潮儿”张公瑾先生将浑沌学理论引入语言与文化的研究，认为浑沌学理论独特的概念体系和方法论框架正好适用于语言和文化相互作用的非线性分析①。空间方位的形成、发展、演变等具有多重性特点，各民族的空间方位表面上处于无序的状态，表现更为复杂，但它不过是一种更为复杂、高级的有序，即处于浑沌序状态中，简单地运用线性分析很难揭示其真谛，应运用非线性方法来进行综合研究。再如认知语言学强调人类形成概念、认识世界的物质基础、生理因素及认知心理，“人同此心，心同此理，人的认知心理不仅古今相通，而且中外相通。”② 所以空间方位概念及空间隐喻是种普遍的语言现象。但这一普遍现象又具有个性，又需要从客观世界、人类的生理及心理等方面去找根源。汲取这些理论无疑有助于少数民族语言空间方位概念的研究。因此，笔者认为在今后的研究中应注意以下几点：

1. 拓宽研究视野，将会发现少数民族空间方位研究的广阔天地。

2. 坚持联系与发展的观点，少数民族空间方位研究不是一个真空的断带层，只有将它融于整个中华民族、整个人类的文化领域中，才能更好地认识和把握它。

3. 进行必要的、深入的、理性的认识和研究，建立起有力的理论解释框架。

四、研究趋势拟测

鉴于以上对我国语言学界空间方位研究的综析，笔者试对该

① 张公瑾：《文化语言学发凡》，云南大学出版社，1998年。

② 沈家煊：《实词虚化的机制》，载《当代语言学》，1998年第3期。

研究趋势做一简单拟测：

1. 运用新兴语言学科——认知语言学的理论与方法研究将成为趋势。

2. 将大量采用综合性研究手段，主要是汲取认知语言学、文化语言学、对比语言学的研究方法。

3. 将紧密结合语言教学研究实践，日益体现其应用价值。即要结合母语教学、外语教学、对外汉语教学及双语教学研究成果。

4. 少数民族语言中的空间方位词研究将得到关注。

我们相信，空间方位研究的理论方法将会更具指导力，研究范围将会更宽广，研究内容将会更多彩。Yu.N 曾指出：认知隐喻研究现在面临两大课题。首先应该对英语以外的语言的隐喻系统做大量的基础研究，以求证明不仅在英语中，而且在其他语言中，抽象思维都是部分通过隐喻来实现的。其次是有关隐喻概念系统的普遍性或相对性。一方面人类的认知活动植根于日常的身体体验，而不同民族的身体体验却是基本相同的，因此有理由假设普遍性的隐喻概念的存在；另一方面由于身体体验不能独立于特定的文化和社会之外，我们也有理由推论在不同文化的隐喻概念系统中应该存在差异。然而，不同的语言和文化究竟在多大程度上表现出隐喻概念系统的同和异，却是亟待扎扎实实的对比研究来回答的问题。① 这段话也同样适用于我国语言学界的空间方位词的研究。

---

① 转引自蓝纯：《从认知角度看汉语的空间隐喻》，载《外语教学与研究》，1999 年第 4 期。

文化认知格局中的色彩词

——色彩词研究综析

王　彦

人类生活在色彩缤纷的世界上，在认识世界的过程中认识了色彩，反映在语言中就是建立了色彩词系统。从认识过程看，色彩词是在人们认识色彩并形成相应的色彩概念的基础上形成的，色彩词词形的非原生性就是很好的证明。色彩词词形的非原生性是指语言中的色彩词最初并非色彩专名，往往是表示具有某色彩的事物。后来随着人类对依附于这些事物之上的色彩的抽象，得出相关的色彩概念，它们才被借用来表示色彩。

色彩词作为语言中一个特殊的词汇子系统，是国内外语言学家和其他学者都很感兴趣的一个研究领域。下面先对色彩词进行界定和分类，然后对西方色彩词研究历史和国内色彩词研究状况进行回顾，并在此基础上加以分析，总结以往的经验，指出研究尚存的薄弱环节。

一、色彩词的界定和分类

谈到色彩词就要先认识一下色彩。色彩有三个要素：色相、明度、纯度。色相，即色彩的相貌，常说的红、橙、黄、绿、青、蓝、紫七种光谱色就代表七种色相，色相是色彩最突出的特征；明度是色彩的明暗程度；纯度，又称彩度、艳度、饱和度，即色的含灰程度和鲜艳程度。各种色彩中，黑、灰、白属于无彩色系，只有明度，没有色相和纯度。对于语言中的色彩词，有人也称为颜色词，二者只是称谓的不同，所指是相同的，本文采用色彩词这个说法，包括无彩色系黑、灰、白在内。

色彩词可以分为基本色彩词和普通色彩词。基本色彩词指每种语言中最基本最常用的色彩词。根据柏林和凯伊的定义，基本色彩词有四条标准①。

1. 单语素，词义无法从词的组成部分推知。据此可知"bluish"和"天蓝色"不是基本色彩词。

2. 具有独立的色彩意义，即所指的色彩不属于其他色域。据此可以排除"scarlet"（绯红）和"鹅黄"这种词。

3. 不限于指某一类事物。如"blonde"不是基本色彩词，因为它一般只指头发、皮肤的颜色。

4. 心理上的显著性和稳定性。语言使用者不因为语境的改变而改变对色彩的定位，不因个人看法而有不同的判断。

普通色彩词是基本色彩词以外的色彩词，所指的色彩以不同的基本色为基调，分布在由基本色所代表的各种不同的色域之内。

雷切（Rich）1977 年提出了色彩词的四种分类模式：(1) 基本色彩词，指柏林和凯伊提出的那些基本色彩词。(2) 修饰语 + 基本色彩词，由表示程度或实物等的词修饰基本色彩词，如"葱绿"和"浅蓝"。(3) 基本色彩词 + 基本色彩词，由两个基本色彩词组合而成，后者为主色，如"黄绿色"。(4) 细描色彩词，以上三类形式之外的色彩词，一般通过比喻、通感、重叠等方式产生。国内外学者沿用这种分类模式的也很多。

---

① 姚小平：《基本颜色词理论述评——兼论汉语基本颜色词的演变史》，载《外语教学与研究》，1988 第 1 期。

二、西方色彩词研究回顾

国外色彩词研究的历史源远流长，早期探索可以追溯到古希腊时期。柏拉图认为"白的东西导致眼的开放，黑的东西导致眼的收缩"。他的弟子亚里士多德把色彩分为简单色彩和复合色彩"黑暗是由于光的缺乏……单一色的白、黄、黑是和四元素即火、空气、水、土相匹配的颜色，空气与水其性质是白，火与太阳是黄，黑色由于火燃烧后，耗尽空气和水分而产生。白、黄、黑以外的色，作为单一色是通过混合调配而产生。由于混合调配的不同分量，其色还有各种变化"（Sloane，1991）。

歌德对色彩问题也颇感兴趣，通过实验和探索，写成了《色彩理论》一书。他主要关注色彩与情感变化之间的关系。他认为，色彩的冷暖可以引发人的不同的心理情感。暖色可以激发欢快活泼、积极向上的情感，冷色会使人烦躁多虑、敏感不安。他甚至试图建立色彩基调和道德取向之间的关系，认为白色代表纯洁与高尚的品德，黑色是邪恶和残暴的化身。

英国哲学家罗素从广义语义学的视野出发，阐释了人类色彩感知的不确定性与语言中色彩词的语义模糊性之间的关系。他认为，从语言学的角度来看，任何认为可以精确表述"red"的语义内涵的做法，都是不自量力和难以信赖的。

英国学者格莱斯顿（W.Gladstone）在《荷马及荷马时代研究》中比较了《伊里亚特》和《奥德赛》里一些描写色彩的文句后指出，荷马时代的古希腊语只有很少几个抽象色彩词，它们的意义往往含混不清。他认为，导致这类语言事实的原因在于古希腊人的辨色能力不如现代人发达。格莱斯顿的发现和猜测引起了德国语言学家盖格尔（L.Geiger）的兴趣。他也认为色彩词的匮乏和色彩词意义的不确定是辨色能力低下的反映，随着辨色能力的提高，人们能区分越来越多的色彩并予以命名。他第一个提出了色彩词的普遍发生顺序假说。他指出，一种语言的色彩词至少分六个阶段出现。第一阶段，只有一个色彩词，表示黑与红的混合概念；第二阶段，黑红两种概念分化开来；第三阶段，黄色名称出现，可能同时又表示绿色；第四阶段，白色名称出现；第五阶段，绿色名称出现，可能同时表示蓝色；第六阶段，蓝色名称出现。

19世纪末，马格纳斯（Magnus）通过发往世界各地的问卷调查，完成了在当时规模最大的色彩词研究工作，反驳了盖格尔关于辨色能力决定色彩命名的结论。他认为，色彩的命名和色彩感知能力的高低并没有必然联系。一种语言色彩名称少，并不代表使用这种语言的人们不能区分某些色彩，而是因为这些色彩的区分对他们来说并不重要，他们不需要从语言上加以分辨。只要有必要，他们对某些事物的色彩在语言上区分得比现代文明民族还要细致入微。

随着美国人类语言学的兴起，20世纪上半叶的色彩词研究大多以萨丕尔—沃尔夫假说为背景。康克林（Conklin）和格里森（Gleason）把英语和其他几种语言的色彩词进行了比较，认为各个民族感知色彩的生理能力并无差别，但由于文化模式不同，各种语言对色谱的划分也不同。一种语言的色彩词以独特的方式记录着人们感知色彩的体验，这些色彩词又反过来规定、限制了人们表述色彩的可能。

1969年，美国民族学家柏林（Berlin）和语言学家凯伊（Kay）通过考察98种语言的基本色彩词，合作发表了《基本色彩词语：普遍性与进化论研究》（Basic Color Terms：Their Universality and Evolution）。在这本书中，他们认为人类语言的色彩词有一个普遍的进化过程，即11个基本色彩词按照从左到右的顺序进化。如果只有两个基本色彩词就是黑和白；若有三个，就是黑、白、红；如果有四个，就再加上绿或黄；语言中如果有右边的色彩词就一定有左边的。

white		green		purple
	red	pink	blue	brown
				orange
black		yellow		gray

自诞生以来，柏林和凯伊的这种色彩词的普遍进化理论就在色彩词研究领域产生了广泛而深刻的影响。很多研究者都把它当作经典理论接受并引证，推动了色彩词研究的发展。

杨永林把西方色彩词研究的历史概括为“进化论和相对论之争”①。进化论认为所有语言中的色彩词系统进化过程和发展方向大致相似，它决定一种具体语言的基本色彩词的规模和数量。相对论也可以称为文化决定论，认为不同语言中色彩词的数量和语义界限是不同的，它决定于具体的文化，受文化影响非常大。

三、国内色彩词研究状况

国内对色彩词的研究可以按照研究内容分为汉语色彩词研究，外语和外语—汉语色彩词研究，少数民族语和民族语—汉语色彩词研究，色彩词共性和理论研究以及心理语言学对色彩感知、命名和色彩爱好的实验研究五个部分。

（一）汉语色彩词的研究

汉语色彩词的研究起步比较早，成果也比较丰富，可以按研究视角分为以下四个部分。

1. 从色彩词和社会生产方式的关系来考察汉民族物质文化及其对色彩词的影响。

物质文化是文化的基础部分，指一种文化中的技术及其物质

① 杨永林：《色彩语码研究——相对论与进化论之争》，载《外语教学与研究》，2000年第5期。

产品。物质文化是显在的，按某种文化共同体的价值目标和规范形成，受相关文化模式的制约，具有鲜明的文化个性色彩和特定环境所赋予的稳定的文化内涵。透视汉民族的色彩词，可以揭示汉民族物质文化的发展轨迹。此类早期研究有《从文字学上考见古代辨色本能与染色技术》（胡朴安，《学林》，1941 年第三辑），通过分析古代色彩词的字源考察古代染色技术的产生和发展情况。汉语色彩词产生之初多与当时赖以生存的物质有关，如草、木、石、水、火、土等，丝织品出现以后，许多丝织品的名称又转换成色彩词。随着社会的发展，新的色彩词的产生，一些原有的色彩词废弃不用了，还有一些色彩词的意义发生了变化，如“红”原指粉红色，中古后指大红色。汉民族物质文化发展的特征，从色彩词的产生、演变中可见一斑。如根据甲骨文中“赤、朱、黄、白、绿”等字已经出现，可以推知我国的采矿、纺织、印染技术在商代时已达到相当的水平（陈启英，《汉语色彩词与汉民族物质文化》，载《云南民族学院学报》，1995 年〈1〉）。

2. 从色彩词和社会文化心理的联系来揭示汉民族的精神文化及其对色彩词的影响。

精神文化也可称为观念文化，是文化的意识形态部分，包括情感、思维及价值体系等。色彩词不仅具有概念意义，还具有联想意义。联想意义就是“人们在使用语言时联想到的现实生活中的经验，表达人们使用语言时情感上的反应，并从广义上显示出特定语言集团的社会文化特征。”① 通过分析色彩词的联想意义，可以透视人们对不同色彩的感情倾向、价值判断。“红、黑、白”在单纯地表示色彩义时，并不存在意义的相对或相反关系，只有在考察其联想意义时，彼此之间才可以构成反义词。（《颜色词红黑白的联想意义及其反义关系》，刘群襄，载《樊学院学报》，

① 顾嘉祖、陆升：《语言与文化》，131 页，上海外语教育出版社，1994 年。

2003年〈7〉)较早结合社会文化来研究汉语色彩词的当数刘云泉，为后来的研究奠定了基础（《色彩、色彩词与社会文化心理》，《语文导报》，1987年〈6、7〉)。徐朝华在《析“青”作为颜色词的内涵及其演变》中结合汉民族文化史对汉语中极为特殊的色彩词“青”的内涵及演变进行了细致的分析。许嘉璐在《说正色—〈说文〉颜色词考察》(《古汉语研究》，1994增刊)中通过统计《说文》各种色彩词的数量和在不同部首中的分布，总结出经书和《说文》中正色、间色的比例很悬殊，进而认为正色、间色观念的形成记录了古人对色彩分辨力提高的过程①。

通过分析文化中的色彩观念及其在语言中色彩词上的反映，能帮助语言使用者更好地理解色彩词，指导色彩词的使用。陈良煜的《历代尚色心态的变异与汉语构词》(《青海师范大学学报》，2002年〈3〉)分析了我国历代崇尚的色彩及其在色彩词构词上的影响。不同的民族在不同时代所崇尚的色彩是不同的，对某种色彩的崇尚可能造成语言中表示这种色彩的词的丰富，当这种色彩不再受到尊崇时，这些色彩词也会慢慢被淘汰。

3.从词汇、语法、语义学角度探讨汉语色彩词的词汇系统、语义关系及语法特点。

此类早期研究有《汉语表“红”的颜色词群分析》(符淮青，载《语文研究》，1988年〈8〉)，《现代汉语颜色词的数量及序列》(刘丹青，载《南京师范大学学报》，1990年〈3〉)。《汉语表“红”的颜色词群分析》从个案入手，阐述了对红色词群的认识，涉及红色词群的古今变化，分析了各词的特点。个案研究方法为后来的色彩词研究所借鉴。李红印对色彩词的词汇—语义系统进行了专门的分析。他从词汇和句法两个层面分析了汉语色彩

① 此类研究还有《汉语色彩词与汉民族精神文化》，陈启英载《云南民族学院学报》1996年，第4期等，此处不再一一列举。

范畴的表达方式和规则。他从认知角度把汉语色彩词分为辨色词、指色词和描色词三类。在句法层面，三类色彩词通过与其他词的组合来分辨色彩、指称色彩和描绘色彩，进行色彩表达。其对应关系是描色词只描绘色彩，不分辨指称色彩，表达功能单一。辨色词和指色词可以分辨色彩、指称色彩和描绘色彩，表达功能多样。(《汉语色彩范畴的表达方式》，载《语言教学与研究》，2004 年〈6〉；《现代汉语色彩词词汇—语义系统研究》，北京大学汉语言文字学博士论文，2001 年)。高永奇在《现代汉语基本颜色词组合情况考察》中，通过统计语料库对汉语基本色彩词相互之间能否组合、组合的顺序以及组合后表示的意义进行了考察（载《解放军外国语学院学报》，2004 年〈1〉)。

4. 从修辞学角度分析色彩词运用的特点及其在文学创作中的重要作用。

《古代诗词与色彩词》（徐玉如，载《修辞学习》，1997 年〈4〉）举例说明了诗词中运用冷色可以给人朴素、沉静、含蓄、凄清的感觉，运用暖色可以给人兴奋、活泼、热烈、喜悦的感觉，而冷暖相衬能起到对比鲜明、突出意境的作用。潘勃《色彩词的借代表意》（载《修辞学习》，1996 年〈5〉）认为色彩词在古诗文中可以通过借代表示方位、尊卑、褒贬，可以寄托感情、表示季节等，运用色彩词借代表意可以使表达形象洗练，充满活力。从修辞学角度对色彩词进行研究的还有《浅析色彩词的修辞效果》(马新美，载《呼伦贝尔学院学报》，1999 年〈12〉)《文学语言中的颜色词》(吴进修，《辞学习》1999 年〈3〉）等。

汉语色彩词研究中也有比较全面而系统的著作。早期的有刘云泉的《语言的色彩美》（安徽教育出版社，1990 年)。这本书吸收了文学、艺术、文化、心理、物理等各方面的材料，还建立了现代汉语色彩词词表、唐诗色彩配色表和色彩词语法分布表，是汉语色彩词研究的开创性工作。另外，叶军的《现代汉语色彩词研究》(内蒙古大学出版社，2001 年) 在对汉语色彩词进行了界定、分类的基础上探讨了色彩词的文化涵义和语用特点等。李尧的《汉语色彩词研究》(南京师范大学汉语言文字学硕士论文，2002 年) 涉及色彩词的词性、词义、修辞等各方面。

(二) 外语和外—汉语色彩词研究

外语色彩词研究多采用和汉语色彩词对比的方法，主要分析外语和汉语色彩词的文化涵义的异同，旨在更好地理解其他国家的语言和文化，为交际、第二语言教学和翻译提供一些指导。其中英汉、俄汉色彩词对比的成果较多，内容比较全面，研究方法也比较成熟。

英汉色彩词对比研究大多数都是分析白、黑、红、黄、绿、蓝等基本色彩词联想意义的异同，如《英汉语基本颜色的隐喻认知对比》(陈家旭，载《西南民族大学学报》，2003 年〈12〉),《颜色在不同文化中的联想》(晋红，载《红河学院学报》，2004 年〈8〉),《主要范畴颜色词在英汉文化中的语用分析》(孟江虹、许宁，载《中国农业大学学报》，2001 年〈4〉) 等。这些文章有的仅限于语言现象的描写，有的对其进行了解释，如《汉英色彩偏爱的文化美学阐释》认为汉英民族分别对红色和蓝色的偏爱是对其民族性格的一种平衡互补。内敛含蓄的汉民族用奔放热烈的红色释放情感，外向直露的西方人用沉郁宁静的蓝色作为平抑剂，这是现实与审美的互补性。这种说法有一定道理。

色彩词离不开民族文化这块土壤，因而翻译色彩词时应该充分考虑它的民族文化背景。《英语色彩词的内涵意义及其翻译问题》(余志应，载《湖北民族学院学报》，1994 年〈4〉),《从颜色词看英汉语言文化差异》(柯金算，载《龙岩师专学报》，1998 年〈6〉) 等就是从翻译角度进行的色彩词研究。后者总结了英汉色彩词互译时的三种情况：有时保留其本色，如红地毯 red carpet；有时会变色，如红糖 brown sugar；有时与色彩无关，如 green horn

生手。英汉色彩词汇对比研究还可以为第二语言教学提供指导，如《从两套教材看汉英颜色词汇比较——兼论颜色词汇在第二语言习得中的特点》（载《新疆师范大学学报》，1995年〈3〉）。

俄语色彩词的研究成果也比较丰富，《俄语中模糊的颜色词所表示的联想意义》（武保艳，载《吉林师范大学学报》，2003年〈2〉）从色彩词的模糊性来谈，认为色彩词的模糊性研究不应限于色彩词的概念意义，即色彩词对色谱划分的不确定性和连续性，揭示不同民族色彩词的联想意义对于色彩词模糊性的深入研究也有重要意义。语言能反映一个民族的世界观，即一种语言的世界图景，《从俄汉颜色词看语言的世界图景》（赵亮，载《解放军外国语学院学报》，2003年〈5〉）中认为色彩词的联想意义是通过通感和联想产生的，联想意义体现了俄罗斯的基督教文化和世界观。俄语色彩词研究成果还有《俄语中表颜色形容词的词义引申》（丛亚平，载《山东外语教学》，1996年〈3〉）《俄汉颜色词语的非颜色意义》（陈曦，载《中国俄语教学》，1995年〈1〉）等。

日汉和汉韩色彩词对比研究的成果也比较多，主要分析日语和韩语中色彩词的构成和联想意义的异同。这类研究有《中日颜色词语及其文化象征意义》（李庆祥，载《外语研究》，2002年〈5〉），《颜色词及色彩意识的中日异同》（程放明、刘旭宝，载《西南民族学院学报》，2003年〈3〉），《汉韩语颜色词的异同》（郑凤然，载《毕节师范高等专科学校学报》，1989年〈1〉），《从符号学的角度看韩国语颜色词的文化信息》（马会霞、赵新建，载《解放军外国语学院学报》，2000年〈4〉）等。其中，《从符号学的角度看韩国语颜色词的文化信息》不仅关注色彩词的意义，而且从音、形方面研究色彩词，归纳出韩语中“阴性元音表示相对浓的色彩，阳性元音表示相对淡的色彩”的语音规律，分析了韩语色彩词的构词方法，还从词形上分析了韩语色彩词的词源。这在外语色彩词研究中是一种新的尝试，开拓了新的研究视角。外语色彩词的研究成果还有《简析中阿颜色词的文化内涵》(刘晖,载《阿拉伯世界》,2003 年〈3〉),《法语中的颜色词》(冯百才,载《北京第二外国语学院学报》,1996 年)等。

（三）少数民族语和民—汉语色彩词研究

与外语色彩词研究一样，少数民族语色彩词的研究也多侧重色彩词的联想意义，主要揭示少数民族语色彩词的文化内涵。总的来说，少数民族语色彩词的研究成果比较少，且比较零散。维吾尔语色彩词的研究成果相对较多。其中《维吾尔语中含有颜色词惯用语的文化内涵》（黄中民，载《伊犁师范学院学报》，2004 年〈3〉)分析了维语中含有色彩词的惯用语。惯用语是在语言长期使用过程中逐渐固化的形式，其中所体现的色彩词的象征意义更能反映维吾尔民族文化在语言中的积淀。《维吾尔语颜色词语及其文化透视》（张玉萍，载《新疆大学学报》，2000 年〈9〉)先指出维语色彩词语由单纯词、派生词和复合词构成，又分析了色彩词与文化各个层面和要素的关系，如与维族农业经济生活的关系，与牧业经济生活的关系，与饮食文化、服饰文化的关系，探讨了文化深层的各要素对色彩词的影响。

集中对比不同语言中的一个或几个色彩词更能凸显文化背景对色彩词的影响。如《颜色词“白色”的民族文化内涵义》（肖可，载《满语研究》，1995 年〈1〉）结合自然环境、经济生活、宗教、神话传说、婚嫁习俗、服饰文化等分析了阿尔泰语系语言中白色普遍受到尊崇的原因。《颜色词“白、黑、红”在汉藏英语中的词义分析》（文静、桑盖，载《西北民族学院学报》，1999 年〈1〉）中把色彩词从词源角度分为基本色彩词和实物色彩词，认为实物色彩词是最初只代表事物名称，后来用来指称色彩的词。这种说法是不准确的，即使基本色彩词，最初也往往是用来表示具有该色彩的实物，后来才抽象出色彩义，不再表示具体的实物了。《蒙古语和满语基本颜色词的比较研究》（高娃，载《满语研究》，2001 年〈2〉）关注蒙语和满语中的色彩词的语音对应关系，总结出蒙古语和满语的基本色彩词中“红、白、绿、黄”等词在读音上虽然各自具有不同发展时期的特点，但在词根、附加成分等对应关系中显示出更深层的一致现象。虽然这种现象不能直接证明两种语言的关系问题，但这种高度相似现象是语言关系问题研究中不容忽视的重要材料。成燕燕把哈萨克色彩词分成单纯的纯色彩词、组合的纯色彩词、物·纯色彩词和纯色彩词的生动形式四类，并指出只有单纯的纯色彩词具有联想意义，且联想意义具有多元性（即一个色彩词有多个联想意）和双重语义特征（《现代哈萨克语词汇学研究》，民族出版社，2000年，第123—129页）。《论鄂伦春族民间故事中白颜色词的使用和艺术价值》（朝格查，《黑龙江民族丛刊》，1999年〈4〉）指出在鄂伦春民间故事中表白色的词和事物很多，这是由于白色与他们赖以生存的自然环境息息相关，进而表现在他们用共同的智慧和想象创造出来的民间故事中。

少数民族语色彩词的研究成果还有《哈萨克语颜色词试说》（胡爱华，载《语言与翻译》，1997年〈1〉），《蒙古族的传统色彩观念》（西林，载《新疆大学学报》，1996年〈1〉），《藏语白色颜色词的文化内涵》（胡书津、罗布江村，载《西南民族学院学报》，1997年〈4〉）等。个别研究在分析色彩词的联想意义时没有考虑时间层次，对民族传统文化的积淀和受其他民族语言文化影响所产生的联想意义没有加以区分。少数民族语色彩词研究的专著比较少。白庚胜的《色彩与纳西族民俗》（社科文献出版社，2001年）从认知角度分析了纳西语色彩词的命名特点，揭示了色彩和纳西族文化中的礼仪、服饰、建筑、占卜、鬼神形象等的关系，分析了文化中的信仰、哲学观念、地理环境、物质生产、宗教、政治等因素对色彩认知和色彩观念的制约机制。朱净宇、李家泉的《少数民族色彩语言揭秘》（云南人民出版社，1990年）分析了云南境内各少数民族的绚丽多姿的色彩的各种社会功能，并认为这种社会功能最早起源于各民族的图腾崇拜。虽然这两本著作主要是从文化民俗学的角度写的，但为语言学的色彩词研究提供了很多宝贵的材料。

（四）色彩词的共性及理论研究

色彩现象的普遍性和人类思维的共同特点决定了人类对色彩的认识具有共性，任何语言的色彩词都具有模糊性。产生这种模糊性的原因很多：色彩本身没有截然分开的界限，色彩数量极大而语言中色彩词的数目有限，色彩词往往来自某种具体物体的色彩或具有某种色彩的物体，物体色彩本身的不纯粹也造成了色彩词的模糊性。色彩词的模糊性造成了对具体的色彩词下定义和进行义素分析时的困难（《谈颜色词及其模糊性质》，伍铁平，载《语言教学与研究》，1986 年〈2〉）。在伍铁平研究的基础上，吴世雄、钟守满等从认知角度对色彩词语义范畴的模糊性进行了更深入的研究，《颜色词语义模糊性的原型描述》，(载《福建师范大学学报》，2002 年〈3〉)；《颜色词的语义认知和语义结构》(外语教学，2001 年〈7〉)。

1969 年柏林和凯伊的基本色彩词理论提出以后，国内一些学者对其进行了译介，如《基本色彩词：其普遍性和发展》（符淮青，载《国外语言学》，1981 年〈1〉)。姚小平也对基本色彩词理论进行了评介，并指出了这一理论与汉语基本色彩词的演变事实的不符合之处（《基本颜色词理论述评——兼论汉语基本颜色词的演变史》，载《外语教学与研究》，1988 年〈1〉)。杨永林总结了国外色彩词的研究的历史，将其概括为进化论和相对论之争，认为色彩词研究应该是把色彩词普遍规律和不同文化背景下的色彩词文化个性研究结合起来，对色彩词进行跨学科跨文化研究（《色彩语码研究——进化论与相对论之争》，载《外语教学研究》，2000 年〈2〉；《社会语言学与色彩语码研究》，载《现代外语》，2002 年〈4〉等)。基于这种认识，杨永林进行了色彩词命名能力的认知研究，分析了我国大学生汉语和英语两种语言色彩词的命名能力，并对性别、语言水平、兴趣爱好等变量进行了考察（《中国学生汉语色彩语码认知模式研究》，《中国学生英语色彩语码认知模式研究》，清华大学出版社，2002 年）。

张旺熹提出了色彩词联想意义的产生是基于人对色彩的联想，并区分了色彩词的联想意义和象征意义。他认为联想意义是色彩词语所包含的潜在的意义内容，而象征意义是这些潜在意义的外化，联想意义一般具有双重语义特征，即正反、善恶、褒贬共存（《色彩词语联想意义初论》，载《语言教学与研究》，1998 年〈3〉）。金福年在统计了我国现当代一些文学作品使用色彩词的情况后，指出女作家更多使用细描性的色彩词，并从生理、心理和所承担的社会角色方面对这种语言使用现象进行了解释（《不同性别表达者选用汉语颜色词的差异》，载《修辞学习》，2004 年〈1〉）。

以上研究侧重人类语言色彩词的共性，致力于理论层面上的深化，可以为具体语言中的色彩词研究提供理论指导。

（五）从心理语言学角度对色彩感知、命名和色彩爱好的研究

随着心理语言学的兴起，人们开始把心理语言学的方法运用到色彩词研究中。此类研究有《幼儿颜色爱好特点研究》（李文馥，载《心理发展与教育》，1995 年〈1〉），《云南地区少数民族大学生颜色爱好调查研究》（林仲贤、张增惠、刘光智，载《心理学杂志》，1987 年〈12〉），《新疆维汉哈蒙族大学生颜色爱好的比较实验研究》（魏永文、贾德梅，载《新疆师范大学学报》，1995 年〈4〉），《3—6 岁不同民族儿童颜色命名发展的比较》（林仲贤、张增惠、韩布新、傅金芝，载《心理学报》，2001 年〈4〉）等。《3—6 岁不同民族儿童颜色命名发展的比较》对汉、蒙、维、壮、白及哈尼六个民族的 3—6 岁儿童的色彩命名能力进行了实验研究，结果显示六个民族儿童的色彩正确命名率均随年龄的增长而提高；不同民族儿童的色彩命名率存在差异，其顺序为汉、蒙、哈尼、壮、白、维，文化教育条件是

正确命名率高低的重要影响因素；对不同色彩的正确命名难易程度不同，不同民族间具有一致性，先后次序是黑色、红色、白色、黄色、绿色、蓝色、紫色、橙色。

此类研究吸收了国外新的研究理论和方法，通过实验进行定量研究，具有较高的科学性。在揭示色彩的感知、命名和色彩爱好的规律和特点方面取得了很多成果，并对比了不同民族在色彩的感知、命名和爱好中表现出的思维方式的异同和民族文化积淀的影响。

四、小结

国内色彩词研究中，汉语色彩词的研究最多，内容也比较全面，对问题的探讨也较为深入。外语色彩词的研究也比较多，尤其是英语、俄语、日语和韩语色彩词研究，主要集中在色彩词的联想意义的对比方面。少数民族语色彩词的研究相对少得多，大多数是从文化和翻译角度进行的，主要描述色彩词的联想意义和文化内涵，具体材料多而理论概括少，缺乏科学的研究方法和深入系统的分析和阐述。许多研究仅限于色彩文化的表层，往往停留于现象的描述和罗列，在分析解释层面比较薄弱。

我国是一个多民族国家，有着非常丰富的语言文化资源。少数民族语色彩词研究的薄弱与少数民族语言文化的丰富多样性显然不相称。应该把少数民族语的色彩词纳入到研究领域中，将民族语色彩词和汉语、外语色彩词研究结合起来，吸收国内外科学的研究理论和方法，推动色彩词研究的发展。

人们对色彩的感知要受到自然环境、生产方式、物质精神文化、性别、年龄等因素的制约，对色彩词的考察也要涉及心理的、物理的、文化的、民族的、社会的等诸多因素，具有多元性和复杂性的特点。因而色彩词研究应该关照各种纷繁复杂的影响因素，采取非线性的研究方法，进行跨学科跨文化的研究，以求取得更多成果。

广告语言研究综述

牟　章

随着社会经济的发展,广告这一传递信息的载体在各个行业得到了广泛应用,成为人们日常生活中的重要组成部分,也成为最富生机的社会文化现象之一。无论是借助于报纸、杂志、广播、电视,还是网络,广告总是通过声音、图画、图像、音响等形式来表达的,其中语言是最重要、最基本的媒介手段。广告文案是以语言文字为物质媒介符号,传达出创作主体某种特定广告构想和诉求的篇章。美国权威调查机构经过科学的测试认为,广告效果的50% - 75%来自于广告文案。正如美国广告专家大卫·奥格威(D. Ogilvy)所说:“广告是词语的生涯。”广告语言集中反映了顾客的需要、动机、选择,同时又充分表达了商品信息,树立了商家形象,是社会生活中实用性很强的一种语言功能变体。因此,研究和分析广告语言,对于探索广告宣传的规律、提高广告宣传的效用,具有十分重要的意义。由于广告语言是一种特殊的语言变体,因此,广告语言的分析对语言社会变异的研究也具有不可忽视的价值。

一、国内广告语言研究

(一) 广告汉语研究

广告在我国起源很早，但是发展一直缓慢。1979 年广告业复苏以后，有关广告的论著相继出现。80 年代，随着广告事业的蓬勃发展，有关广告语言的研究也应运而生。广告语言的研究主要有两方面的力量：一方面是广告学界的，另一方面是语言学界的。前者的研究侧重于广告的策略、创意、手段、市场调查与信息反馈等，对广告语言的研究则比较零散，热情也不高。而语言学界，特别是修辞学界，对广告语言的研究则经历了一个从不太重视到比较重视的过程。

80年代中后期，广告语言的研究处于初创阶段，主要是立足于语言本身，从微观语言学的角度分析语言结构，从语音、文字、词汇、句法及修辞手法等角度出发，分析广告语言是如何起到促进商品销售这一目的的。这段时期的研究成果主要为单篇文章。总体而言，这些文章大多缺乏深度，不成系统。

90年代后，人们的研究视野更加开阔，不再局限于语言本体，而是从宏观语言学的角度结合社会学、心理学、交际学、文化学等学科对广告语言进行多方面的探讨，这一阶段是广告语言研究的发展阶段。

80年代末至90年代初则是前两个阶段的过渡时期，这个时期内有一些颇有影响的著作陆续出版，例如徐玉敏、宫日英《广告语言分析》(中国物资出版社，1988年)，邵敬敏《广告实用写作》(华东师范大学出版社，1991年)，李宏伟、张秉忠《现代广告写作》(蓝天出版社，1992年)，曹志耘《广告语言研究》(湖南师范大学出版社，1992年)，林乐腾《广告语言》(山东教育出版社，1992年)，杨志松《一句话打动你我》(云南大学出版社，1993年)。与此同时，还发表了一定数量的从不同角度研究广告语言的专题论文，例如郭龙生《广告语言》(载《语文建设》，1990年5月)，甘于恩《广告语言与社会心理》(载《暨南大学学报》，1991年4月)，杨石泉《广告语言初探》(载《世界汉语教学》，1993年1月)，曹志耘《广告语言研究面临的课题：深化和实用化》(载《语言文字应用》，1994年1月)，邵敬敏《从新的角度研究广告语言》（载《语言学通讯》，1994 年 1 月—2 月），沈孟璎《谈广告中的活用成语现象》（载《语文建设》，1994 年 4 月）。

近年来，随着广告语创作的日趋成熟，这方面的研究也日益深入，相关著作更是层出不穷。邵敬敏的《广告语创作透视》（北京语言学院出版社，1996 年）是一部广告语言研究的力作。该书介绍了我国广告语言研究的状况，对研究过程中出现的问题进行了总结和分析，并指出了广告语言研究的发展方向。作者从广告语创作的宏观策略谈起，通过大量的优秀广告实例来阐明广告策划中的品牌定位问题，揭示了广告文案写作的成功诀窍。此外，本书还论及语境烘托、广告视点的移动、商业色彩的淡化等广告语创作的新动向，并且从音韵、字形等方面入手，探讨了汉语广告的中国特色，对广告语进行了多角度的分析。该书对于广告语言的进一步研究具有一定的启发和指导作用。屈哨兵的《广告语言方略》（科学技术出版社，1997 年）则给人耳目一新的感觉。该书有两大特点：第一，全书可分为客体论和本体论两个部分。前者主要从存在于语言之外的客体人物的角度讨论语言，从市场的划分说到语言的应对，然后讨论媒体传播的语文观照，分析传播媒体的语言观照和语式观照。后者则立足于语言本身，讨论广告语言的种种问题。首先讨论广告语言的常规策略和变异策略，提出广告语言设计时的一些基本套路，然后用较大篇幅讨论广告语言的词句类型和语用类型，从语言的各个角度对广告语言进行观察和描写。第二，该书将宏观与微观结合起来，既有实用价值，又具有较浓厚的理论色彩。作者对广告语言进行了宏观的考察，涵盖面大，不仅涉及到语言文字自身的问题，还涉及到人类学、社会学、文化学、心理学等方面的问题，把广告语言放到各种学科组成的广阔背景下加以阐述，因此在整体上理论色彩较浓。然而，作者并非停留在宏观性论述上，而是通过广告实例来说明具体问题，重视对广告语言进行深入的微观分析，具有相当强的实用性。王漫宇的《广告语言艺术》（地震出版社，1998年）一书则总结了优秀广告词在创意方法、语言技巧及促销作用方面成功的经验。侯瑞隆的《广告、语言、心理》（河南人民出版社，1997年）、魏星的《实用广告语创作艺术》（中国科学技术大学出版社，1999年）也在一定程度上引起了人们的关注。从修辞学角度研究广告语的著作主要有：徐秋英的《现代广告修辞》（中国经济出版社，1998年），倪宝元的《修辞手法与广告语言》（浙江教育出版社，2001年）。

现在，越来越多的广告学著作开始把广告语言的研究看作不可或缺的组成成分。慕明春的《现代广告学》（陕西人民教育出版社，2000年）第三章“广告表现”，就是专门探讨广告语言的特点及表现技巧构成的。胡晓芸的《广告文案写作》（浙江大学出版社，1998年），于柏铨、夏文蓉、周斌的《现代广告文案写作》（陕西师范大学出版社，1998年）也对广告语言进行了多角度的阐述。另外，一些学者还有意识地结合文化学探讨广告语的创作，将广告视为一种文化，提出了“广告文化学”的概念，例如：徐祝林的《中华广告文化艺术》（辽宁大学出版社，1996年），李建立的《广告文化学》（北京广播学院出版社，1998年）。

（二）广告英语研究

我国较早介绍西方广告研究的著作是中国友谊出版公司1991年出版的《现代广告学名著》。此后，随着对外贸易的不断扩大，英语在商业中的作用日显重要，日益广泛的国际商务领域要求国际商务英语教学领域不断拓宽。1994年，上海对外贸易学院国际商务外语系发起了首次跨省市的国际商务英语教学和研究的学术会议——’94华东地区高校国际商务英语教学研讨会，为以后两年一届的“全国高校国际商务英语研讨会”奠定了基础。本次研讨会的主题是，加强高校间的合作，建立高校与企业的联系，高校与企业的联手，共同培养21世纪的国际商务人才。1996年10月，第二届国际商务英语研讨会再次在上海对外贸易学院召开，会上探讨了国际商务英语的定位及商务英语教育的指导思想等问题。1998年，第三届国际商务英语研讨会在厦门举行，在此次会议上，商务英语的重要组成部分——广告英语的研究受到了更多学者的关注。会后出版的论文集《国际商务英语在中国》中收入了五篇广告英语研究论文：许爱平《从广告英语特点探索广告英语之教学法》，苏里昌《广告英语翻译中的文化因素》，王长江《广告英语标题的创意功能》，林丽清《修辞在英汉广告中的魅力》，陈焰《汉英广告语言对比研究》。

关于广告英语的专著有：崔刚《广告英语》（北京理工大学出版社，1993年），赵静《广告英语》（外语教学与研究出版社，1992年），侯维瑞《英语语体》（上海外语教育出版社，1988年），周晓、周怡《现代英语广告》（上海外语教育出版社，1998年），孙晓丽《广告英语和实例》（中国广播电视出版社，1995年）。

从修辞、写作、翻译等不同角度研究广告英语的论文有：胡一《广告英语的修辞魅力》（载《英语学习》，1998年8月），吴希平《广告英语修辞种种》（载《中国翻译》，1997年5月），单祝堂《英语双关语探讨》（载《江苏外语教学研究》，1999年1月），孟琳《英语广告中双关语的运用技巧》（载《中国翻译》，2001年5月），汪滔《涉外广告翻译》（载《四川外语学院学报》，2001年6月），蒋磊《谈商业广告的翻译》（载《中国翻译》，1994年5月），蒋磊《英汉文化差异与广告的语用翻译》（载《中国翻译》，2002年3月），贾文波《谈对外广告翻译的情感传递》（载《外国语》，1996年2月），曹顺发《广告用语的翻译》（载《中国科技翻译》，2002年1月），张琼《广告英语的特点》（载《湖南大学学报》，2002年1月）。

一些攻读硕士学位的研究生也以广告英语研究作为学位论文的课题。如：尹平的《广告英语的模糊性》(载《对外经贸大学学报》，2001 年 4 月）运用模糊语言学理论从语义角度分析了报刊英语中的模糊现象；何雅青的《确定与歧义之间的最佳点》（载《对外经贸大学学报》，2001 年 4 月）从语用学角度分析了模糊语言在当代商业广告中的作用；金鑫的《论广告翻译中对语言和文化特色的处理》（广东外语大学，2001 年 4 月）从翻译学、语用学和文化补偿的角度，探讨了广告的翻译活动；此外还有唐红梅《英语修辞在广告英语中的应用》，陈龙《交际翻译法和语义翻译法在广告翻译中的应用》。

总体看来，在我国外语界，广告英语研究已经受到广泛重视，研究成果也逐渐增多。

二、国外广告语言研究

西方广告业的发展归因于工业革命带来的生产扩大化，以及由此引发的商业竞争，与之相应，广告的性质由陈述性转变为劝说性。随着广告业的发展，越来越多的广告人和学者开始致力于广告和广告语言的研究。

1966 年，英国语言学家 G·里奇（Geoffrey Leech）的专著《广告英语》（English in Advertising）堪称广告语言研究的经典之作。该书详细分析了广告中的语言机制，并运用定量分析法（quantitative method），深入探讨了广告语言的特点。

G·里奇在他的《广告英语》中指出，在英语广告中，下列动词最为常用：buy，come（on），feel，get，give，go，have，keep，know，look（for），love，make，need，see，start，take，taste，use. 实际上，以下动词的使用频率也相当高：ask（for），bring，call，choose，discover，help，hurry，introduce，last，let，meet，remember，save，serve，try. 这些单音节动词不但简洁易

懂，节奏感很强，而且富有多种语法功能，具有十分丰富的表达意义，是日常语言中使用最多、意义最明确的动词，它们的使用符合广告语言简练、通俗并琅琅上口的特点。他还指出，以下形容词的出现频率很高：big，clean，crisp，delicious，easy，bright，extra，safe，fine，free，fresh，pure，full，sure，good/better/best，great，new，real，rich，special，ultimate. 形容词的比较级可以显示出某商品与其他商品相比的优越性，突出特征，最高级则强调商品的最佳品质。

G. 里奇的研究角度是严格意义上的语言学研究，因此，几乎没有涉及到语言结构背后的经济、文化及社会因素。

1982年，盖斯（Geis）的《电视广告语言》（The Language of Television Advertising）则研究了广告人如何使用语言以及消费者的反应等方面的问题。该书运用格赖斯（Grice）的合作原则、会话准则以及逻辑学、语义学、语用学原理，重点分析了一些使用不当的广告语言，目的是为了使广告人了解应当怎样运用语言技巧，并提醒消费者避免受到广告用语的误导。因此，这部著作的最大特点是实用性强。

塔娜卡（Tanaka）则重点分析了英、日语报刊广告语言，并于1994年出版专著《广告语言》（Advertising English）。书中深入分析了广告用语是如何起到劝导、说服作用的，并特别注重广告中双关、比喻手法的运用，同时涉及到日本广告中的女性形象及其反映的文化内涵问题。

1985年，威斯特葛德（Vestergaard ）和斯科罗德（Schroder）合著的《广告语言》（The Language of Advertising）主要从社会语言学角度探讨了报刊广告语言的形式和内容。该书不仅将广告中传递的明确信息作为研究对象，而且深入分析了广告语言中隐藏的社会因素。

此外，雷柯夫（Lakoff）1982年发表的《广告实例中的劝导性语篇及日常交谈》（Persuasive discourse and ordinary conversation, with examples from advertising）探讨了广告语言的新奇性。1994年，梅厄斯（Myers）出版的《广告词汇》（Words in Ads）则重点探讨了广告语言的相关意义。

此外，还有一些学者从符号学角度来研究广告语言。符号学产生于19世纪末20世纪初，以瑞士语言学家索绪尔和美国哲学家皮尔斯的专著及其相关学说为代表。现代符号学家将他们的理论运用到了美学、人类学、交际学、语用学等学科。在语用学领域内，巴斯（Barthes）是从符号学角度探讨广告语言的著名学者之一。他指出，广告传递的语言信息包括标题和正文，此外还有可译和不可译的图像信息。对语言信息的翻译，存在着外延和内涵两个方面，处于不同文化背景下的消费者对信息的内涵会有不同的理解。

交际学领域的广告语言研究普遍采用话语分析法（content analysis），重点探讨广告语言的信息，并取得了一定成果，如：莱斯尼克（Resnik）和斯特恩（Stern）对电视广告中信息的研究；麦登（Madden），凯伯莱欧（Cabllaero）和麦苏库博（Matsukubo）对美国、日本杂志广告中信息内容的研究等。采用话语分析法研究广告的优势在于：它可以通过大量的数据对“广告到底想说些什么?”这个基本问题作出客观的回答。但是，目前这方面的研究还只是围绕着广告语的外延意义，而没有对广告中隐藏的深层意义作出应有的解释。

三、对广告语言研究的认识

注重语言表达的直观性和形象性，追求语言表达的概括性和逻辑性，是广告语言的最基本特征，因此，广告语言在语言风格、表达特色及美感特征上呈现出多元化的整体风貌。正是由于广告语言的这些基本特征，要求广告语言的研究应该是多角度的、新颖的，研究思路也应该是开阔的、宏观的。目前，我国广告语言的研究还远远赶不上广告业发展的步伐，跟国外的研究状况相比也处于落后状态，在研究的广度和深度等方面，都有待于进一步加强。

语言学或应用语言学范畴上的研究，是将广告语言看作是观察语言本身的一个窗口，通过对广告语言的研究，多层次多角度多侧面地去观察语言本身的特征，以便对语言的全貌有进一步的认识。这些研究大都着眼于广告文稿部分的广告标题、广告标语、广告正文的语言形式，收集大量的语言材料，侧重于从词汇与句法、修辞两个方面进行静态的详细描写。有些研究虽然涉及到了广告语言的应用问题，如广告语言的不规范用法，日常用语中的广告语言，广告中的新词语新用法新格式等，但大都偏向于从某些语言现象探讨语言的规范化工作，对广告创作中语言表现的指导意义不是很明显，或者没有直接的作用。一些论著即使是从文化心理方面谈及广告语言，大多也只论及广告语言与文化、心理的关系，而且偏向文化、心理在广告语言中的表现，没有论述广告语言作为一种广告表现手段在文化、心理方面所采取的表现策略与表现形式。因此，应当进一步把广告语言的研究与广告学等经济学科的研究密切结合起来，与心理学、文化学、社会学、交际学、民俗学的结合也应当进一步加强，突出广告语言研究的应用性，从而增强其对我国经济发展的推动作用。目前，国内语言学界有关广告学范畴的研究，虽有与广告学方法相结合的愿望和尝试，但由于缺乏对广告学原理的整体把握和系统认识，因而显得松散和勉强。

广告学范畴对广告语言的研究，是将广告语言作为广告创作的重要表现形式和手段，从而实现广告表现，这种范畴的研究是在广告学原则的指导下进行的。广告学把广告看作是一门具有艺术因素的营销手段，因此在广告学范畴里，广告语言成了广告营销、心理、文化等诸多角度的考察对象。广告创作中语言表现的广告学原则，如广告定位、广告媒体、广告目标、广告诉求、广告语言的心理文化表现的研究等，就成了广告语言的广告学范畴研究的关注热点与经典做法。广告学范畴对广告语言的研究大多集中于广告文稿写作与文稿组成部分的语言运用方面。这些研究大都显得零散，对广告语言缺乏一种系统的、完整的、全面的阐述。其实除了广告文稿写作以外，广告语言运用领域还有许多的方面值得探讨。从宏观方面看，比如广告语言理解的从众性原则及其应用，广告语言的读解与广告语言运用要求，广告定位的语言学原理与方法等。从微观方面看，比如广告文稿中的新词语运用、科技术语与行业语、外来语的使用等，都应是广告语言运用应当研究的重要内容。

广告语言具有天然的二重身份：既是某种语言在广告领域中的应用，又是表现广告作品的重要形式。尽管广告语言是广告的构成成分和表现手段，它的第一性仍是语言的，它是语言的变体。广告语言既然作为一种特殊的语言变体，那么，语言本身所蕴含的语言结构规律和语言原理，大同小异地存在于广告语言之中。脱离开语言的结构规律和原理，广告语言运用中的许多问题将得不到深层次的、本质性的解释和解决。因此，语言学者对广告语言的研究，在结合广告学方法的同时，不能忽略甚至放弃语言学分析方法。只有在语言学的基础上有效地结合其他学科的研究方法，拓宽思路，才能使广告语言研究进入一个新阶段。另一方面，吸收语言学的研究方法，是使广告学范畴的广告语言研究更加精密、科学的一个重要途径。语言学对语言材料的充分收集，在划分种类基础上的充分描写的方法，对语言单位抽样调查概率分析的方法等，可以作为广告语言在广告学范畴上的基础性研究方法，结合广告策略、广告心理、广告文化，共同构成广告语言研究的基本分析方法。

弥补广告语言研究的另一种缺陷——广告语言研究缺乏系统

性的方法，就是努力构拟广告语言研究的结构体系。我们可以从广告语言的词汇、语音到句法、应用，从广告语言的广告营销表现到广告语言的文化心理表现，从广告语言的创作到广告语言的规范等诸多方面，努力寻找广告语言的特点与广告语言的运用规律，来更好地进行广告创作。这就要求我们根据广告语言本身的体系结构建拟一个相对独立、完整的研究体系，使广告语言像广告策划、广告心理、广告创意与设计等那样，在广告学体系中获得独立的研究价值和地位。这才是解决目前广告语言研究零散问题的根本途径。

语言与性别研究综述

张丽萍

语言与性别是一个古老的研究课题，很早就受到了人文研究者的关注。在语言学领域，有关语言与性别差异的研究，至少可以追溯到 17 世纪，但在相当长一段时间内，男女语言差异和特点并没有得到应有的重视。直到 20 世纪 60 年代，随着女权运动和社会语言学的兴起，西方语言学家才对性别与语言的研究真正产生了兴趣。从现代语言学角度看，丹麦语言学家叶斯帕森（Jesperson）较早涉足了这一领域，他在 1923 年出版的《英语的发展与结构》一书中指出：英语是他所熟悉的所有语言中最男性化的语言。语言学界对语言与性别研究的真正重视始于 20 世纪 70 年代，罗宾·拉波夫（Robin Lakov）提出了“女性语言”这一术语，并于 1975 年出版了《语言与女性的位置》一书，引起了一定的反响，奠定了后来的研究基调，即探求和证实男女在语言方面的差异。1978 年，美国召开了“社会语言学讨论会”，其中不少论文探讨了性别差异在语言中的种种表现。会后出版了论文集《语言、性别和性的差别有意义吗》，该书序言提出要建立“性别语言学”，足见这一课题的重要性。1999 年 4 月，在美国纽约大学举行的第 44 届国际语言学会将“语言与性别”作为大会的中心议题进行了全面讨论。这些都表明，性别差异已被语言学家看作当代语言学中的一个重要领域，其研究遍及语音、语法、词汇、语义、会话模式、方言、多语环境、语言习得、言语能力、类语言等领域。本文拟对国内外语言与性别的研究做简要的综述。

一、国外有关语言与性别的研究

语言与性别的研究在西方国家开始较早，但直到20世纪初，这方面的研究都处于零散不系统的状态，较普遍的看法是，男性语言倾向于规范的语言表达，女性语言倾向于不规范的表达。20世纪60年代，随着社会语言学的兴起，这方面的研究得以全面开展。社会语言学为语言与性别的研究提供了崭新的考察角度和方法，它把性别看作一个社会变量，以此来探求语言和性别之间的内在关系。学者们站在社会语言学的立场，不仅对男女发音上的差异做了详尽的描述，而且对女性言语的特点进行了较全面的分析。60年代中期女权运动的兴起也波及到语言学界，并推动了性别语言的进一步研究。总体看来，70年代，学者们从语言中的性别歧视研究，扩大到性别的社会差异和语言使用的相互关系上；80年代，主要分析语言中的性别歧视现象和言语交际中的性别差异，并探讨其存在的社会、文化根源。90年代，研究的侧重点集中在了男女交际的差异上，研究交际策略、话语风格，以及性别因素对语言使用的影响等，并把哲学、心理学、语用学、词汇学、语义学、跨文化交际学等学科的一些理论和方法运用于性别语言的研究中，无论在广度和深度上都比以前有很大的进展。

从发表的学术专著和论文看，语言和性别的研究多集中在英语性别歧视、语言性别差异缘由、女性语体等方面。近年来，有关男女言语交际差异的研究成为热点。比较重要的专著有：伍德的《性别·交际和文化》（Wod，1994），而玛丽的《男性·女性语言》（Mary Ritchie Key，1996）一书对男女语言差异的表现形式、男女用语的意义及其演变方式、性别语言的范围及其社会、文化因素做了较详细的描述和分析。德博拉·谭南的《你误会了我——交谈中的女人和男人》（Deborah Tannen，2000）一书，详细阐述了男女不同的话语风格及其对人际关系的影响，不仅具有一定的学术价值，还能帮助读者处理好异性交往中的沟通问题，因而成为当时美国的畅销书之一。罗纳德·斯考伦和苏珊·王·斯考伦的《跨文化交际：话语分析法》（Ronald．schuvler &Susan．wang．schuvler，2001）一书中的第十一章重点阐述了美国英语中的性别话语系统。作者从“两性之间的话语”、“对话语系统的进一步研究”、“话语系统与个体”、“跨系统交际”等方面，揭示了即使在极其类似的群体内部，比如处于同一文化内同一种族群体中的同代成员，男性和女性的话语系统之间仍具有显著的差异。

性别的社会差异与语言使用的相互关系一直是学者们关注的重点之一。初期的研究多是从语音、语调、词汇、句法结构等方面考察女性用语与男性用语的不同，尤其是二者在语言结构上的差异。从90年代以来，研究的重点逐步转向从言语交际的角度研究男性和女性的差异。出现这种转向的主要原因是受到近年来兴起的话语语言学的影响。

20世纪60年代下半期，特别是70年代以后，话语语言学作为一门新兴的学科逐渐发展起来。自从结构语言学诞生以来，关于语言与言语的区分在语言学界产生了重大的影响。这种区分，一方面激励语言学家摆脱传统语言学的局限，从复杂的语言现象背后发现系统的规律，从而使语言研究成为严格意义上的科学研究。另一方面，导致了语言学的研究对象跟具体的社会交际以及具体的语言环境相脱节，这在后来乔姆斯基的形式语言学理论中得到了充分的发挥，并走向极端 。语言研究脱离了社会现实，即使不是误导性的也是非常片面的。从言语交际过程看，人们在交际时需要多方面的知识，在不同层次上同时进行的。早在20

世纪30年代，英国语言学家就提出要在语境中研究言语的意义，研究形式与意义的关系，并且明确指出，一个句子只有在一定的语境中才有意义。韩礼德（M. A. K. Halliday）和汉森（R. Hasan）合著的《英语中的话语接应》（1976年）一书，不仅揭示了英语语句之间的内在联系，还对话语语言学的发展起了很大的推动作用。话语语言学对社会语言学的影响之一就是产生了一个新的分支——交际社会语言学，其主要任务就是研究语言知识和非语言知识在会话过程中的作用，以及说话人的社会文化背景如何与这些知识相互影响。语言与性别的研究也受到这一发展趋势的影响，研究重心开始转移，并扩大了研究范围。

二、国内的性别语言研究

在国外语言研究的影响下，我国语言学界对性别与语言的问题研究始于20世纪70年代末80年代初，研究成果以外语界居多。在发表的文章中，多数是翻译和介绍有关英语性别歧视和性别差异的文章。从80年代开始，我国学者围绕性别语言形式问题展开研究，一些学者中提出了有关研究的课题，如陈原的《社会语言学》（1983年），陈松岑的《社会语言学导论》（1985年），都提到了性别语言的差异。祝畹瑾的《社会语言学概论》（1992年），在第三章“语言变异”中用一节篇幅，从“差异的发现”、“英语的性别歧视”、“女性语体”、“差异的缘由”等方面，较详细地阐述和探讨了性别语言问题。申小龙的《社区文化与语言变异——社会语言学纵横谈》（1991年）用一章详细介绍了西方学者研究性别语言差异缘由此提出的种种假说。贾玉新的《跨文化交际学》（1997年）一书全面系统地讨论了跨文化交际中的有关原则和方法，把相关学科的理论和方法结合起来，分析男女在交际中如何有效运用语言进行成功的交际。王德春、姚远、孙汝建的《社会心理语言学》（1995年）用近两章（第四章“语言与社会态度”中的第三节“汉语中反映对女性的偏见”和第四节“汉字的性别歧视”，第九章“语言与两性差异”）的篇幅，从心理学的角度来探讨性别与语言的差异问题。朱文俊的《人类语言学论题研究》（2000年）一书则从“男人的霸气”、“受损伤的女性”、“性别意识与标志”、“女权运动和性别语言走势”对性别歧视性语言做了较详细的描述和分析。

与此同时，相关的学术刊物开始出现较多的综述文章，以及一些学者根据自己在国外学习、调查所获资料进行的研究。其中比较重要的如，戴伟栋的《言语性别差异分析综述》（载《外国语》，1983年6月），杨永林 的《女子英语语音语调研究综述》(《外语教学与研究》，1993年2月)，宋国燕的《性别原形及其在两性言语交际中的反映》（载《外国语》，1998年2月），赵蓉晖的《语言与性别综述》（载《外语研究》，1999年3月)，杨永忠的《论性别话语模式》（载《语言教学与研究》，2002年2月），梁鲁晋《性别身份在英语广告中的建构》（载《解放军外国语学院学报》，2003年2月)等等。

也有一部分学者立足于我国语言的实际状况研究性别与语言问题，如曹志耘的《北京话语音里的性别差异》（载《汉语学习》，1986年6月)，耿二岭的《性别影响方言区的人使用普通话的原因》）（载《汉语学习》，1985年4月)，胡明扬的《北京话“女国音”调查》（载《语文建设》，1988年1月)，丁凤的《汉语请求言语行为中的性别差异》（载《西安外国语学院学报》，2002年1月)，赵丽明、宫哲兵的《女书——一个惊人的发现》（1990年）等。我国民族语言学家也对境内少数民族语言的性别与语言问题进行了探讨，如台湾南岛语言学家李壬癸的《泰雅语群男性女性语言形式上的差异》（载《史语所集刊》53本2份，1982年)，《汶水方言男性形式衍生的类型》（同上，54本3份，1983年)，《两性语言的差异及其起源问题》（载《大陆杂志》，1983

年 2 月)等论文对性别在语言结构与演变的过程中扮演的角色进行了深入的调查研究。戴庆厦的《社会语言学教程》(1993 年)一书也提到了少数民族语言与性别的研究。

目前，我国有关语言与性别的专著还不多。孙汝建的《语言与性别》(江苏教育出版社，1994 年)一书，从社会心理学的角度较详细地探讨了性别语言差异。白解红的《性别语言文化与语用研究》(湖南教育出版社，2000 年)则从社会语言学、语用学和语义学等相关学科的角度，对英语国家的性别与语言差异进行了较详细的分析。

我国学者的研究虽然涉及到对性别与语言研究的立论问题和研究方法，但总的来说，这方面的探讨还有待进一步深入。另外，国内目前的研究主要集中在外语界，尤其是对英语性别语言文化的介绍、分析对比研究方面成果较多，而对我国境内的汉语及各少数民族语言与性别的研究仍比较薄弱。20 世纪 90 年代以来，除对男女用语的形式和特征进行探讨外，我国学者将哲学、社会语言学、心理语言学、语用学、词汇学、语义学、跨文化交际学等学科的一些理论和方法运用于此项研究中，扩大了研究领域。这一时期的论文对性别语言的主要表现形式作了较全面的分析描写，从社会、历史、文化、心理等方面作了较深入的研究。可喜的是，国内学者已开始结合本土语言进行相关课题的研究。

三 、语言与性别研究的主要内容与观点

综观国内外对语言与性别问题的研究，主要涉及如下内容：

(一) 语言性别歧视和言语性别差异的原因

关于男女语言性别差异的形成原因，学者们虽然提出了种种假说，如“入侵说、禁忌说、教育逆反说、保守说、社会声望说、气质说”等等，但目前还没有权威说法（见申小龙《社区文化与语言变异——社会语言学纵横谈》，1992 年）。尽管如此，

多数学者倾向于造成性别语言差异的主要原因是社会原因。理由如下：

（1）社会分工和社会地位不同。在早期母系氏族社会中，由于生产水平的限制，妇女从事的采集工作在社会生活中占据主导地位，族外群婚制使人们只知其母而不知其父。女性的社会地位较高，处于支配地位。随着生产力的发展和婚姻制度的确立，男性在社会生活中的地位逐渐上升，并取得了支配权，女性地位下降，沦为男性的附属，并且形成了固定的社会分工的心理模式，即男主外，女主内。女性是生儿育女的母亲，男性则是社会发展的主导者。男性的支配欲明显强于女性，女性即使支配别人，也常用委婉语气。这种社会生活上的变化，必然会反映到语言上来。如英语的“MAN”既可指“男人”，也可泛指不分性别的“人、人类”。汉语的“他们”既指男性也兼指男女性。

（2）社会角色和社会声望。所谓角色，是指与某一社会身份有关联的应有的行为规范和行为模式。传统社会对男女两性所赋予的角色期望不同，并按照这种预设的社会角色对其进行教育，如教导女性要具有阴柔之美，温顺服从、善良勤俭、细心体贴，关心家庭；而男性则被告知要有阳刚之气、事业有成，关心政治、外交、科技等。这种潜在的角色期望对男女两性的言语发展起着很大的牵制作用。女性的语言要求有女人味，同时女性的从属地位使其需要靠语言和别的方面（主要是外表）来表明和保障她的社会地位，所以女性期望使用标准的语言形式，以使自己获得较高的社会声望。男性的身份意识因自身地位较高，所以不像女性那样具有强烈的身份意识，也不需要语言作为声望的标志，而常常是用职业、收入、能力来衡量。

（3）言语环境问题。从社会环境到情景、场合都会导致男女言语差异的产生。在言语的发展过程中，语言使用者接触男性多还是女性多，会导致言语差异。若所处的环境中女性人数占多数或女性为权威人物，则说话人带女体语言特征，即文雅、委婉、礼貌，同时也与说话人的文化程度和工作性质、性格、年龄有关。

(4) 心理原因。男性和女性有着不同的心理特点，这种心理上的差异是导致言语差异的重要因素之一。有些心理差异对异性之间的言语交际会产生直接或间接的影响，如女性的听觉感受比男性敏感，更擅长形象记忆，情感记忆也优于男性，但逻辑记忆、理解识记逊于男性。女性的注意时间长，注意力的转移比男性弱。男性更容易引起激情，在应急状态下比女性更理智。女性的情感的倾向性、深刻性、稳固性优于男性，但自觉性、果断性、自制性不及男性。男性的性格偏向于意志型或理智型、独立型，女性倾向于理智——情绪型、顺从型等等。

(5) 生理原因。由生理构造不同而造成的男女在语言上的差异主要体现在语音上。男女虽然具有相同的发音器官，但同时也存在细微的差异，如女性的声带薄而短，男性的声带厚而长，所以女性的音高比男性高，但音域没有男性宽。此外，男性比女性更容易出现由遗传引起的言语功能障碍，男女大脑两半球的言语功能也存在个体差异。

(二) 语言的性别歧视

语言是中性的，并不具有性别歧视性，但它作为社会的镜子却能反映个人和社会的态度与价值观念。一个没有性别歧视的社会不可能造就歧视性的词汇。大多数人类语言中之所以存在性别歧视现象，主要有以下原因：

(1) 语言以男性语言为标准和主体，女性语言则是变体和附属。如16、17世纪，英语的HE仅指“男人”，到18世纪开始把HE作为代表两性的总括词使用。汉语的“他”在语用上也偏向于男性，在男少女多的情况下，仍习惯用“他们”。而将女性作为男性附属的现象则主要表现在称谓语上，对女性的称呼，习惯以男性为中介。在旧中国，男子有名有姓有字，而女子或有姓无名，称“氏”，出嫁后随夫姓，如“李王氏”；或无姓无名，称排行，如“大丫头”。女性婚后常以丈夫的姓加身份称呼，如“王太太”。在西方国家，女子出嫁后也随夫姓。历史上，由于社会分工的不同，女子在职业中的位置不突出，这种状况僵化了人们的思维，一旦女性获得职业声望，就被当作例外。如 Doctor 一般指男医生，女医生则是 Woman Doctor ，男性名词总是无标记的，女性词语总是被烙上性别标记。

(2) 对女性的歧视还表现在贬称、谑称或侮辱性称呼的数量上。在现代英语、现代汉语中，用于对女性的伤害语要比用于男性的多得多，脏话也常与女性相关。在英语中女性词语有向贬义发展的趋势，如 Mistress 既是女主人、女名人等，也指情妇等不规矩的女人。有些词语不管是词典定义还是人们的传统观念，似乎都有性别偏向。

(3) 语序上先男后女。在一些语言的习惯用语里，一些词的顺序总是先男后女，除为特殊需要如押韵外，一般不改变顺序，如英语“man and woman ，male and female ，boys and girls ，husdand and wife”等，汉语的“男女、夫妻、子女、男耕女织、男婚女嫁、男男女女”等。

(三) 言语的性别差异

尤金·奈达在《语际交流中的社会语言学》(1999 年) 一书中指出，男女言语上的真正区别在于男性和女性使用语言的方式，这主要表现在：

(1) 语音和语调方面。英语国家男女在语音上的差别是性别语言最明显的表现形式。女性发音比男性趋于标准，因为女性的社会地位感比男性更强烈，主观上向声望度更高的标准言语靠拢。在语调方面，女性说话多用升调，语调变化多，富有表现力，语调模式为犹豫、不肯定、软弱无力。男性则多用降调，语调变化少，前元音、后元音发得含糊、平稳、坚定有力，不常用高音调，表现力不足。从心理上讲，女子情感易于外露，情绪易波动，因此说话时善用不同的调型、语调运动模式，来表达强烈的感情。在西方社会里，由于文化习俗的影响，女性缺乏稳定感和决断力，因而常把陈述句读成或读作一般疑问句。我国的“女国音”现象也引起了语言学家的注意，胡明扬的调查指出，女国音只是北京女青年在特定年龄段内的一种特殊的语音现象，因为社会风气认为，女孩子说话时，嘴不应张得太大，要细声细气，才符合身份。性别在语音和语调上的表现是多方面的，主要是受语言环境和社会文化的影响。

(2) 词语的选择。女子比男子擅长描述色彩，一些色彩词，如：mauve，azure，beige，aquamarine，lavender 等常出现在女子言语中。女子常用重叠音节词，而男子一般不用。男子多用强感叹词，甚至咒骂词语，女子则多用弱感叹词，少用咒骂语。强感叹词较粗俗、污秽，给人情绪强烈、言辞有力的感觉，多数人认为强感叹词出自男子口中可理解，若出自女子口中则不礼貌，没有修养。女性喜欢用反映女性性格特征的词语，这些词语常带有羡慕、赞赏、娇媚的色彩，如：beautiful，pretty，darling，cute，sweet，divine，charming 等，而男性则喜用反映男子性格特征的词语。在大众看来，委婉语的使用显得很有教养，因此，女子比男子更善用委婉词语。另外，女性比男性多用表示把握性不大的词语，这一方面反映女性说话、做事留有余地，有礼貌，一方面也反映出女性对自己的言行没有把握。

(3) 句法结构的选择。女性多使用情态结构，即用情态动词 can，could，shall，should，may，might，will，would 与其他动词 have，be 连用，这种结构的使用，反映出女性对周围发生的事情没有把握或有怀疑，用间接的方式表达思想见解。男性则常用其中几个表肯定或具有权威、命令式的词，常用陈述句、祈使句，直接表明对事情的看法。在使用特殊疑问句的时候，女性通常在who，when，how，what，why后加ever，而男性一般则不使用这种结构。在汉语中，女性使用“吧”的频率高于男性，女性表示主谓之间的停顿时，一般加入“吧”，男性则多用“呀”及其变体。

(4) 语言规则的遵守。女性比男性更注意语言的规范性，不大使用非规范的语言形式。这种现象与社会文化环境密切相关。从客观方面看，由于女性在职业上的位置不显著，因此，人们对女性的评判标准很大程度上取决于她在社交场合的言谈举止。从主观方面看，女性的言语也多倾向于向声望度更高的标准形式靠拢。

(四) 言语交际的性别差异

在言语交际方面，语言学家们考察了单一性别及混合群体言语交际的性别特点，并收集了各个方面的材料。这方面研究的理论依据在于，宗法、等级制度给男女带来了不同的影响，使他们在言语交际中分别采用了不同的言语行为策略。一般而言，女性常用直接性策略，男性多用间接性策略。女性倾向于用话语来表示亲密、关联、包容，男性则倾向于表示独立、身份和排他性。在话题的选择上，女性多谈论当前与自己关系密切的或日常生活与家庭一类的话题，而男性则喜欢谈论社会性话题。在话语量大小上，男性实际说话比女性多得多，但人们普遍认为女性比男性更爱说话。不同性别所采用的交际风格，可简要概括如下：

女性的交际风格与方略主要表现在：1）用言语建立和维系和谐关系。2）通过展示自己与对方取得共识，善解人意。3）用言语与对方建立平等关系，寻求共同点和一致性。4）同情别人，善于移情。5）用语言或非语言行为支配别人讲话，注意倾听。6）包容他人，以询问的方式参与交谈和争取发言机会。7）以提问的方式使对方畅所欲言，常用“mm”、“um”、“uhuh”、“yes”，或点头的方式对别人的谈话表示感兴趣，很少打断别人谈话，不争夺发言权，使用各种方式支持别人把话说完。8）及时对交谈者的话语做出反映，以表示全神贯注听别人说话。9）常做出试探或建议性反映，以使对方能自由阐述自己的观点。10）谈话的目的是为了维系和谐的关系，言谈琐碎生动有趣，常常在枝节方面做文章。

男性的交际风格于方略主要表现在：1）用言语表明自己的权威和自信。2）不轻易展示自己，以使自己处于有利地位。3）用言语确定自己的主导地位和权势。4）把自己与别人对比，设法引起别人的关注。5）提出具体意见，帮助解决问题。6）垄断发言权，善于从别人那里取得发言权，及时表明自己的观点。7）具有较强的独立精神，无须把发言权让给别人。8）能够及时对别人的话语做出反应，但目的是为了显示自己，使别人逊色。9）自信、果断、喜欢占有支配权。10）说话呈线性流动，目的明确，琐碎枝节会妨碍目标的实现。[①]

四、性别语言研究的发展趋势

从研究的内容看，性别与语言关系研究的发展经历了“分散——集中——系统——深入”四个阶段，也经过了由外向内，再向周围扩展的过程。在这个过程中，它对普通语言学的意义已逐步显露出来，对语言的具体研究也很有帮助，并且能拓宽研究视野。当前有学者认为，在研究语言与性别时，不仅要关心男性和女性在语言方面存在的差异，还应该关注二者在语言方面的共性，这样才能更客观的研究这一课题。目前国内外的语言学家对性别语言研究的归属问题存在着分歧，有人认为应该建立一门独立的“性别语言学”，而反对的人则认为性别语言研究只能作为

① 贾玉新：《跨文化交际学》，1997年。

社会语言学中的一个课题，没有必要独立出来。

尽管存在上述分歧，语言学家在下列问题上却取得了一致的意见：

（1）建立一个完善的理论框架，将所有的语言性别歧视和言语性别差异现象纳入其中，加以阐述。（2）完善对语言性别歧视和言语性别差异的调查手段，使相互矛盾的观点通过充分的调查论证统一起来。（3）对语言性别歧视和言语性别差异的范围和程度要有一个合适的评价，不能走极端，不能认为在所有的语言里，或某一具体语言的所有领域内都有性别歧视。性别歧视具有一定的区域性和时间性。言语性别差异的程度具有相对性，男女的言语特点往往因人而异，因时而异，因环境而异。（4）在修订有关语言政策、提出和贯彻实施消除语言性别歧视的方案中，要充分考虑社会效果，要充分理解和认识任何一种语言都有约定俗成的的特点。①

语言中的性别差异是实际存在的，只是因为社会环境的不同，在不同的语言中差别的大小不等、范围不同而已。这种差异在短时间内还不能被消除掉，也许它终将随着社会、道德观、价值观的发展而消失，但它在相关学术领域内仍具有相当大的研究价值，并能帮助人们更清楚地认识到男性和女性在语言上的异同，对两性之间的相互沟通和理解具有现实意义。

---

① 白解红：《性别语言文化与语用研究》，第212页。

本书主要参考文献

A·梅耶:《历史语言学中的比较方法》(中译本),科学出版社,1957年。

爱德华·萨丕尔:《语言论》(中译本),商务印书馆,1985年。

白庚胜:《色彩与纳西族民俗》,社会科学出版社,2001年。

白解红:《 性别语言文化与语用研究》,湖南教育出版社,2001年。

伯纳德·科姆里(B. Comrie):《语言共性和语言类型》(中译本),华夏出版社,1989年。

曹建南:《漫谈日语先右后左的表达习惯》,载《日语学习与研究》,2000年第2期。

曹务堂: 《隐喻的认知性立体透视》,载《外语与外语教学》,1999第3期。

曹志耘、赵丽明:《从方言看女书》,第二届中国社会语言学国际学术研讨会论文,澳门,2003年11月。

曹志耘:《浙江的九姓渔民》载《中国文化研究》,1997年第3期。

岑麒祥:《语言学史概要》,北京大学出版社,1988年。

陈保亚:《语言接触与联盟——汉越(侗台)语源关系的解释》,语文出版社,1996年。

陈国强:《我国人民需要人类学》,中国人类学会编,《人类学研究》,中国社会科学出版社,1984年。

陈红:《汉日语方所表达比较》,载《日语学习与比较》,2002年第3期。

陈满华:《"东"、"西"与"east"、"west"》,载《中国人民大学学学报》，1993 年第 4 期。
陈明远，《语言学和现代科学》，四川人民出版社，1984 年 。
陈奇猷：《古人在座次尊卑上有什么规定和讲究》载《古典文学三百题》，上海古籍出版社，1995 年。
陈松岑：《语言变异研究》，广东教育出版社，1999 年。
陈亚川：《闽南口音普通话说略》，载《语言教学与研究》，1987 年第 4 期。
陈焰：《汉英广告语言对比研究》载《国际商务英语研究在中国》，厦门大学出版社，1999 年。
陈原：《陈原语言学论著》，辽宁教育出版社，1998 年。
陈忠敏：《作为古百越语底层形式的先喉塞音在今汉语南方方言里的表现和分布》，载《民族语文》，1995 年第 3 期。
陈钟凡：《从文字学上所见初民之习性》，载《国学丛刊》，1923 年第 1 卷，第 2 期。
谌华玉：《over 概念意义的隐喻化延伸扩展》，载《外国语》，1998 年第 6 期。
程琪龙：《认知语言学概论——语言的神经认知基础》，外语教学与研究出版社，2001 年。
储泽祥：《现代汉语方所系统研究》，华中师大出版社，1998 年。
崔刚：《广告英语》，北京理工大学出版社，1993 年。
崔健：《韩汉空间隐喻对比》，载《延边大学学报》，1999 年第 4 期。
崔荣昌：《四川方言与巴蜀文化》，四川大学出版社，1996 年。
崔希亮：《汉语方位结构“在……里”的认知考察》，第 11 次现代汉语语法学术研讨会论文，2001 年。
崔希亮：《空间方位关系及其泛化形式的认知研究》，载《语法研究与探索（十）》，商务印书馆，2000 年。

大卫·吕埃勒:《机会与浑沌》，上海科技教育出版社，2001 年。
戴浩一:《时间顺序和汉语的语序》，载《国外语言学》，1988 年第 1 期。
戴庆厦、成燕燕、傅爱兰、何俊芳:《中国少数民族语言文字应用研究》，云南民族出版社，1999 年。
戴庆厦、傅爱兰:《藏缅语的形修名语序》，载《中国语文》，2002 年第 4 期。
戴庆厦、曲木铁西:《彝语义诺话动物名词的语义分析》，中国民族语言学会编，《民族语文研究新探》，四川民族出版社，1992 年。
戴庆厦:《社会语言学教程》，中央民族学院出版社，1993 年。
戴庆厦主编:《汉语与少数民族语言关系概论》，中央民族学院出版社，1992 年。
戴昭铭:《文化语言学导论》，语文出版社，1996 年。
邓晓华:《人类文化语言学》，厦门大学出版社，1993 年。
丁柏铨、夏文蓉、周斌:《当代广告文案写作》，陕西师范大学出版社，1998 年。
丁鹏、王冬梅:《从“左”、“右”看汉维文化差异》，载《语言与翻译》1998 年第 2 期。
丁石庆:《达斡尔语言与社会文化》，中央民族大学出版社，1998 年。
丁石庆:《双语文化论纲》，中央民族大学出版社，1999 年。
丁石庆:《论达斡尔语方言的亚文化特征》，载《内蒙古社会科学》，1994 年第 5 期
段荣:《隐喻的认知本质和文化导入》，载《江西农业大学学报》，(社会科学版)，2002 年第 2 期。
恩伯、M. 恩伯:《文化的变异——现代文化人类学通论》，辽宁人民出版社，1988 年。

范晓：《关于汉语的词序问题》，载《汉语学习》，2001 年 5—6 期。

方经民：《现代语言学方法论》，河南人民出版社，1993 年 。

方经民：《论汉语空间区域范畴的性质和类型》，世界汉语教学，2002 年第 3 期。

高长江：《符号与神圣世界——宗教语言学导论》，吉林大学出版社，1993 年。

高合顺：《英汉语中隐喻的映射现象》，载《聊城大学》，2002 年第 4 期。

耿占春：《隐喻》，东方出版社，1993 年。

《关于语序的几个问题：第五次语法学修辞学学术座谈会发言摘要》，语言教学与研究，1995 年第 3 期。

郭伏良：《新中国成立以来汉语词汇发展变化研究》，河北大学出版社，2001 年。

郭沫若：《甲骨文字研究》，1931 年初版，人民出版社，1952 年再版。

韩庆果：《英语新词及其汉译研究》，载《解放军外国语学院学报》，2003 年第 6 期。

何俊芳：《中国少数民族双语研究历史与现实》，中央民族大学出版社，1998 年。

何伟渔：《时尚词语和修辞》，载黎运汉、肖沛雄主编《迈向 21 世纪的修辞学研究》，广东人民出版社，2001 年。

亨利·阿尔冯：《佛教》（中译本），商务印书馆，2000 年。

侯精一：《平遥方言民俗语汇》，语文出版社，1995 年。

侯瑞隆：《广告 语言 心理》，河南人民出版社，1997 年。

胡坦：《藏语时间词》，载《中央民族大学学报》，1996 年第 6 期。

胡晓芸：《广告文案写作》，浙江大学出版社，1998 年。

胡壮麟：《语言·认知·隐喻》，载《现代外语》，1997年第4期。

黄伯荣、廖序东：《现代汉语》（下册），高等教育出版社，2000年。

黄成龙：《羌语名词短语的词序》，载《民族语文》，2003年第2期。

黄乃圣：《英汉广告的文化语境与翻译》，载《江西社会科学》，2002年第6期。

黄尚军：《四川方言与民俗》，四川人民出版社，1996年。

黄涛：《语言民俗与中国文化》，人民出版社，2002年。

黄行：《中国少数民族语言活力研究》，中央民族大学出版社，2000年。

黄行：《论语言的变异与回归》，载《中国民族语言论丛》（2），云南民族出版社，1997年。

黄行：《我国少数民族语言的词序类型》，载《民族语文》，1996年第1期。

霍国庆：《佛教旅游文化》，北京图书馆出版社，2000年。

贾宝书：《汉语的词和词汇探析》，载葛本仪主编《汉语词汇学》，第一册，山东大学出版社2002年。

贾玉新：《 跨文化交际学》，上海外语教育出版社，1997年。

江荻：《汉藏语言演化的历史音变模型—历史语言学的理论与方法探索》，民族出版社，2002年。

江荻：《论声调的起源和声调的发生机制》，载《民族语文》，1998年第5期

江荻：《语音材料与语音表达方式的演变》，载《语言科学》，2003年第3期。

蒋磊：《文化差异与商标翻译的语用失误》，载《中国科技翻译》，2002年第3期。

景洪县人民政府编：《云南省景洪县地名志》，1985年（内部资

料）。
卡西尔：《神话思维》（中译本），中国社会科学出版社，1992年。
赖永海主编：《中国佛教百科全书》，上海古籍出版社，2000年。
蓝纯：《从认知角度看汉语的空间隐喻》，载《外语教学与研究》，1999年第4期。
李葆嘉、参予：《中国文化语言学的当代意识——第三届全国文化语言学研讨会述评》，载《解放军外语学院学报》，1995年第1期。
李桂元：《一种新的思维方式——浑沌理论及方法》，载《自然辩证法研究》，1995年。
李国南：《辞格与词汇》上海外语教育出版社，2001年。
李国南：《汉语比喻在西方的可接受度》，载《四川外语学院学报》，1995年第3期。
李金松：《"西北"有高楼中"西北"的意义》，载《文史知识》，1992年第8期。
李静熹：《现代汉语方位词研究》（博士论文），2001年。
李如龙、庄初升、严修鸿：《福建双方言研究》，汉学出版社，1995年。
李如龙：《福建方言》，福建人民出版社，1997年。
李如龙：《略论语言人类学的一些课题》，《人类学研究》编委会编，载《人类学研究》试刊号，1985年。
李如龙：《论方言和普通话之间的过渡语》，载《福建师大学报》，1988年第2期。
李瑛：《"前后"域空间隐喻初探》，载《四川教院学报》，2002年第7期。
李瑛：《"上下"域空间隐喻初探》，载《重庆交通学院学报》，2002年第3期。

李宇明：《空间在世界主知中的地位、语言与认知关系的考察》，载《湖北大学学报》，1999 年第 3 期。

李中华：《中国文化概论》，中国文化书院中外比较文化教学丛书（内部），1989 年。

李壮鹰：《禅与诗》，北京师范大学出版社，2001 年。

梁晓虹：《佛教对汉语词汇的影响》，载《语文建设通讯》（香港），1990 年第 28 期。

梁晓虹：《汉魏六朝译经对汉语词汇双音化的影响》，载《南京师范大学学报》，1991 年第 2 期。

列维·布留尔：《原始思维》（中译本），商务印书馆，1981 年。

林惠祥：《文化人类学》，商务印书馆，1934 年初版，1991 年第 2 版。

林立清：《修辞在英汉广告中的魅力》载《国际商务英语研究在中国》，厦门大学出版社，1999 年。

林伦伦：《潮汕方言与潮汕文化》，广东高教出版社，1991 年。

林书武：《国外隐喻学研究综述》，载《外语教学与研究》，1997 年第 1 期。

林书武：《隐喻，其认知力与语言结构》，载《外语教学与研究》，1994 年第 2 期。

林向荣：《嘉戎语研究》，四川人民出版社，1993 年。

林耀华：《分析语言意义对于文化研究的贡献》，载《民族学研究集刊》，1944 年第 4 期。

林耀华主编：《民族学通论》，中央民族学院出版社，1990 年；中央民族大学出版社，1997 年修订本。

林振坤：《时间概念的空间比喻》，载《福州师专》，1998 年第 4 期。

刘大生：《浅谈立法语言规范化——立法语言失范化之评判》，载《人大研究》，2000 年第 11 期。

刘丹青：《汉藏语言的若干语序类型学课题》，载《民族语文》，2002 年第 5 期。

刘丹青：《汉语方言的语序类型比较》，载《现代中国语研究》〔日本〕，2001 年创刊第 2 期。

刘光坤：《羌语辅音韵尾研究》，载《民族语文》，1984 年第 4 期。

刘宁生：《汉语怎样表达物体的空间关系》，载《中国语文》，1994 年第 3 期。

刘鑫民：《80 年代以来的汉语语序研究》，载《语言教学与研究》，2001 年第 5 期。

刘镇发：《客家——误会的历史、历史的误会》，学术研究杂志社，2001 年。

刘子智：《语序在修辞学中的地位和作用》，河南人民出版社，1997 年。

龙治芳：《试论多维空间词汇意义的认知原则》，载《湘潭大学学报》，1987 年第 2 期。

卢卫中：《词序的认知基础》，载《解放军外国语学院学报》，2002 年第 5 期。

吕叔湘（吴之瀚）：《方位词使用情况的初步考察》，载《中国语文》，1965 年第 3 期。

罗常培（罗莘田）：《语言与文化》，北京大学出版，1950 年，语文出版社，1989 年再版。

罗常培（罗莘田）：《从语言上论云南民族的分类》《边政公论》，1942 年第 1 卷，第 7—8 期。

罗福腾：《汉语方言与民间文化新观察》，新华文化事业（新）有限公司，1998 年。

罗美珍：《从语言角度看傣、泰民族的发展脉络及其文化上的渊源关系》，载《民族语文》，1992 年第 6 期。

罗纳德·斯考伦、苏珊·王·斯考伦:《跨文化交际》(中译本),社会科学文献出版社,2001年。

罗致平:《言语社会学的性质》,载《南方杂志》,1946年第1卷,第3-4期。

马学良、戴庆厦:《论“语言民族学”》,载中国民族学研究会编,《民族学研究》(第一辑),民族出版社,1981年。

马学良:《汉藏语概论》(上、下),北京大学出版社,1991年。

满都尔图:《达斡尔族》,民族出版社,1991年。

勐海县人民政府编:《云南省勐海县地名志》,1984年(内部资料).

苗东升、刘华杰:《浑沌学纵横论》,中国人民大学出版社,1993年。

慕明春:《现代广告学》,陕西人民教育出版社,2000年。

纳日碧力戈:《姓名论》,社会科学文献出版社,1997年。

纳日碧力戈:《从结构主义看蓝靛瑶亲属称谓的特点》,载《民族语文》,2000年第5期。

纳日碧力戈:《人类学与人类学的文本化》,载《中国人类学会通讯》,1998年第206期。

倪建文:《方位词“上”、“下”在使用中的对称性和非对称性》,载《修辞学习》,1999年第5期。

诺曼.费尔克拉夫:《话语与社会变迁》(中译本),华夏出版社,2003年。

欧阳觉亚、周耀文主编:《中国少数民族语言使用情况》,中国藏学出版社,1994年。

潘庆云:《跨世纪的中国法律语言》,华东理工大学出版社,1997年。

潘文国:《从一滴水看大潮——读10年来(汉语学习)上有关语言与文化研究的论文》,载《汉语学习》,1995年第5期。

潘悟云:《南方汉语方言的形成》(网络下载),2003 年。
平田昌司编:《中国の方言と地域文化》(1—5 分册),京都大学文学部,1994—1996 年。
齐沪扬:《现代汉语空间问题研究》,学林出版社,1998 年。
齐齐哈尔政协文史资料委员会:《达斡尔族村屯录》,1993 年。
乔瑞金:《非线性科学思维的后现代诠释》,山西科学技术出版社,2003 年。
桥本万太郎:《语言地理类型学》(中译本),北京大学出版社,1985 年。
秦燕萍:《英语广告的语言特色》,载《盐城师范学院学报》,2001 年第 4 期。
邱璇:《"女书"中蕴涵的文化意义》载《语言与文化多学科研究》,北京语言学院出版社,1993 年。
屈承熹:《汉语的词序及其变迁》,载《语言研究》,1984 年第 1 期。
屈哨兵:《广告语言方略》,科学普及出版社,1997 年。
任承科:《现代社会语言学》,辽宁大学出版社,1999 年。
芮逸夫:《西南少数民族虫兽偏旁命名考略》,载《人类学集刊》,1941 年第 2 期。
沙加尔、徐世璇:《哈尼语中汉语借词的历史层次》,载《中国语文》,2002 年第 1 期。
邵敬敏:《广告语创作透视》,北京语言学院出版社,1996 年。
邵敬敏主编:《文化语言学中国潮》,语文出版社,1995 年。
申小龙:《社区文化与语言变异——社会语言学纵横谈》,吉林教育出版社,1991 年。
沈斌华 高建纲:《中国达斡尔族人口》,内蒙古大学出版社,1998 年。
沈家煊:《实词虚化的机制》,载《当代语言学》,1998 年第 3

期。
沈贤淑：《汉朝空间维度词的隐喻义对比》，载《延边大学学报》，2002年第1期。
圣凯：《中国汉传佛教礼仪》，宗教文化出版社，2001年。
施正一主编：《广义民族学》，光明日报出版社，1992年。
石毓智：《论语言的基本语序对其语法系统的影响——兼论现代汉语句子组织信息的原则形成的历史动因》，人大复印资料H1《语言文字学》，2002年第5期。
史锡尧：《使动性语素"上"、"下"的心理基础》，载《世界汉语教学》，1989年第4期。
史有为：《汉语外来词》，商务印书馆，2000年。
史有为：《异文化的使者——外来词》，吉林教育出版社，1991年。
世界宗教研究所佛教研究室编：《中国佛教基础知识》，宗教文化出版社，1999年。
（唐）释慧能撰，张文修编著：《坛经》，北京燕山出版社，1995年。
束定芳：《隐喻学研究》，上海外语教育出版社，2000年。
斯钦朝克图：《蒙古语五种牲畜名称语义分析》，载《民族语文》，1994年第1期。
苏立昌：《广告英语翻译中的文化因素》载《国际商务英语研究在中国》，厦门大学出版社，1999年。
苏培成：《现代汉字学纲要》，北京大学出版社，2001年。
孙懿华、周广然：《法律语言学》，中国政法大学出版社，1997年。
谭卫国：《实用新闻广告英语》，湖南出版社，1994年。
谭卫国：《英汉广告的用词特点》，载《四川师范学院学报》，2001年第6期。

陶文好：《几个方位介词对 TR 和 LM 空间意义的影响》，载《外语与外语教学》，1998 年第 9 期。
陶文好：《论隐喻的层次：以方位介词 up 和 in 为例》，载《外语教学》，2001 年第 6 期。
陶文好：《谈 over 的空间和隐喻认知》，载《外语与外语教学》，1997 年第 4 期。
特鲁吉尔：《社会语言学导论》，外语教学与研究出社，2000 年。
佟冬：《中国东北史》，吉林文史出版社，1998 年。
托马斯·哈定等：《文化与进化》，浙江人民出版社，1987 年。
汪维辉：《方位词“里”考源》，载《古汉语研究》，1999 年第 2 期。
王洁：《法律语言学教程》，法律出版社，1997 年。
王洁：《法律语言研究》，广东教育出版社，1999 年。
王德春、孙汝建、姚远：《社会心理语言学》，上海外语教育出版社，1995 年。
王锋：《从汉字到汉字系文字——汉字文化圈文字研究》，民族出版社，2003 年。
王锋：《日本文字的历史发展及其书写符号体系的构成》，载《世界民族》，2002 年第四期。
王广成：《隐喻的认知基础与跨文化的相似性》，载《四川外院学报》，2000 年第 1 期。
王贵：《藏族人名研究》，民族出版社，1991 年。
王国维：《殷卜辞中所见先公先王考》载《观堂集林》，1922 年，中华书局，1959 年影印。
王建民、张海洋、胡鸿保：《中国民族学史下卷》（1950－1997 年），云南教育出版社，1998 年。
王全瑞 王成志：《也谈汉语中的字母词问题》，载《河西学院学报》，2003 年第 4 期。

王松亭:《汉语中隐喻共性现象对比研究》，载《解放军外国语学院学报》，1999 年第 6 期。

王文兰:《英语广告的语言特点》，载《培训与研究》，2001 年第 5 期。

王希杰，《这就是汉语》，北京语言学院出版社，1992 年。

王祥荣:《“上”、“下”使用的不对称性及制约因素》，载《阜阳师院学报》，2000 年第 6 期。

王祥荣:《儿童语言中的“上”、“下”类方位词》，载《安徽师大学报》，2000 年第 4 期。

王颖:《浑沌状态的清晰思考》，中国青年出版社，2001 年。

王远新:《中国民族语言学论纲》，载《中央民族大学出版社》，1994 年。

王远新:《哈萨克语名词修饰语的语序特点》，载《民族语文》，2003 年第 6 期。

魏慧萍:《汉语外来词素初探》，载《汉语学习》，2002 年第 1 期。

文炼:《处所、时间和方位》，新知识出版社，1957 年。

乌力斯·卫戎:《齐齐哈尔达斡尔述略》，1987 年（铅印本）。

吴平:《汉语的时间表达与中国文化》，北京第二外国语学院学报，1996 年第 3 期。

吴宝晶:《浑沌科学的思考和应用前景》，载《科学技术与辩证法》，1997 年

吴为章:《语序重要》，载《中国语文》，1995 年第 6 期

吴兆民:《试论立法语体风格》，载《人大研究》，2003 年第 3 期。

西双版纳傣族自治州人民政府编:《傣汉词典》，云南民族出版社，2002 年.

谢信一:《汉语中时间和意象》，载《国外语言学》，1989 年第 4 期。

邢福义:《时间方所》《语法问题思索集》,北京语言学院出版社,1995年。
邢福义主编:《文化语言学》,湖北教育出版社,1990年,2000年修订本。
邢公畹:《汉藏系语言及其史前情况试析》,载《语言研究》,1984年第2期。
徐世璇:《毕苏语研究》,上海远东出版社,1998年。
宣德五:《朝鲜文字的变迁》载《中国民族古文字研究》,中国社会科学出版社,1984年。
严世清:《隐喻理论史探》,载《外国语》,1995年第5期。
杨静颖:《隐喻的认知基础与中英隐喻的相似性》,载《株洲高专学报》,2000年第4期。
杨琳:《方位词的文化蕴涵》载《汉语词汇与华夏文化》,语文出版社,1996年。
杨耐思:《中原音韵音系》,中国社会科学出版社,1981年。
杨云:《方位词"上"、"下"的空间定位》,载《云南师大学报》,2001年第2期。
杨占武:《回族语言文化》,宁夏人民出版社,1996年。
姚卫群:《佛学概论》,宗教文化出版社,2002年。
姚佑椿:《上海口音的地方普通话》,载《语言教学与研究》,1988年第4期。
叶舒宪、田大宪:《中国古代神秘数字》,社会科学文献出版社,1999年。
尤金·A·奈达:《语际交流中的社会语言学》,内蒙古大学出版社,1999年。
游汝杰:《中国文化语言学引论》,高等教育出版社,1993年。
游汝杰:《论台语量词在汉语南方方言中的底层遗存》,载《民族语文》,1982年第2期。

于根元:《广告语言教程》,陕西人民教育出版社,1998 年。

于根元主编 :《网络语言概说》中国经济出版社,2000 年。

于根元主编.《应用语言学概论》,商务印书馆,2003 年。

于根元主编:《应用语言学理论纲要》,华语教育出版社,1999 年。

于谷:《禅宗语言和文献》,江西人民出版社,1995 年。

于善志:《英语空间介词及其隐喻派生》,山东师大学报,2002 年第 1 期。

余新科:《浑沌理论的哲学思考》,载《华南理工大学学报》(社会科学版),1999 年第 1 期。

喻世长:《关于"汉语对我国少数民族语言影响"研究的几个问题》,载《中国语文》,1961 年第 12 期。

袁焱:《语言接触与语言演变—阿昌语个案研究》,民族出版社,2001 年。

云南省编辑委员会:《傣族社会历史调查》(二)、(七),云南民族出版社,1985 年。

云南省编辑委员会编:《布朗族社会历史调查》(二),云南人民出版社,1982 年。

曾少聪:《语言人类学教学和研究的思考》,陈国强、林加煌主编,载《当代中国人类学》,三联书店上海分店,1991 年。

曾晓渝:《见母的上古音值》,载《中国语文》,2003 第 2 期。

詹朋朋:《谈东西语言中的尊右卑左》,载《江苏外语教学研究》,2000 年第 2 期。

张蓓:《试论隐喻的认知力和文化阐释功能》,载《外语教学》,1998 年第 2 期。

张蔼堂:《谈尊左卑右的产生先后及其内涵差异》,载《文史知识》,1992 年第 4 期。

张蔼堂:《我国古代"右尊"、"左尊"的源流及其具体所指》,载

《山东师大学报》，1987 年第 2 期。
张斌：《语法的三个平面分析》《现代汉语语法分析》华东师范大学出版社，2000 年。
张德鑫：《方位词的文化考察》，载《世界汉语教学》，1996 年第 3 期。
张凤：《俄汉空间隐喻比较研究》，载《解放军外国语学院学报》，2001 年第 1 期。
张公瑾：《社会语言学与中国民族史研究》，载《中央民族学院学报》，1982 年第 4 期，
张公瑾：《关于文化语言学的几个理论问题》，载《民族语文》，1992 年第 6 期。
张公瑾：《文字的文化属性》，载《民族语文》，1991 年第 1 期。
张公瑾：《浑沌学与语言研究》，载《语言教学与研究》，1997 第 3 期。
张公瑾：《走向 21 世纪的语言科学》，载《民族语文》，1997 年第 1 期。
张公瑾：《文化语言学发凡》，云南大学出版社，1998 年。
张公瑾：《语言的生态环境》，载《民族语文》，2001 年第 2 期。
张辉：《空间概念在语言知识建构中的作用》，载《解放军外国语学院学报》，1998 年第 1 期。
张良田：《现代汉语中汉英混用现象的修辞学考察》，载黎运汉、肖沛雄主编，《迈向 21 世纪的修辞学研究》，广东人民出版社 2001 年。
张璐：《从东西南北谈汉英语语序所反映的认知过程》，载《语言研究》，2002 年第 4 期。
张其昀：《运动义动词“上”、“下”用法考辨》，载《语言研究》，1995 年第 1 期。
张琼：《广告英语的语言特点》，载《湖南大学学报》，2002 年第

1期。

张世禄：《文字上之古代社会观》，载《国学丛刊》，1923年第1卷，第2期。

张映庚：《昆明方言的文化内涵》，云南教育出版社，1997年。

张愚：《英语介词时空观语言哲学探源》，载《四川师院学报》，1999年第5期。

赵华：《韩汉语方位词对比研究》，载《解放军外国语学院学报》，2002年第3期。

赵静：《广告英语》，外语教学与研究出版社，1992年。

赵丽明：《女书与女书文化》，新华出版社，1995年。

赵微：《现代汉语方位词研究》，硕士论文，2000年。

赵雄：《英汉方位词所表达的尊与卑》，载《四川外院学报》，2001年第6期。

赵艳芳：《认知语言学研究》，上海外语教育出版社，2001年。

赵英玲：《英语空间性隐喻的特性分析》，载《外语学刊》，1999年第3期。

《中国大百科全书·语言文字》，中国大百科全书出版社，1988年。

《中国少数民族语言简志丛书》，民族出版社，1980年。

钟廷雄：《宗教对文字的影响》，载《青海社会科学》，1990年第5期。

周烈婷：《汉语方位词“上（面）、里（面）”隐现条件的认知解释》，载《面向新世纪的现代汉语语法研究——98现代汉语语法学国际论文集》，山东教育出版社，2000年。

周前方：《方位称谓词的语言文化分析》，载《世界汉语教学》，1995年第4期。.

周庆生：《语言与人类：中华民族社会语言透视》，中央民族大学出版社，2000年。

周庆生：《西双版纳傣语亲属称谓语义成分分析》，载《民族语文》，1990 年第 2 期。

周统权：《“上”、“下”不对称的认知研究》，《语言科学》，2003 年第 1 期。

周晓陆：《释东、南、西、北与中——兼说子午》，载《南京大学学报》，1996 年第 2 期。

周裕锴：《禅宗语言》，浙江人民出版社，1999 年。

周振鹤、游汝杰：《方言与中国文化》，上海人民出版社，1986 年。

周祖谟：《普通话正音问题》，中国语文，1956 年 5 月号。

朱净宇、李家泉：《从图腾符号到社会符号：少数民族色彩语言揭秘》，云南人民出版社，1993 年。

朱文俊：《人类语言学论题研究》，北京语言文化大学出版社，1999 年。

祝畹瑾：《社会语言学概论》，湖南教育出版社，1992 年。

邹嘉彦、游汝杰：《汉语与华人社会》，香港城市大学出版社、复旦大学出版社，2003 年。

邹韶华：《现代汉语方位词的语法功能》，载《中国语文》，1984 年第 3 期。

Alessandro Duranti，（1997），*Linguistic Anthropology*. Cambridge University Press，.

Barber，Charles. *The English Language*：*A Historical Introduction* ［M］. Cambridge University Press，1993. 161。

Bernardez，E. 1995. “Complexity and self – regulation processes in language”. Paper presented at the ESSE Conference，Glasgow，September.

Bluhme，Hermann，Zur Einleitung：Linguistik ohne Ma β und Zahl? ln：ders. ed.： Betige zur quantiativen Linguistik.

Gedächtniskolloquium für Eberhard Zwirner. Tübingen, 5－8, 1988

Bowers, R. 1990. "Mountains are not cones" in J. Alatis (ed.) 1990: Georgetown University Round Table on Language and linguistics 1990. Washington, DC: Georgetown University Press.

Briggs, John and Peat, David, Die Entdeckung des Chaos. Muenchen: Deutscher Teschenbuch Verlag 2001

Cardona, G. R. 1973. La linguistica antropolodica. *Parole e Metodi* (6): 255－280.

Claire Kramsch, (1998), *Language and Culture*, Oxford University Press.

Clark, H. H. & Clark, E: V. Psychology and Language: An introduction to Psycholinguistics . New York: Harcourt Brace Jovanovic, 1977.

Connor－Linton, J. 1995. "Complexity, linguistics and language teaching." Paper presented at the Georgetown University round Table on Languages and Linguistics, March 1995.

Cooper, David L. Linguistic Attractors. The cognitive dynamics of language acquisition and change, Amsterdan u. Philadelphia, PA: John Benjamins Publishing Company, 1999

Diller, K. 1990. "The non－linearity of language－learning and "post－modern" language teaching methods" in H. Burmeister and P. Rounds (eds.) 1990: Variability in Second Language Acquisition, Volume 2. Eugene, Oregon: University of Oregon.

Duranti, A. 1997. *Linguistic Anthropology*. Cambridge: Cambridge University Press.

Eberl, Werner, Chaosforschung und Computernetze, in: Chaotische Nechrichten 30, 1994

Edgar W. Schneider, Chaos theory as a model for dialect variability and change? , in Allen A. Thomas, ed., Currnt Methods in dialectology. 1997

Foley, A. 1997. *Anthropological Linguistics: An Introduction*. Malden/0xford: Blackwell Publishers.

G. Küppers (Hrsg.) Chaos und Ordnung. Formen der Selbstorganisation in Natur und Gesellschaft. Stuttgart: Reclam, 353 – 381. 1996

G. K. Zipf, Human Behavior and the Principle of Least Effirt, Addison – Wasley, 1949

G. K. Zipf, Psycho – Biology of Languages Houghton – Mifflin, 1935; MIT Press, 1965

Geis, M. L., *The Language of Television Advertising*. New York: Academic Press, 1982

Gleick, James. Chaos: Making a New Science. New York: Viking Penguin, lnc., 1987

Greschik, Stefan, Das Chaos und seine Ordnung, Muenchen: Deutscher Taschenbuch Verlag, 2001

Hymes, D. 1963. 0bjectives and concepts of linguistic Anthropology. In D. G. Mandelbaum, G. W. Laskerand E. M. Albert (eds), *The Teaching of Anthropology* (pp. 275 – 302): American Anthropological Association, Memoir 94.

John Lynch, Malcolm Ross, Terry Crowley, (2002), *The Oceanic Languages*, Curzon Press.

Kolloquiuns, Berlin 2003

Kramsch, C. 2003. Language Acquisition and Language Socialization: Ecological Perspective. London; New York: Continuum.

Kuhn, Thomas S. The Structure of Scientific Revolution, Chicago: University of Chicago Press, 1970

Labov, William, (1994) *Principles of Linguistic Change*, *Volume* 1: *In-*

ternal Factors. Blackwell.

Labov, William, (2001) *Principles of Linguistic Change*, *Volume* 11: *Social Factors*. Blackwell.

Lackoff, G & Johnson, M Philosophy in the Flesh——The Embodied Mindandits Challenge to Western Thought [M] New York: Basic Books, 1999

Lackoff, G & Johnson, M. Metaphors We Live By [M] Chicargo: The university of Chicargo Press, 1980

Lakoff, G& Johnson: M. Metaphors we live by. University of Chicago Press, 1980.

Lakoff, G&M. Turner: More than cool reason—a field guide to poetic metaphor The Univesity of Chicago Press, 1989.

Lakoff, G: Women, fire, and dangerous things: what categories reveal about the mind. University of Chicago Press, 1989.

Lang, George, Chaos and Creoles: Towards a New Pagadigm? in: Current lssues in pidgin and Creole Linguistics John H. McWhorter, ed. Amsterdam: John Benjamins, 2000

Larsen - Freeman, D. 1997 Chaos/complexity science and second language acquisition. *Applied Linguistics* 18, 141 - 65.

Larsen - Freeman, D. 2002. "Language acquisition and language use from a chaos/complexity theory perspective" in C. Kramsch (eds.) Language Acquisition and Language Socialization: Ecological Perspective. London; New York: Continuum.

Larsen - Freeman, Diane, Chao/Complexity science and second language acquisition. Applied Linguistics 18 (2), 141 - 165. 1997

Leather, J. 2002. "Modeling the acquisition of speech in a multilingual society" in C. Kramsch (eds.) Language Acquisition and Language Socialization: Ecological Perspective. London; New York: Continuum.

Leech, G. N. *English in Advertising*. London: Longman, 1966

Lewin, Roger. Complexity: Life At The Edge of Chaos. New York: Macmillan Publishing Company, 1992

Lewis, M. 1993. The Lexical Approach. Hove: Language Teaching Publications

Logan, Robert K., The Extended Mind: Understanding Language and Thought in Terms of Complexity and Chaos Theory, Toronto 1997

Lyons, J: Semantics. Cambridge Universitr Press, 1977.

Mandelbrot, Benoit and Frame Michael: A Panorama of Fractals and Their Uses, Edu/fractals/Panorama/welcome. html

Mandelbrot, Benoit, An information theory of the statistical structure of languages, in: W. Jackson (Ed.), Communication Theory (pp. 503–512) New York, Academic Press 1953

Mandelbrot, Benoit, An informational theory of the statistical structure of languages, in Communication Theory, ed. W. Jackson, Betterworth, , pp. 486–502. 1953

Mandelbrot, Benoit, Information theory and psycholinguistics, in Scientific Psychology: Principles and Approaches, eds. B. Wolman, E. Nagel, Basic Books, pp. 550–562. 1965

Mandelbrot, Benoit, Simple games of strategy occurring in communication through natural languages, Symposium on statistical methods in Communication engineering, in: Transactions of IRE (Professional groups on information theory), 3, pp. 124–137 Berkely 1954

Mandelbrot, Benoit, The Fractal Geometry of Nature, San Francisco: Freeman 1997

Mohanan, K. P. 1992. "Emergence of complexity in phonological development" in C. Ferguson, L. Menn, and C. Stoel – Gammon (eds.) 1992: Phonological Development. Timonium, MD: York Press, Inc.

Myers, Greg. *Word in Ads*. London: Green Gate Publishing Servinces, 1994

Newman, David V., Chaos, Emergence and the Mind - Body Problem, in: Australian Journal of Philosophy 79, pp 180 - 196, 1997

Produktion, Universität Bonn,. compuserve. com/homepages/michael-wendt/Seiten/rohmann. htm

Rohmann, Heike, Fremdsprachenerwerb und Sprachverwendung aus systemtheoretischer Sicht - Selbstorganisation und fremdsprachliche

Schiepek, Günter, Der Appeal der Chaosfoschung für die Psychologie. ln:

Tanaka, K. *Advertising Language: A pragmatic Approach to Advertisement in Britain and Japan*. London: Routledge, 1994

Taylor, M. 1993. "Chaos theory, interdisciplinarity and some implications for art and literature" *Kinjo Gakuin Daugaku Ronsyu*. Treatises and Studies by the Faculty of Kinjo Gakuin University: Studies in English Language and Literature. Volume 34: 189 - 213.

Vestergaard, T. and Schroder, K. *The Language of Advertising*. Oxford: Basil Blackwell Ltd. 1985

Walther Umstaetter, Das, Principle of least Effort in der Wissenschaft, Vortrag im Rahmen des Berliner Biliothekswissenschaftlichen